普通高等院校计算机基础教育“十五五”规划教材

大学计算机基础项目化教程

（Windows 10+WPS Office）

钱　伟　饶国勇　李香泉◎主　编
王本荣　王文湛　刘　波◎副主编

中国铁道出版社有限公司
CHINA RAILWAY PUBLISHING HOUSE CO., LTD.

内 容 简 介

本书立足大学计算机基础教学需求及软件更新趋势，以项目化教学为核心，精心设计16个实操项目，内容涵盖 Windows 10系统设置与优化、文件资源管理、常用软件安装使用，以及WPS Office 办公软件（文字、表格、演示）的基础操作与进阶应用，融入AI辅助PPT制作、AI文生图等前沿内容。

本书采用“学习目标—项目描述—项目分析—相关知识—项目操作—拓展延伸”的结构，每个项目配备实训练习与小课堂，兼顾知识系统性与实践操作性。

本书适合作为普通高等院校计算机基础课程的教材，也可作为相关技能培训参考书。

图书在版编目（CIP）数据

大学计算机基础项目化教程 ： Windows 10+WPS Office / 钱伟，饶国勇，李香泉主编. -- 北京 ： 中国铁道出版社有限公司，2025. 8. --（普通高等院校计算机基础教育“十五五”规划教材）. -- ISBN 978-7-113-32520-6

Ⅰ. TP316.7；TP317.1

中国国家版本馆CIP数据核字第2025MR1623号

书　　名： 大学计算机基础项目化教程（Windows 10 +WPS Office）
作　　者： 钱　伟　饶国勇　李香泉

策　　划： 曹莉群　　　　**编辑部电话：**(010) 63549501
责任编辑： 贾　星　闫钇汛
封面设计： 刘　颖
责任校对： 刘　畅
责任印制： 赵星辰

出版发行： 中国铁道出版社有限公司（100054，北京市西城区右安门西街8号）
网　　址： https://www.tdpress.com/51eds
印　　刷： 河北京平诚乾印刷有限公司
版　　次： 2025年8月第1版　2025年8月第1次印刷
开　　本： 787 mm×1 092 mm 1/16　**印张：** 14　**字数：** 347千
书　　号： ISBN 978-7-113-32520-6
定　　价： 48.00元

前　言

党的二十大报告明确提出“推进教育数字化，建设全民终身学习的学习型社会、学习型大国”“我们要坚持教育优先发展、科技自立自强、人才引领驱动，加快建设教育强国、科技强国、人才强国，坚持为党育人、为国育才，全面提高人才自主培养质量，着力造就拔尖创新人才，聚天下英才而用之”，这为高等院校计算机基础教学指明了发展方向。在《“十四五”软件和信息技术服务业发展规划》推动软件国产化替代的战略背景下，WPS 作为国产办公软件的核心代表，以云端协同化及国产化适配特性，成为高校教学体系的重要技术支撑。与此同时，国务院印发的《新一代人工智能发展规划》推动人工智能技术革新持续发展，普通高等院校计算机基础教育亟需构建“国产化工具应用 +AI 启蒙教育 + 专业课程进阶”的一体化人才培养链条，为后续人工智能通识课程的学习奠定认知基础。

当前普通高等院校计算机基础课程教学存在三大核心问题：一是国产化工具应用深度不足，部分教材仍以 Microsoft Office 为主要载体，未充分体现 WPS Office 在文字处理、数据可视化等场景的国产化技术优势；二是 AI 启蒙内容与后续课程衔接缺失，实践引导不足；三是课程课时普遍紧凑，亟需以“国产化工具为核心、AI 启蒙为延伸”重构教学体系，实现基础技能夯实与技术视野拓展的平衡。

本书以教育部高等学校大学计算机课程教学指导委员会编制的《新时代大学计算机基础课程教学基本要求》为指导，紧扣国家“软件国产化”与“AI 教育普及”双重战略，采用“WPS 全模块实操 + 轻量化 AI 案例”的创新模式，达成双重教学目标：一方面系统培养学生 WPS 文字处理、表格分析、演示文稿设计等国产化工具应用能力，强化信息安全与自主创新意识；另一方面通过 AI 辅助 PPT 制作、AI 文生图等实践案例，引导学生直观理解 AI 在办公场景的应用逻辑。希望本书成为计算机基础与 AI 启蒙的入门指南，为学生职业发展奠定技术基础，助力其灵活运用国产化工具与 AI 技术，为社会数字化发展贡献力量。

全书以 16 个项目为载体，构建“三阶能力培养体系”：

（一）计算机基础模块：涵盖 Windows 10 系统优化、文件资源管理、常用软件安装等基础操作，夯实系统运维能力。

（二）WPS 办公应用模块：通过“新生基本信息表制作”“多人在线文档协同”等校园场景项目，强化文字编辑、表格处理、数据可视化等综合技能。

（三）AI 技术融合模块：引入“AI 自动生成 PPT 素材”“文本描述生成设计图”等前沿应用，实现“AI+ 办公”场景化实训。

每个项目严格遵循“学习目标—项目描述—项目分析—相关知识—项目操作—拓展延伸”的设计，配套实训练习与小课堂，兼顾知识系统性与实践操作性。因此，在部分项目讲解过程中举例使用了一些人员信息数据，均为虚拟。教材内容基于高校一线教师对学生的学习需求调研，精选校园生活与职业初阶场景案例，确保每个项目在 2 课时内完成教学闭环，各专业可根据课时数与专业特色灵活选择案例。

本书由钱伟、饶国勇、李香泉任主编，王本荣、王文湛、刘波任副主编，李光洁、李泽鸿、胡雅琴、吴鹏、刘振林等一线教师参与编写。编写团队深度融合高校教学经验与学生需求，基于 WPS 当时最新版本开发，所有 AI 任务采用图形化操作设计，降低技术门槛，并为后续人工智能通识课形成课程知识接力。

由于编者水平有限，书中难免存在疏漏和不妥之处，恳请广大师生与行业同仁不吝指正，以便后续修订完善。

编　者

2025 年 6 月

目录

项目一　Windows 10 操作系统设置与优化 …… 1

项目二　Windows 10 文件资源管理 …… 11

项目三　常用软件安装及使用 …… 25

项目四　WPS 文字文档的编辑排版 …… 34

项目五　WPS 文字中表格的制作 …… 59

项目六　WPS 长文档编辑 …… 71

项目七　WPS 文字邮件合并 …… 88

项目八　WPS 表格基础操作 …… 98

项目九　WPS 表格公式和函数的应用 …… 112

项目十　WPS 表格数据分析表 …… 125

项目十一　WPS 表格数据可视化 …… 138

项目十二　多人在线文档编辑 …… 151

项目十三　WPS 演示文稿制作 …… 162

项目十四　WPS 演示文稿高级编辑 …… 182

项目十五　AI 辅助演示文稿制作 …… 198

项目十六　AI 文生图 …… 209

项目一
Windows 10 操作系统设置与优化

在计算机系统管理与优化中，个性化设置与性能调优是提升用户体验和系统效率的两大核心要素。Windows 10 操作系统提供的丰富定制化功能，既满足了用户对界面美观的个性化需求，又通过系统工具保障了硬件资源的合理利用。从桌面视觉元素的精心设计到存储空间的科学管理，每一个优化环节都直接影响着计算机的日常使用体验和工作效率。本项目将介绍如何通过调整桌面显示设置、优化系统性能工具等方法，打造一个既美观又高效的计算机使用环境。

学习目标

◎了解桌面个性化设置与系统性能优化的基本概念及作用。

◎掌握调整桌面背景、主题、分辨率及屏幕保护程序的操作方法。

◎熟练使用磁盘清理工具释放存储空间。

◎掌握通过碎片整理优化机械硬盘性能。

项目描述

作为一名大学生，小李最近购买了一台新电脑并安装了 Windows 10 操作系统。为了让电脑既美观又高效运行，小李需要对桌面进行个性化设置，同时优化系统性能。

项目分析

Windows 10 操作系统提供了丰富的系统优化工具，为了全面优化 Windows 10 操作系统的使用体验，需要掌握以下内容：

（1）调整桌面显示设置，包括背景、主题、分辨率和屏幕保护程序。

（2）清理磁盘空间，删除不必要的临时文件和回收站内容。

（3）整理磁盘碎片，提升机械硬盘的读写效率。

相关知识

1. 桌面

桌面是指 Windows 10 启动后显示的整个屏幕空间，即用户与计算机交互的主界面。桌面上通常包括“此电脑”“网络”“回收站”等图标，用户可以通过桌面快速访问常用程序和文件。对于计算机比较熟悉的用户，他们通常会通过自定义桌面图标、任务栏和快捷方式来提升工作效率，而不是仅依赖系统默认布局。

2. 桌面背景

桌面背景是指桌面上显示的图像或颜色，用于美化屏幕界面。对于计算机比较熟悉的用户，他们的桌面背景通常是一些比较漂亮的图片（如风景、艺术作品或个性化照片），而不是安装完 Windows 后默认的背景。用户可以通过设置或控制面板修改桌面背景，选择静态图片、纯色或幻灯片放映（多张图片自动轮换）。例如，用户可以将自己喜欢的照片设置为桌面背景，或者选择与工作场景相符的图片。

3. 桌面主题

桌面主题是指一套统一的界面风格设置，包括桌面背景、窗口颜色、系统声音和鼠标指针样式。对于计算机比较熟悉的用户，他们通常会选择或自定义主题来打造个性化的操作环境，而不是仅使用系统默认主题。例如，用户可以选择深色主题以减少视觉疲劳，或者创建包含特定壁纸和音效的自定义主题包。通过设置或控制面板，用户可以轻松切换和管理主题。

4. 桌面分辨率

桌面分辨率是指屏幕上显示的像素数量，通常以横向像素 × 纵向像素表示（如 1 920×1 080）。对于计算机比较熟悉的用户，他们会根据显示器的最佳分辨率进行调整，以获得最清晰的显示效果，而不是仅依赖系统默认设置。例如，用户可以为 4K 显示器设置 3 840×2 160 分辨率，同时调整缩放比例（如 150%）以确保文字和图标清晰可见。通过设置或控制面板，用户可以修改分辨率和缩放比例，以适应不同的显示需求。

5. 屏幕保护

屏幕保护是指计算机在无操作一段时间后自动显示的动态画面或静态图像。对于计算机比较熟悉的用户，他们通常会设置个性化的屏幕保护程序（如照片幻灯片或 3D 动画），而不是仅使用系统默认的屏幕保护。屏幕保护最初用于防止 CRT 显示器“烧屏”，而现代主要用于装饰屏幕或保护隐私（如设置密码唤醒）。通过“设置”或“控制面板”，用户可以选择屏幕保护类型、设置触发时间并启用密码保护功能。

6. 磁盘清理

磁盘是计算机中用于存储数据的设备，主要分为机械硬盘（hard disk drive, HDD）和固态硬盘（solid state drive, SSD），HDD 利用旋转的磁盘和读写头进行数据操作，具有容量大、成本低的特点；SSD 则采用闪存芯片存储数据，具备速度快、耐用性强等优势，磁盘的性能指标包括读写速度、转速、缓存大小等，日常使用中需通过磁盘管理工具进行分区、格式化等操作，并定期维护以确保其性能和数据安全。

7. 碎片整理

碎片整理是针对机械硬盘（HDD）的一项重要维护操作，其原理是将硬盘上分散存储的文件片段物理重组，使其重新变得连续，以减少文件碎片，提升数据读写效率，从而显著改善机械硬盘的性能和响应速度。不过，碎片整理对固态硬盘（SSD）并不适用，因为 SSD 采用闪存技术存储数据，不存在机械硬盘那样的文件碎片问题，且频繁进行碎片整理可能会影响 SSD 的使用寿命。

项目操作

1. 修改桌面背景

（1）在桌面空白处右击，在弹出的快捷菜单中选择“个性化”命令，打开“个性化”窗口，单击左侧的“背景”选项，如图 1-1 所示。

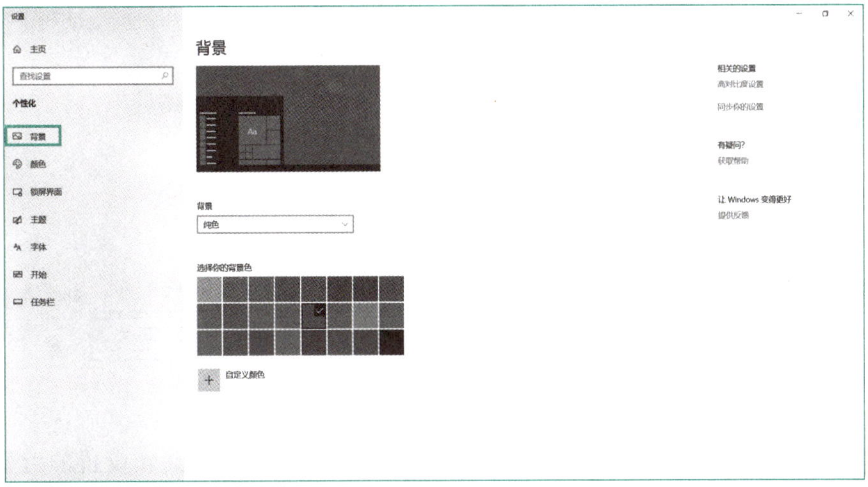

图 1-1　“背景”设置页面

（2）如图 1-2 所示，在“背景”设置页面中，在“背景”下拉列表框中选择“图片”选项，然后单击“浏览”按钮。

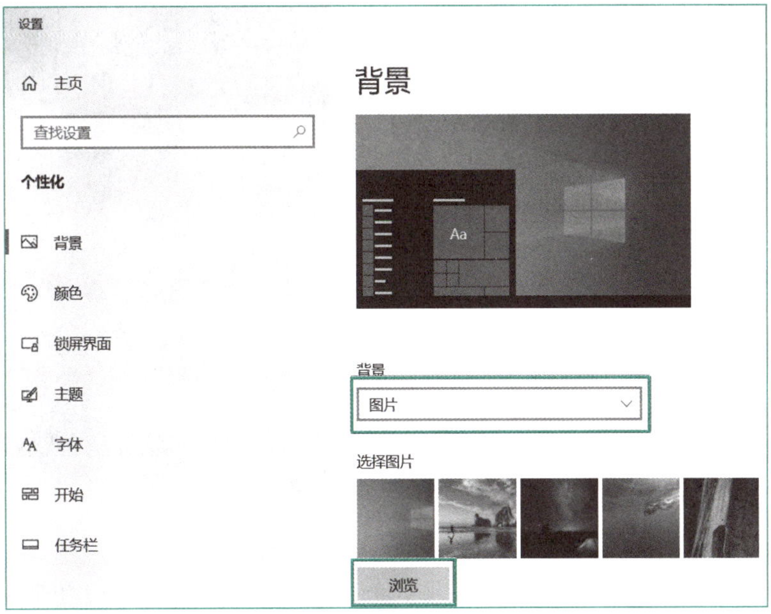

图 1-2　选择背景图片

（3）如图 1-3 所示，在弹出的“打开”对话框中，选择本地文件夹，然后选中需要设置的图片，单击“选择图片”按钮。

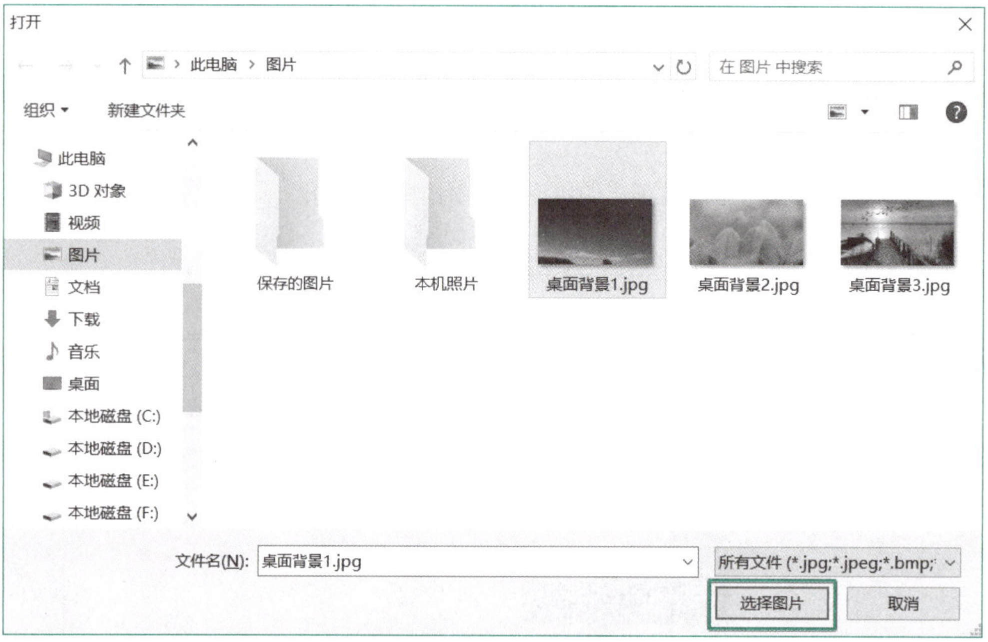

图 1-3 “打开”对话框

（4）关闭“个性化”窗口，返回桌面。如图 1-4 所示，可看到新设置的背景图片已生效。

图 1-4 新桌面背景

2. 修改桌面主题

（1）在桌面空白处右击，选择“个性化”命令，打开“个性化”窗口，单击左侧的“主题”选项，如图 1-5 所示。

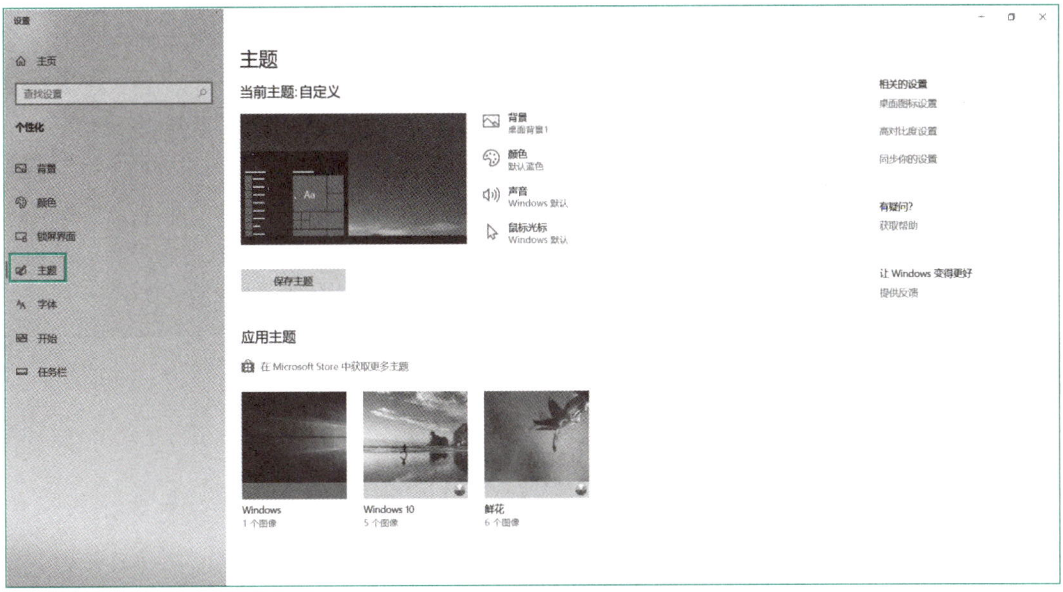

图 1-5　主题设置页面

（2）如图 1-6 所示，在“主题”设置页面中，选择系统提供的主题。

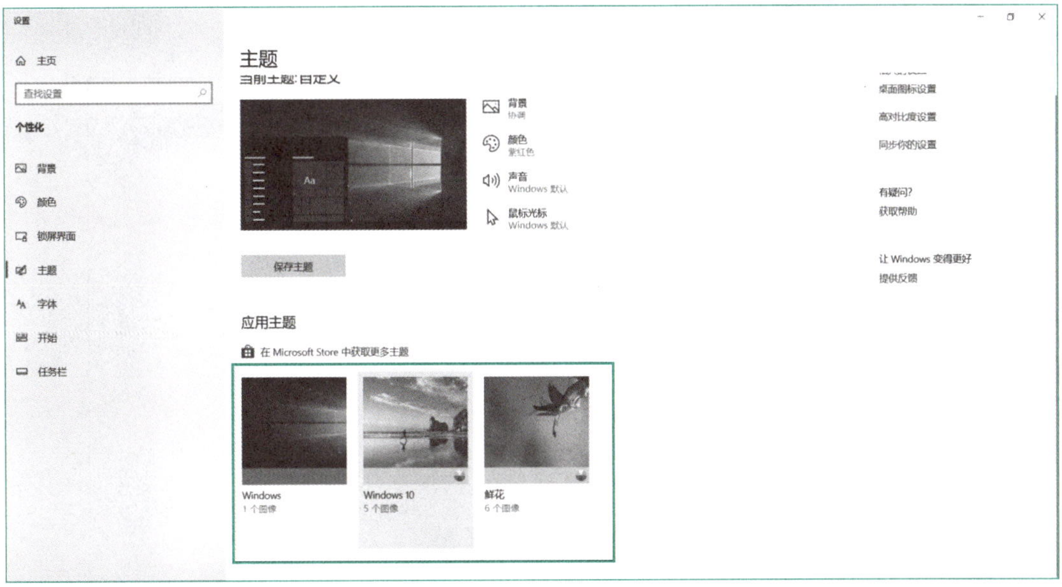

图 1-6　主题选择窗口

（3）应用主题后，关闭窗口，系统界面颜色、声音及鼠标指针样式将同步更新。

3. 设置屏幕保护

（1）在桌面空白处右击，选择“个性化”命令，打开“个性化”窗口，单击左侧的“锁屏界面”选项，如图 1-7 所示。

（2）如图 1-8 所示，向下滚动页面，单击“屏幕保护程序设置”超链接，弹出“屏幕保护程序设置”对话框。

图 1-7 “锁屏界面”设置页面

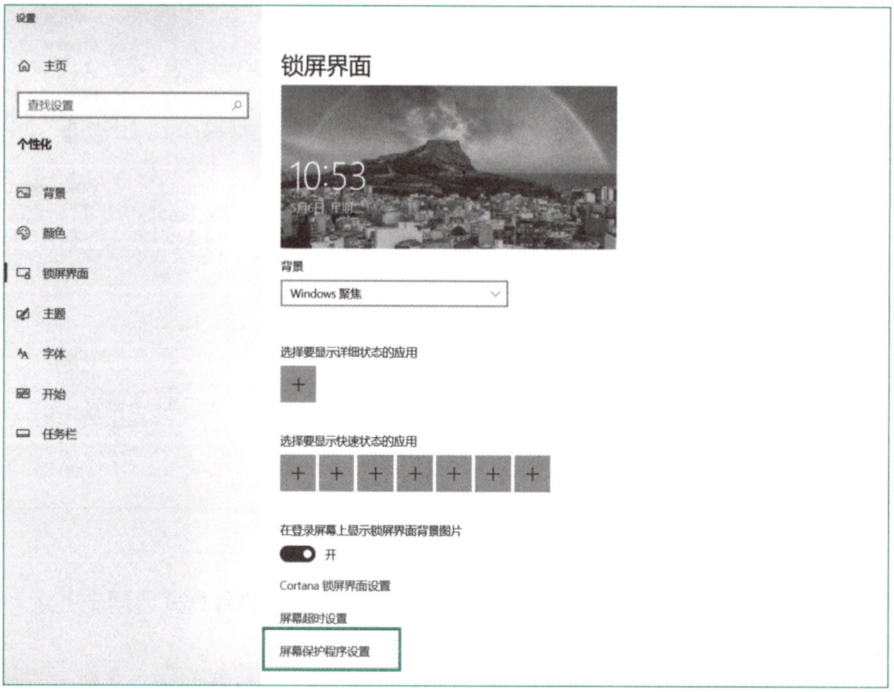

图 1-8 屏幕保护程序设置

（3）如图 1-9 所示，在“屏幕保护程序设置”对话框中的“屏幕保护程序”下拉列表框中选择类型（如“气泡”“照片”），设置“等待”时间（如 5 分钟），勾选“在恢复时显示登录屏幕”复选框，单击“确定”按钮保存设置。

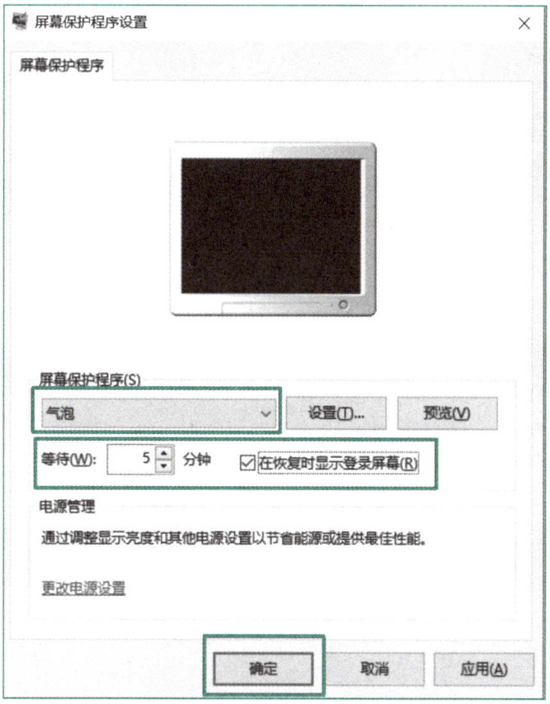

图 1-9 “屏幕保护程序设置”对话框

4. 设置桌面分辨率

（1）在桌面空白处右击，选择“显示设置”命令，打开“显示”设置窗口，如图 1-10 所示。

图 1-10 “显示”设置窗口

（2）如图 1-11 所示，在“更改文本、应用等项目的大小”下拉列表框中选择合适的缩放比例（如 125%），在“分辨率”下拉列表框中选择“分辨率 1 920 × 1 080（推荐）”选项。系统将应用新的分辨率和缩放比例，关闭窗口后即可生效。

图 1-11　“缩放与布局”设置

5. C 盘清理

（1）在桌面上双击“此电脑“图标，打开文件资源管理器，右击“本地磁盘（C:）”，在弹出的快捷菜单中选择“属性”命令，打开磁盘属性对话框，如图 1-12 所示。

（2）单击磁盘属性对话框下方的“磁盘清理“按钮，打开磁盘清理对话框。如图 1-13 所示，在“要删除的文件”列表框中勾选“Internet 临时文件”等复选框，单击“确定”按钮。

图 1-12　磁盘属性对话框

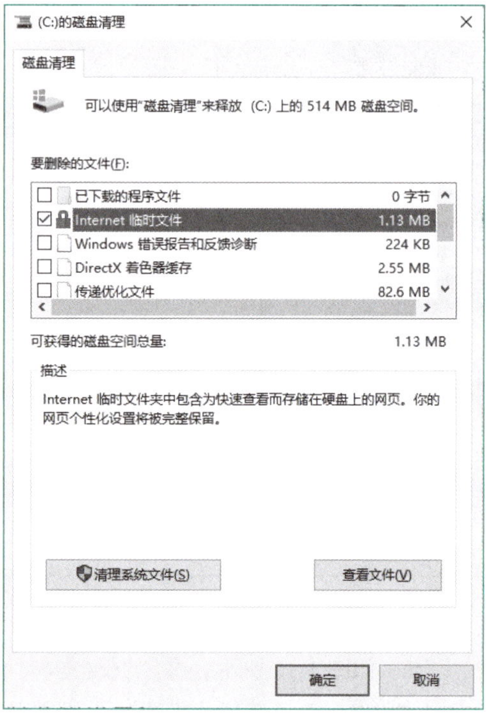

图 1-13　磁盘清理对话框

（3）弹出确认对话框，单击“删除文件”按钮，等待清理完成后关闭窗口，C 盘存储空间即被释放。

6. 碎片整理

（1）在任务栏搜索框中输入“碎片整理”，选择“优化驱动器”工具，打开“优化驱动器”窗口，如图 1-14 所示。

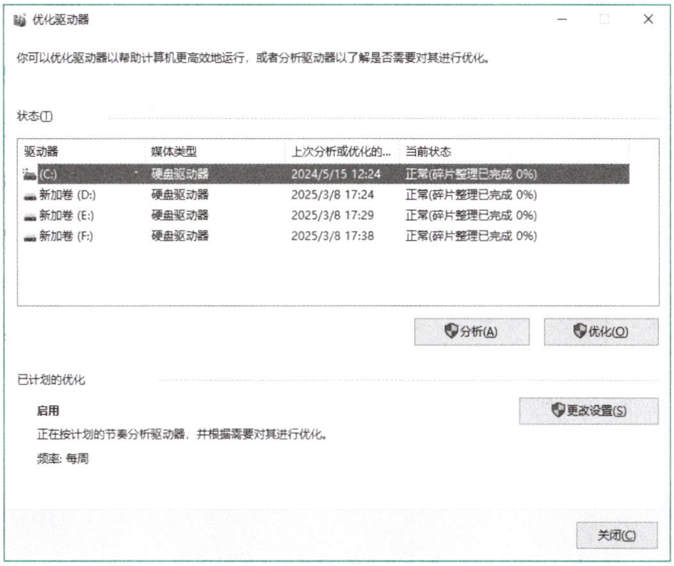

图 1-14　“优化驱动器”窗口

（2）在“驱动器”列表中选择需要整理的机械硬盘（如“本地磁盘（D:）”），单击“优化”按钮。

（3）系统开始分析并整理碎片，进度条显示完成后单击“关闭”按钮，碎片化率将显著降低。

实训练习

1. 计算机桌面较乱，请对桌面快捷方式和任务栏做基础整理。

操作要求：

（1）将常用的学习软件（如 WPS、浏览器）固定在任务栏。

（2）将桌面上已固定到任务栏的软件快捷方式删除。

2. 计算机开机速度慢，请通过 Windows 系统设置提升系统启动效率。

操作要求：

（1）查看当前启动项及其影响程度并识别非必要启动程序。

（2）禁用非必要的第三方程序开机自启。

（3）重启计算机观察启动速度。

拓展延伸

计算机软件系统是计算机系统的重要组成部分，它包括操作系统、应用软件和系统软件等。操作系统是计算机的核心软件，负责管理计算机的硬件资源和软件资源，为用户提供一个方便、高效的使用环境。应用软件是为满足用户特定需求而开发的软件，如办公软件、图形图像处理软件、游戏软件等。系统软件则是协助操作系统管理和运行计算机系统的软件，如驱动程序、杀毒软件等。随着计算机技术的不断发展，计算机软件系统也在不断更新和升级，为人们的生产和生活带来了极大的便利。

小课堂

中国操作系统的发展经历了从无到有、从弱到强的过程，早期主要依赖进口的Windows、macOS等操作系统。随着中国计算机技术的发展，国内企业和科研机构开始自主研发，如中国电子科技集团公司的Kylin（麒麟）操作系统。

近年来，华为公司推出了自主研发的鸿蒙操作系统，为中国操作系统的发展注入了新活力。鸿蒙操作系统具有分布式架构、高效系统性能和强大安全性能的特点，其分布式架构可实现设备间的无缝协同，系统性能优化使其启动速度快、运行流畅且功耗低，采用多种安全技术保障用户数据安全。鸿蒙操作系统的发展意义重大，它推动了中国信息技术产业的发展，促进软硬件产业协同发展，体现了中国在操作系统领域的科技自主创新能力，为全球操作系统的发展提供了新思路和方向，具有重要的国际影响力。

项目二

Windows 10 文件资源管理

在现代信息化社会中，计算机已经成为人们学习、工作和日常生活的重要工具。Windows 10 作为目前广泛使用的操作系统，其文件资源管理器是用户与计算机进行交互与信息管理的核心工具之一。熟练掌握文件资源管理器的使用，不仅可以提高文件的查找与管理效率，还能帮助用户更有条理地组织学习资料与工作文件。通过本项目的学习，学生将深入了解资源管理器的界面组成、相关操作，从而夯实计算机操作的基础，为后续的软件使用和数据管理打下坚实基础。

学习目标

◎理解 Windows 10 文件资源管理器的基本功能和界面组成，掌握资源管理器的启动和操作方法。

◎掌握文件和文件夹的基本操作，包括创建、复制、移动、删除等常见操作技巧。

◎学会使用文件资源管理器中的搜索与筛选功能，能够快速查找和定位目标文件或文件夹。

◎提高文件管理效率，培养良好的文件组织和管理习惯。

项目描述

小李是大一新生，刚买了一台安装有 Windows 10 操作系统的笔记本计算机。为了整理刚下载的入学资料，他决定学习使用文件资源管理器。

项目分析

目前，个人计算机广泛使用 Windows 10 操作系统。为了更好地使用计算机整理资料，还需要学会文件和文件夹管理操作，故需要掌握以下内容：

（1）启动资源管理器，浏览文件夹结构。

（2）创建和管理文件，包括复制、移动、重命名等操作。

（3）快速查找和筛选文件等操作。

（4）查看和修改文件及文件夹属性。

相关知识

1. 资源管理器

Windows 10 的文件资源管理器（file explorer）是管理文件和文件夹的重要工具，它提供了直观的用户界面，帮助用户高效组织和访问存储设备中的数据。用户可以使用资源管理器浏览文件系统、管理存储设备、快速访问常用文件，以及进行高级搜索。在 Windows 10 中，文件资源管理器是一个用于管理文件的工具。其功能与“此电脑”相似，窗口同样分为左、右两部分。

2. 文件和文件夹

文件是计算机中数据的存在形式，其有文字、图片、声音、视频等多种类型，其外观是由图标、文件名和扩展名组成的。文件夹是计算机保存和管理文件的一种方式，也可称为目录，文件夹既可以包含文件，也可以包含其他文件夹。为了更清晰地展示这种层层嵌套的关系，Windows 10 采用了树状结构来组织文件夹。在资源管理器中，用户可以像查看树枝一样逐级展开每一层文件夹，清楚地看到各个目录之间的隶属关系，使文件的查找与管理更加直观高效。

1）复制、移动、删除和重命名

复制是将选定的对象（文件或者文件夹）从原位置复制到新的位置，也可以复制到同一位置，复制完成后原文件或原文件夹保持不变。移动是将选定的对象（文件或者文件夹）从原位置移动到新的位置，移动完成后原始位置的原文件或原文件夹消失。删除是将选定的对象（文件或者文件夹）从磁盘中删除。重命名是将选定的对象（文件或者文件夹）重新命名为新的名字。

2）剪贴板

剪贴板是内容中的一块空间，它是 Windows 操作系统实现信息传送和共享的一种手段，剪贴板中的信息不仅可以用于同一个应用程序的不同文档之间，也可以用于不同的 Windows 应用程序之间。

3）快捷方式

快捷方式是指指向程序、文件、文件夹或网址的链接，图标上通常带有小箭头。双击快捷方式即可快速打开目标，而无须逐级查找路径。创建快捷方式的方法包括右击目标，选择“创建快捷方式”或按住【Alt】键拖动目标到桌面。删除快捷方式不会影响原文件，只是移除访问入口。快捷方式能够提升操作效率，方便快速访问常用资源。

项目操作

1. 资源管理器的使用

1）启动资源管理器

资源管理器有三种启动方式：

（1）通过任务栏上的文件夹图标打开文件资源管理器，或者右击“开始”按钮⊞，在弹出的快捷菜单中选择“文件资源管理器”命令，即可打开资源管理器窗口。

（2）按【Win+E】组合键，可以立即打开文件资源管理器。

（3）按【Win+R】组合键打开“运行”对话框，输入 explorer，然后按【Enter】键，即可启动文件资源管理器。

2）观察资源管理器的界面组成

Windows 10 的资源管理器是用户与文件系统交互的核心工具，具有多个功能强大的组成部分，如图 2-1 所示。

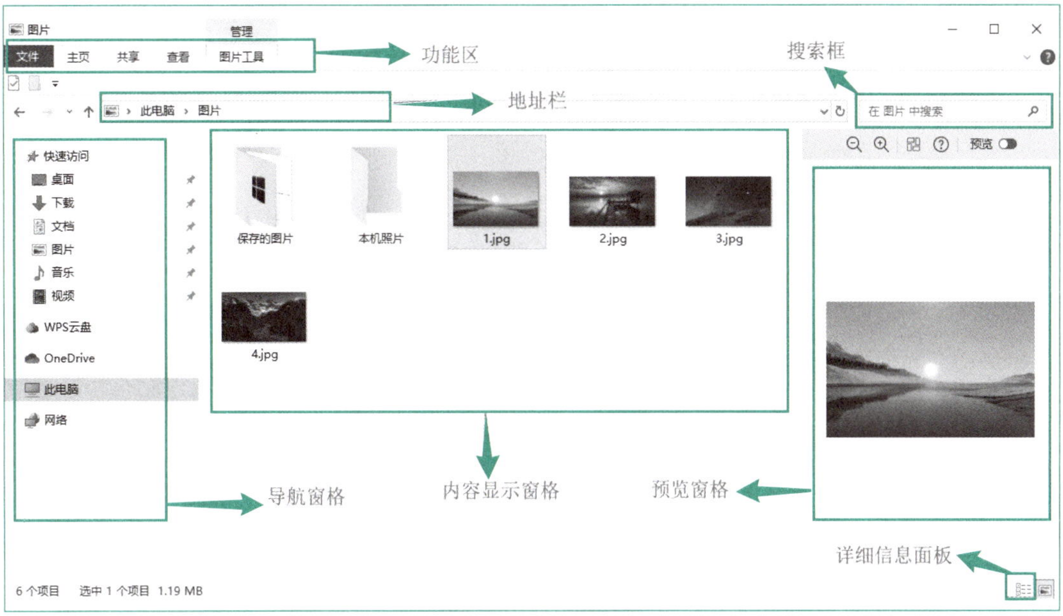

图 2-1　Windows 10 文件资源管理

（1）导航窗格：位于资源管理器窗口的左侧，便于快速访问常用位置。导航窗格包括“快速访问”（显示常用的文件夹和最近的文件）、“此电脑”（显示本地硬盘、外部存储设备和网络位置），以及“网络”（用于访问局域网中的其他计算机和设备）。用户可以通过直接单击这些部分，快速找到需要的文件或文件夹。

（2）内容显示窗格：这是资源管理器的主体区域，用来显示当前选中文件夹中的所有文件和子文件夹。用户可以查看文件的图标、名称、修改日期、文件大小等基本信息，并通过文件视图模式（如大图标、列表或详细信息）来调整显示方式。

（3）功能区：位于资源管理器窗口的顶部，取代了传统的菜单栏。功能区包含多个标签页（如文件、主页、查看、共享等），每个标签页下提供了与文件操作相关的功能按钮，例如，复制、粘贴、删除、重命名、查看属性等。功能区通过图标和快捷按钮让用户能够快速访问常用功能，提高工作效率。

（4）预览窗格：位于资源管理器窗口的右侧，允许用户查看选中文件的内容，特别是图片、文本文件和视频等。通过预览窗格，用户无须打开文件即可查看其内容，这对于快速浏览文件内容非常方便。

（5）详细信息面板：位于资源管理器窗口的底部，用于显示选中文件或文件夹的详细信息，如大小、创建时间、修改时间、文件类型等。对于某些文件，详细信息面板还支持编辑属性，例如更改文件标签或标题。

2. 文件与文件夹的基本操作

1）新建文件夹并重命名

右击“开始”菜单中的“文件资源管理器”程序，然后选择“此电脑”，双击右侧的“本地磁盘（C:）”，打开 C 盘，单击资源管理器功能区中的“新建文件夹”命令，或者右击空白处，选择“新建”→“文件夹”命令，即可新建一个文件夹，如图 2-2 所示。在新建文件夹的名称文本框中输入“计算机基础”，按【Enter】键完成创建。双击打开“计算机基础”文件夹，单击资源管理器功能区中的“新建文件夹”命令依次创建“Windows 10 文件资源管理”“Windows 10 系统设置与优化”等文件夹，如图 2-3 所示。

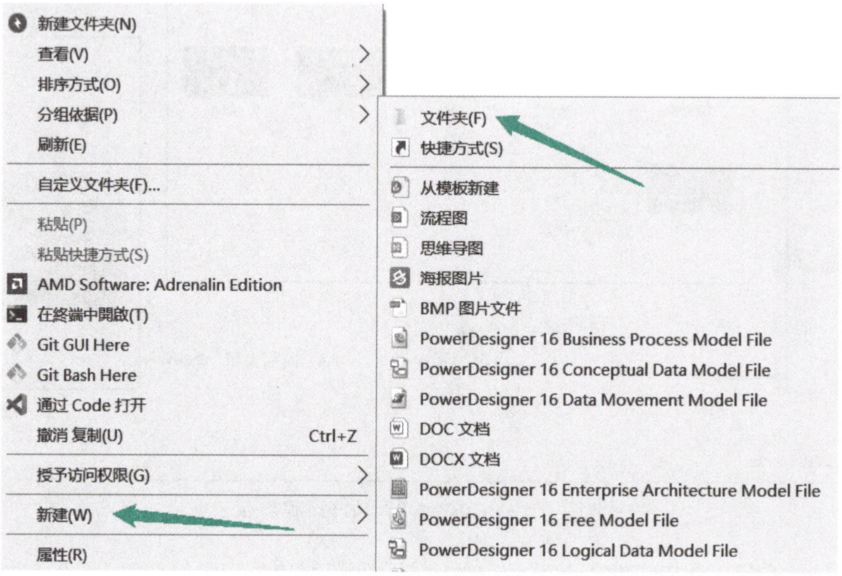

图 2-2 创建文件

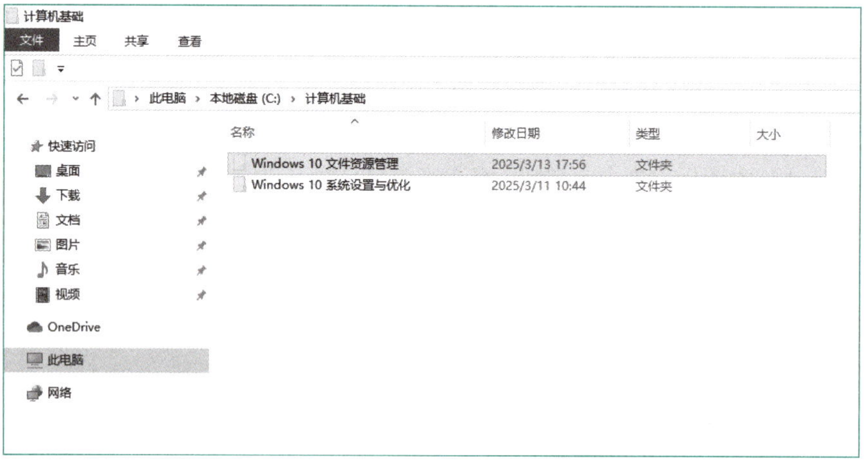

图 2-3 “计算机基础”文件夹

2）创建新文件

在资源管理器中双击打开新建的“Windows 10 文件资源管理”文件夹，在资源管理器的空白处右击，选择“新建”→“文本文档”命令，并将新建的文件重命名为“实训案例”，如图 2-4 和图 2-5 所示。

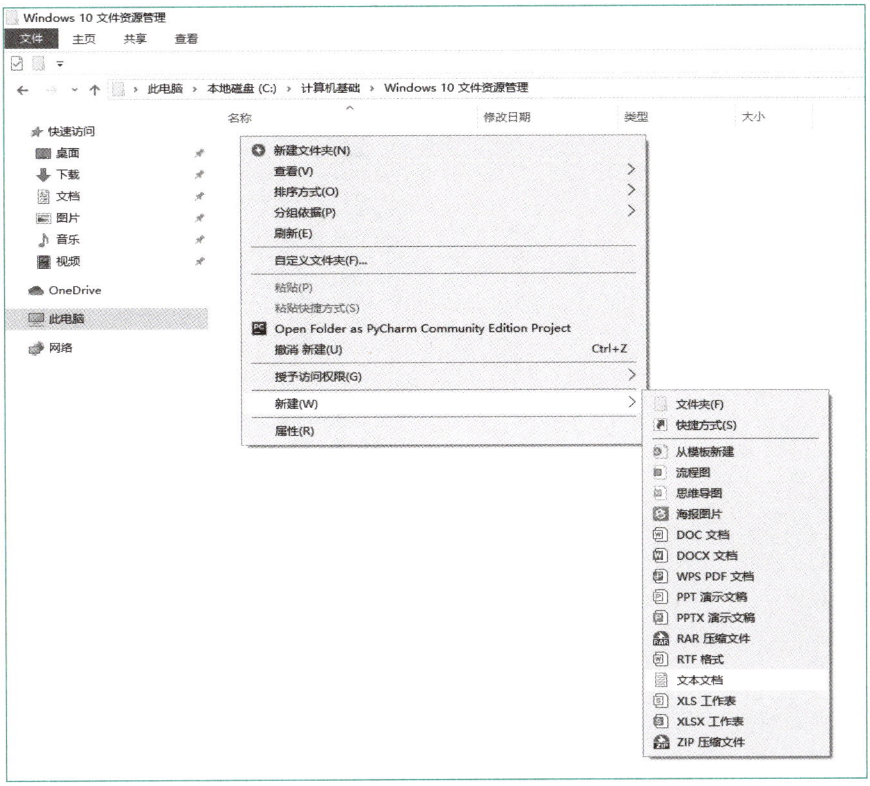

图 2-4 创建文本文档

图 2-5 “实训案例”文件

3）复制、移动文件或文件夹

（1）打开“Windows 10 文件资源管理”文件夹，右击“实训案例 .txt”文件，在弹出的快捷菜单中选择“复制”命令，如图 2-6 所示。

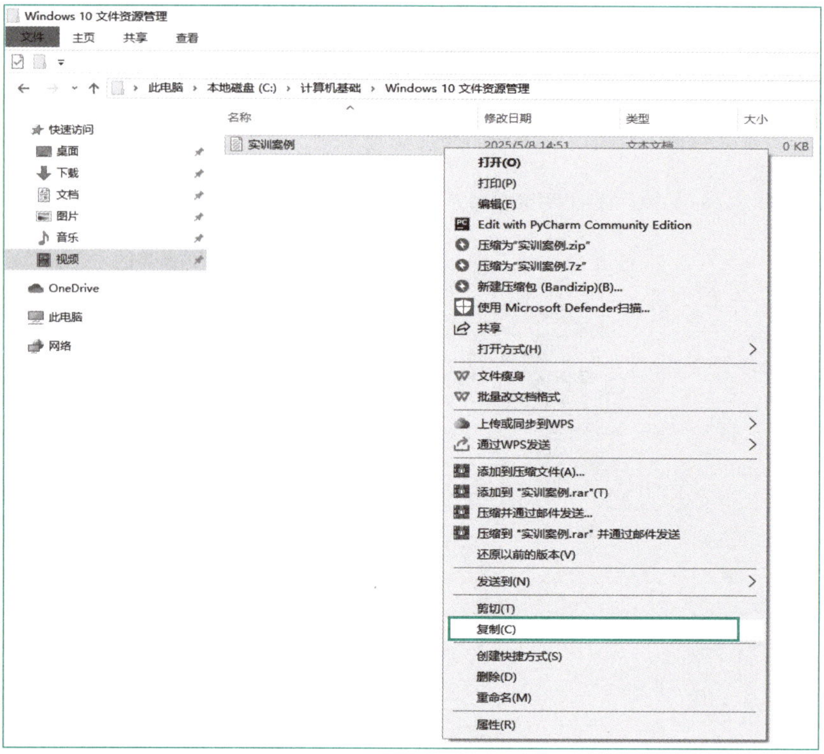

图 2-6　复制“实训案例”

（2）单击资源管理器左侧面板中“桌面”选项，在右侧的桌面内容空白处右击，在弹出的快捷菜单中选择“粘贴”命令，如图 2-7 所示，桌面上即出现“实训案例”文件。

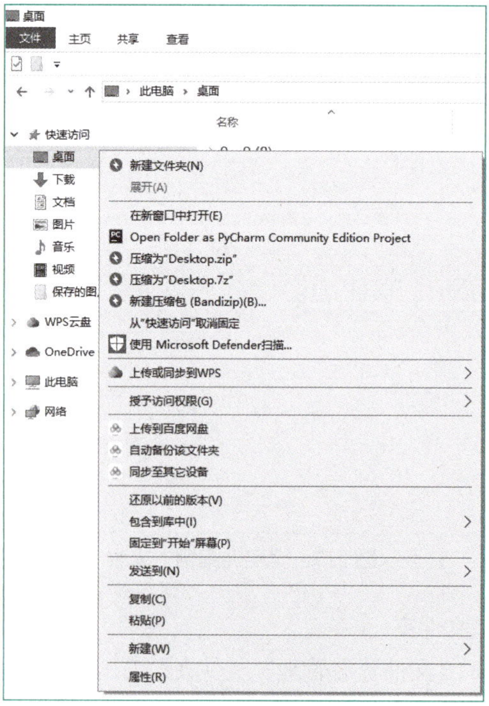

图 2-7　粘贴文件到桌面

（3）通过资源管理器的地址栏切换到“本地磁盘（C:）”，窗口中“计算机基础”文件夹中的“Windows 10 文件资源管理”文件夹上右击，在弹出的快捷菜单中选择“发送到”→“桌面快捷方式”命令，快捷方式创建完成，如图 2-8 所示。

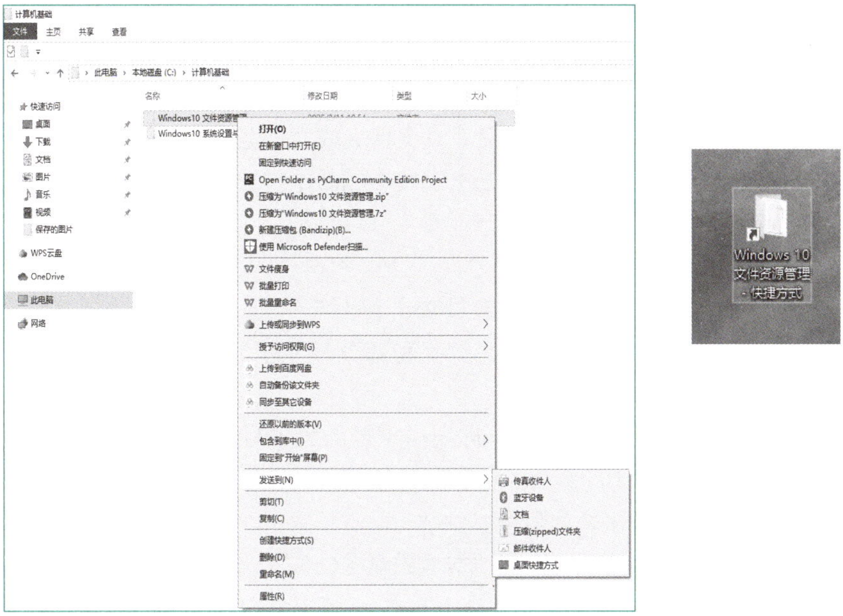

图 2-8 创建桌面快捷方式

4）删除与恢复文件或文件夹

在 Windows 10 中删除文件夹或文件分逻辑删除和物理删除两种，逻辑删除是指将文件夹或文件移送入“回收站”，并未从硬盘中真正消失。在需要时被逻辑删除的对象可以从“回收站”中取出置于原来的位置。也就是说，逻辑删除的对象是可以恢复的；物理删除是真正地把对象从硬盘中清除，以后再也无法恢复。

（1）删除文件夹或文件到“回收站”。首先选择想要删除的文件夹或文件，然后执行“文件”→“删除”命令，或者直接按【Delete】键，也可以将文件夹或文件图标拖动到桌面的“回收站”图标中。此时，系统会出现确认文件删除对话框，询问用户是否要将所选对象送入回收站，让用户做进一步回答。如果单击“是”按钮，所选对象将从原来的位置上消失，转移到回收站中。如果单击“否”按钮，则取消本次删除操作。

（2）从“回收站”恢复文件夹或文件。有些文件夹或文件可能是属于误删的，但只要还存在于“回收站”，就可以将其取出送回原处。当想要恢复某些被删对象时，先打开“回收站”窗口，寻找并且选中想恢复的对象，然后执行“文件”→“还原”命令，所选对象就从“回收站”窗口消失，回到原文件夹处。也可采用移动或复制操作，将“回收站”内的文件夹或文件，移动或复制到新的目标文件夹内供使用。

（3）永久地删除文件夹或文件：如果要把文件夹或文件永久地从硬盘中删掉，有两种方法：

方法一：先进行逻辑删除，再进行物理删除。先将文件夹或文件送入“回收站”，若确定这些文件不需要了，再从“回收站”中删除。“回收站”窗口的“文件”选项卡中有“清空回收站”和“删除”两个命令，“清空回收站”是针对该窗口内所有对象的，而“删除”

则可进行选择性的删除。

方法二：直接进行物理删除。按住【Shift】键的同时将选定的文件夹或文件图标按拖动到“回收站”，或者选定对象后按【Shift+Delete】组合键，屏幕会出现确认删除对话框。当确认删除后，被删除对象将从计算机的存储器中删除而不保存在“回收站”中。

5）文件或文件夹的重命名

任何一个文件夹或文件都可改换名称。在任何文件夹浏览窗口，选定想要改名的文件夹或文件后，选择“文件”→“重命名”命令，文件夹或文件名即被激活，并出现闪烁的插入点光标。在插入点光标处可键入新名称，然后按【Enter】键或者单击窗口的任何位置，文件夹或文件名便重新命名。

文件及文件夹的命名规则如下：

（1）允许文件或者文件夹名称不得超过 255 个字符。

（2）文件名可以包含字母、汉字、数字和部分符号，但不能包含？、/、\、*、|、"、<、>、:（英文状态）等非法字符。

（3）文件名不区分字母的大小写，即同一字母的大小写等同，但在显示时可以保留大小写格式。

（4）文件名中可以包含多个间隔符。

如通过资源管理器的地址栏切换到“本地磁盘（C:）”，在窗口中“计算机基础”文件夹中的“Windows 10 文件资源管理”文件夹上右击，在弹出的快捷菜单中选择“重命名”命令，将“实训案例”重命名为“实训例子”，如图 2-9 和图 2-10 所示。

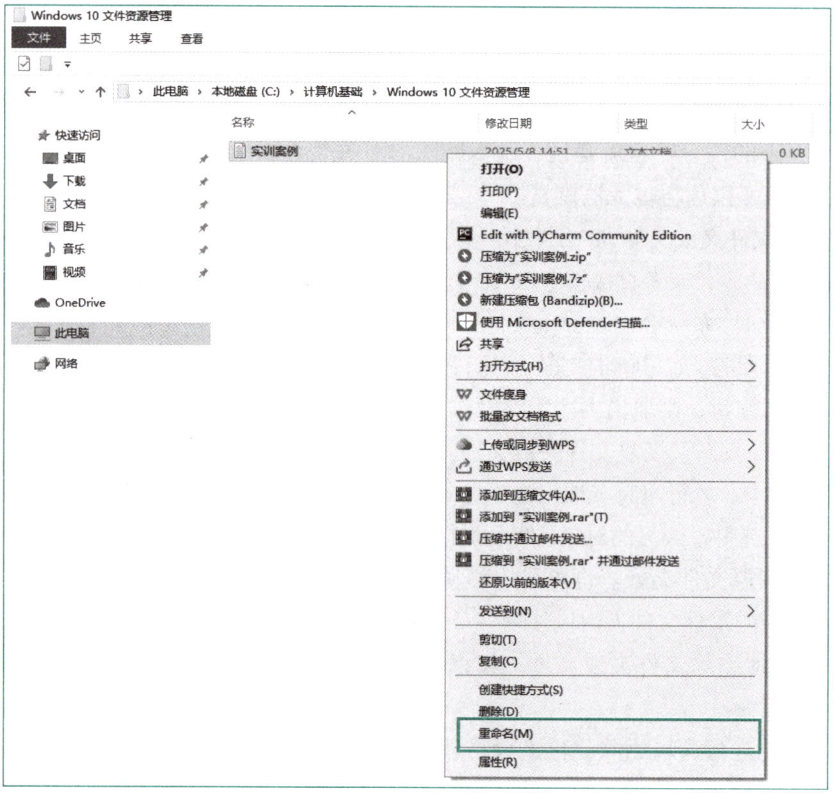

图 2-9　文件重命名

图 2-10　“实训案例”重命名为“实训例子”

6）设置文件夹或文件属性

选定文件夹或文件后，选择“文件”→“属性”命令，可以打开文件或文件夹的“属性”对话框。在“属性”对话框的“常规”选项卡上，列出了所选文件或文件夹的类型、位置、大小、创建时间和修改时间等信息。属性栏中提供“只读（仅应用于文件夹中的文件）”和“隐藏”属性复选框，用户可以根据需要勾选或取消勾选这些选项。在修改属性设置后，单击“确定”或“应用”按钮以保存更改。

由于文件的性质不同，相应打开的“属性”对话框的内容也会有所不同，一些文件的“属性”对话框可能包含多个选项卡。其中，“详细信息”选项卡提供文件的扩展信息，如标题、主题、作者、公司、关键字和说明等内容。例如，右击“Windows 10 文件资源管理”文件夹，在弹出的快捷菜单中选择“属性”命令，打开文件夹属性对话框，如图 2-11 所示，在这里可以查看此文件夹所占磁盘空间、所包含文件及子文件夹数量和创建时间等信息。在文件夹属性对话框选中“隐藏”复选框，单击“确定”按钮，刷新后，右侧窗口中的“Windows 10 文件资源管理”文件夹消失。

图 2-11　文件夹属性对话框

要查看隐藏文件夹“Windows 10 文件资源管理”，单击资源管理器窗口中功能区上的“查看”选项卡，在功能区选中“隐藏的项目”复选框，就可以显示隐藏的文件、文件夹和驱动器，如图 2-12 所示，刷新窗口，即可显示“Windows 10 文件资源管理”文件夹。

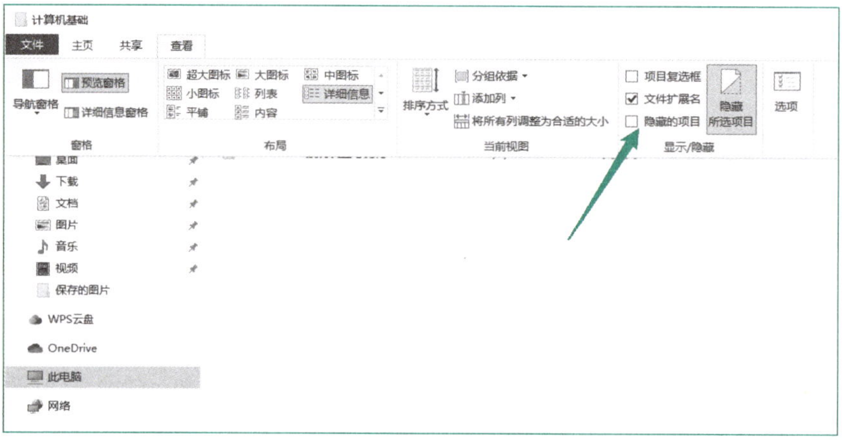

图 2-12　隐藏的项目的设置

在上面的“查看”选项卡中，通过勾选“文件扩展名”复选框可以显示文件的扩展名，如图 2-13 所示。

图 2-13　文件扩展名的显示

3. 文件搜索与筛选功能的运用

1）文件搜索

文件搜索有以下两种方式：

（1）Windows 10 将搜索栏放在了“开始”菜单的左下角，如图 2-14 所示。打开“开始”菜单，在搜索栏里面输入“文件名”命令进行搜索。

图 2-14　“搜索”栏

（2）Windows 10 在资源管理器的右上角提供了搜索框，用户可以在其中输入文件名、部分关键词或文件扩展名（如 .txt、.jpg、.docx）来查找文件。当用户输入搜索内容时，系统会自动在当前文件夹及其子文件夹中匹配相关文件，并实时显示搜索结果。此外，在“此电脑”目录中搜索，可以查找整个计算机上的文件，而在特定文件夹内搜索，则仅查找该文件夹及其子目录中的内容。

2）文件筛选

用户可在 Windows 10 文件资源管理器右上角的搜索框中输入关键词进行搜索操作，不仅可以直接查找文件名，还能结合多种高级运算符和筛选条件，例如：

（1）通配符搜索：使用“*”代替任意字符（如“*.docx”搜索所有 Word 文档）。

（2）按文件内容搜索：输入文件内容的关键词（适用于文本文档、Word 文档、PDF 文档等可索引文件）。

（3）按日期搜索：使用“datemodified:2024-03-01”可查找修改日期为 2024 年 3 月 1 日的文件。

（4）按文件大小搜索：使用“size:>10MB”可查找大于 10 MB 的文件。

（5）按类型搜索：使用“kind:music”查找所有音频文件，使用“kind:pictures”查找所有图片文件。

在搜索结果或资源管理器文件视图中，Windows 10 提供了“筛选器”功能，帮助用户更精确地定位目标文件。在资源管理器的“搜索”选项卡中，用户可以选择以下筛选条件：

（1）修改日期：筛选最近一天、最近一周、最近一个月等时间范围内的文件。

（2）类型：筛选文档、图片、音频、视频等特定类型的文件。

（3）大小：筛选小于 1 MB、1~10 MB、10 MB 以上的文件。

（4）其他属性：如文件标签、作者、公司等元数据。

此外，用户可以结合搜索框输入筛选条件，实现更精准的文件定位。例如，在搜索框中输入“report kind:document datemodified:lastmonth”，可以查找上个月修改过的包含 report 关键字的文档文件。

Windows 10 还支持索引搜索，可以通过“索引选项”（在控制面板中找到）来管理索引范围，加快本地文件搜索速度。如果某些文件夹未被索引，搜索时可能会较慢，可以手动添加索引位置以优化搜索体验。

实训练习

（1）小李在学习和工作中经常需要查找和管理计算机中的文件，但对 Windows 10 文件资源管理器的界面和功能不熟悉，导致查找文件效率低下。为了更好地管理文件和提升工作效率，小李决定学习资源管理器的基本操作和界面功能。

操作要求：

①打开“文件资源管理器”，识别并了解界面中的各组成部分（如快速访问、导航窗格、地址栏、工具栏等）。

②尝试使用“快速访问”功能，将常用文件夹添加到快速访问列表中。

③了解“查看”选项卡中的各项显示模式（如大图标、列表、详细信息等），并尝试切换。

④查看磁盘信息，了解磁盘空间占用情况。

（2）小王在日常学习和管理资料时，需要经常创建和整理文件夹，但由于不熟悉基本操作，导致文件杂乱无章。为更高效地管理文件，小王决定掌握文件与文件夹的创建、复制、移动和删除操作。

操作要求：

①在“文档”目录中创建一个名为“学习资料”的文件夹。

②将桌面上的三个学习文档复制到“学习资料”文件夹中。

③将其中一个文档移动到子文件夹“课堂笔记”中。

④删除一个无用的测试文件，并清空回收站。

（3）小张在整理学习资料时，发现文件数量庞大，难以快速查找到所需文件。为了提升查找效率，小张决定学习文件搜索与筛选功能，快速定位目标文件。

操作要求：

①打开“学习资料”文件夹，在右上角搜索框中输入关键字“PPT”，查找所有 PPT 文件。

②利用“查看”菜单中的“排序方式”和“分组依据”功能，按“修改日期”对文件进行排序。

③使用“筛选”功能，仅显示 PDF 类型文件。

④在查找文件后，将常用文件“发送到”桌面快捷方式，便于以后快速访问。

拓展延伸

在 Windows 10 中，高效使用文件搜索功能可以帮助用户快速找到所需文件，提高工作效率。以下是一些实用的文件搜索与定位技巧，涵盖搜索优化、快捷键操作、索引管理等方面。

1. 利用高级搜索运算符

Windows 10 文件搜索支持多种运算符（见表 2-1），可以用来缩小搜索范围，提高查找效率。

表 2-1 运算符的说明

运 算 符	说 明	示 例
*	通配符，匹配任意字符	*.docx：查找所有 Word 文档
?	匹配单个字符	report?.txt：查找 report1.txt，但不匹配 report12.txt
OR	逻辑或，匹配任意一个关键词	报告 OR 论文：查找包含“报告”或“论文”的文件
NOT	逻辑非，排除某个关键词	报告 NOT 2023：查找“报告”但排除包含“2023”的文件
“”	精确匹配短语	“实验报告 2024”：仅查找完全匹配该短语的文件

2. 按文件属性进行搜索

可以使用以下搜索关键词来按文件属性查找文件：

（1）按文件类型：输入 kind:document，查找所有文档（如 Word、PDF）。

（2）按修改时间：输入 datemodified:2024-02-01，查找 2024 年 2 月 1 日修改的文件。

（3）按大小范围：输入 size:>10MB，查找大于 10 MB 的文件。

（4）按作者：输入“author: 张三”，查找由“张三”创建的文件。

（5）按标签：输入“tag: 项目”，查找带有“项目”标签的文件。

这些关键词可以结合搜索框输入，例如，输入 size:>5MB kind:image，可查找所有大于 5 MB 的图片文件。

3. 充分利用文件索引优化搜索速度

Windows 10 采用索引技术加速搜索，可在“控制面板”→“索引选项”中进行管理。

（1）添加索引位置：默认情况下，索引主要覆盖“文档”“图片”“视频”等文件夹。如果需要更快搜索 D 盘等自定义目录，可以手动添加索引范围。

（2）重建索引：如果搜索结果不准确或速度变慢，可在“索引选项”中单击“高级”→“重建索引”，刷新搜索数据库，提高搜索效率。

4. 使用快捷键加快搜索操作

Windows 10 提供了多种快捷键来加速文件搜索：

【Win+S】：打开 Windows 搜索框，输入文件名或关键字直接查找。

【Ctrl+F】：在资源管理器中快速激活搜索框。

【Alt+P】：打开 / 关闭预览窗格，查看文件内容。

【Win+E】：打开资源管理器，进入文件搜索模式。

5. 结合 OneDrive 和云搜索

如果文件存储在 OneDrive 云端，Windows 10 还支持云端搜索功能。在 OneDrive 文件夹中搜索文件时，系统不仅会查找本地存储的文件，还会同步搜索云端未下载的文件，提高搜索范围。

小课堂

在现代信息社会中，计算机已成为学习、工作和生活的重要工具，而 Windows 10 作为主流操作系统，其文件管理与搜索功能直接影响着人们的信息管理能力。在使用计算机的过程中，学生们不仅要掌握技术技能，更要培养数字素养，增强信息安全意识，树立正确的价值观。

1. 信息管理与高效学习

合理运用 Windows 10 的资源管理器、搜索与筛选功能，可以帮助同学们更高效地整理和查找文件，提高学习与工作的效率。这种条理化的管理方式与同学们日常的学习习惯息息相关，培养同学们井然有序、科学归纳的思维能力，为未来的学习和职业发展奠定坚实基础。

2. 信息安全意识与责任担当

在使用 Windows 10 进行文件管理时，同学们必须增强信息安全意识，保护个人隐私和重要数据。例如，妥善管理敏感文件、定期备份重要数据、使用 Windows Defender 等安全工具防范病毒与网络攻击。这不仅是对个人数据的负责，也是对社会信息安全的贡献，体现了公民应有的责任与担当。

3. 绿色计算与资源节约

在文件管理过程中，同学们应当避免冗余存储，减少不必要的文件复制和占用，以提高存储资源的利用率。同时，合理使用云存储（如 OneDrive），在保证文件访问便捷性的同时，减少对本地硬件存储资源的依赖。这种高效利用资源的做法，与国家倡导的绿色计算、低碳环保理念相契合，体现了新时代大学生应具备的环保意识和责任感。

4. 维护网络空间清朗，增强法律意识

在管理和共享文件时，同学们应遵守相关法律法规，尊重知识产权，杜绝非法下载、传播侵犯版权的文件。特别是在文件命名、存储、共享的过程中，避免使用不当语言或传播虚假信息，维护良好的网络环境。这与国家提出的网络文明建设要求一致，也体现了人们在信息化社会中的公民素养。

5. 结合科技发展，勇担创新使命

随着人工智能、大数据等技术的发展，Windows 10 及其他各种操作系统也在不断进步。作为新时代的学习者，同学们应当紧跟科技发展趋势，主动学习新技术，提升信息素养，为科技创新贡献自己的力量。这不仅有助于个人成长，也符合国家科技强国战略，展现当代青年的责任与担当。

项目三
常用软件安装及使用

在现代操作系统中，应用商店已成为获取和管理软件的重要途径，与传统的下载安装方式相比，它能为用户提供更加安全、便捷和高效的安装体验。用户可以通过搜索、分类浏览等方式快速找到所需应用，系统还会自动进行安全检测和版本管理。而随着操作系统的广泛应用，已安装应用程序的启动、卸载与更新管理也成了确保系统稳定运行与软件高效使用的关键环节，合理管理应用程序不仅能释放系统资源、提升运行效率，还能通过及时更新修复漏洞，增强安全性。本项目将带领大家通过实训操作，掌握应用商店的基本使用方法，包括如何查找、下载、安装和更新应用程序，以及如何启动常用应用、查看程序信息、正确卸载不再使用的软件，从而提升对计算机系统的综合管理能力，为后续的软件管理与系统维护打下坚实基础。

学习目标

◎掌握通过应用商店安装软件的方法。

◎掌握通过浏览器下载软件安装包安装软件的方法。

◎掌握通过“开始”菜单、桌面快捷方式或文件资源管理器打开已安装的程序的方法。

◎掌握使用“控制面板”卸载软件及其相关文件的方法。

◎掌握用程序自带的更新功能或应用商店下载最新版本的方法，以确保软件稳定和安全。

项目描述

校学生社团需要整理活动资料（包括照片、视频和文档），要求成员先安装 WinRAR 将文件压缩打包，再通过百度云盘共享给其他成员；小李作为社团成员，首先要安装百度云盘和 WinRAR，然后，可以在完成任务后通过控制面板卸载，以释放存储空间并保持系统流畅。这样既满足了社团协作的文件处理需求，又能根据个人使用习惯灵活管理电脑软件。

项目分析

（1）通过 Windows 应用商店安装百度云盘客户端。

（2）通过官方网站下载并安装 WinRAR 压缩软件。

（3）验证软件安装结果及基本功能。

（4）启动、卸载、更新管理百度云盘。

相关知识

1. 软件

软件是计算机系统中由程序代码、数据和相关文档组成的逻辑实体，它赋予硬件设备具体的功能和应用价值。

作为连接用户与硬件的桥梁，软件分为三类，各类软件的作用如下：系统软件（如操作系统）负责管理和协调硬件资源，为应用软件提供运行环境；应用软件（如办公套件、图像处理工具）直接满足用户的具体需求，实现文档编辑、数据分析等专项功能；开发工具和中间件支持软件生态的持续创新。

在数字化时代，软件已渗透到生产生活的各个领域，从智能手机 App 到工业控制系统，不仅提升了工作效率，更推动了社会的信息化进程，成为现代文明的重要技术支柱。

2. 软件安装方式比较

1）应用商店安装

（1）优点：自动更新、安全可靠、安装简便。

（2）缺点：软件选择有限、功能版本可能不全。

（3）适用场景：日常应用软件安装。

2）传统安装包安装

（1）优点：版本选择灵活、功能完整。

（2）缺点：需要手动验证来源、更新需单独操作。

（3）适用场景：专业软件、特定版本需求。

3. 软件安装注意事项

（1）优先选择官方渠道获取软件。

（2）安装前验证数字签名确保安全性。

（3）注意取消捆绑软件的默认勾选。

（4）合理选择安装路径（建议非系统盘）。

项目操作

1. 通过软件商店安装百度云盘

（1）在任务栏搜索框中输入 Microsoft Store，打开微软商店窗口。在搜索框中搜索“百度云盘”，如图 3-1 所示。

（2）单击“百度网盘”选项卡上的“免费下载”按钮，进入百度云盘安装界面。单击“安装”按钮即可安装，如图 3-2 所示。

图 3-1　百度云盘下载窗口

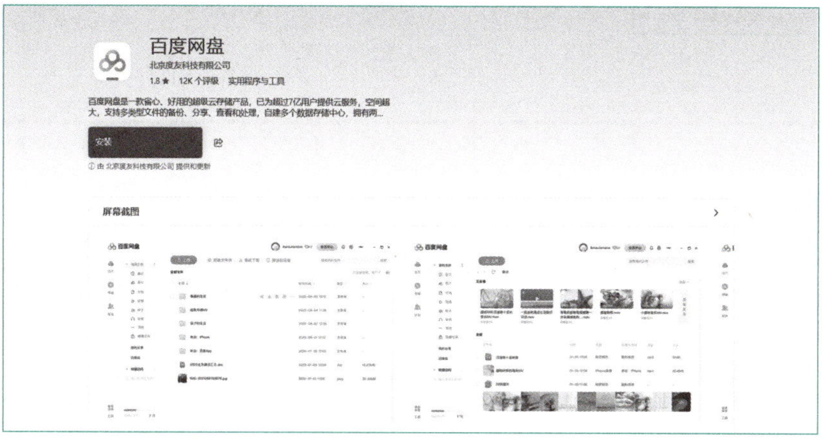

图 3-2　百度云盘安装窗口

2. 通过官方网站安装 WinRAR 软件

（1）打开浏览器，访问 WinRAR 官网，如图 3-3 所示，单击 DOWNLOAD 按钮进入下载页面。

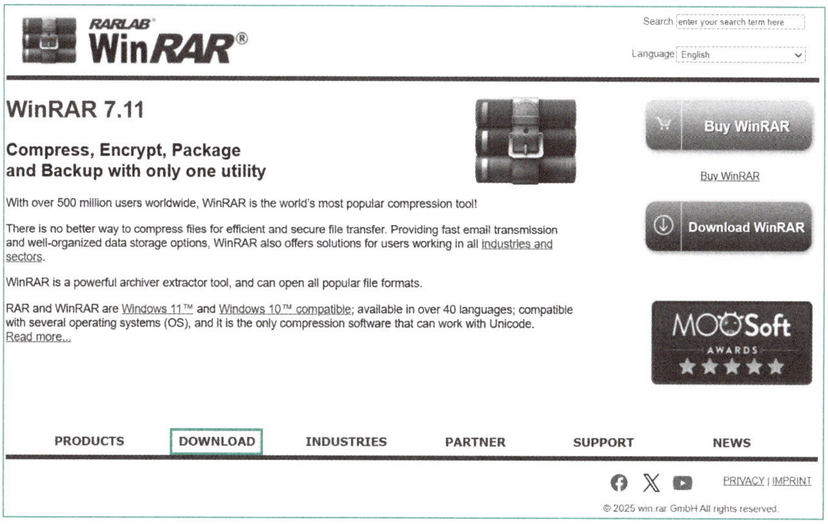

图 3-3　WinRAR 官网

（2）如图 3-4 所示，在下载界面选择适合操作系统版本的安装包，单击下载链接，下载安装包。

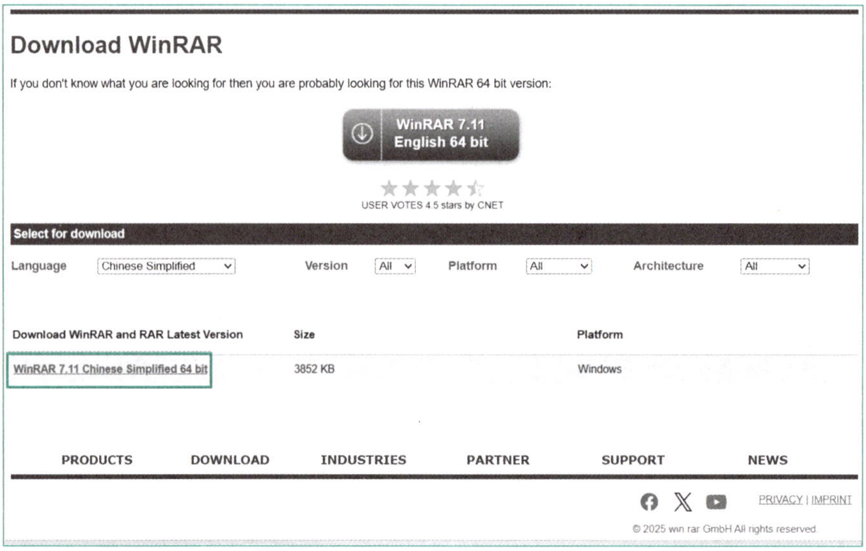

图 3-4　WinRAR 下载界面

（3）双击下载好的安装包。弹出安装向导对话框，选择目标安装路径，单击“安装”按钮开始安装，如图 3-5 所示。

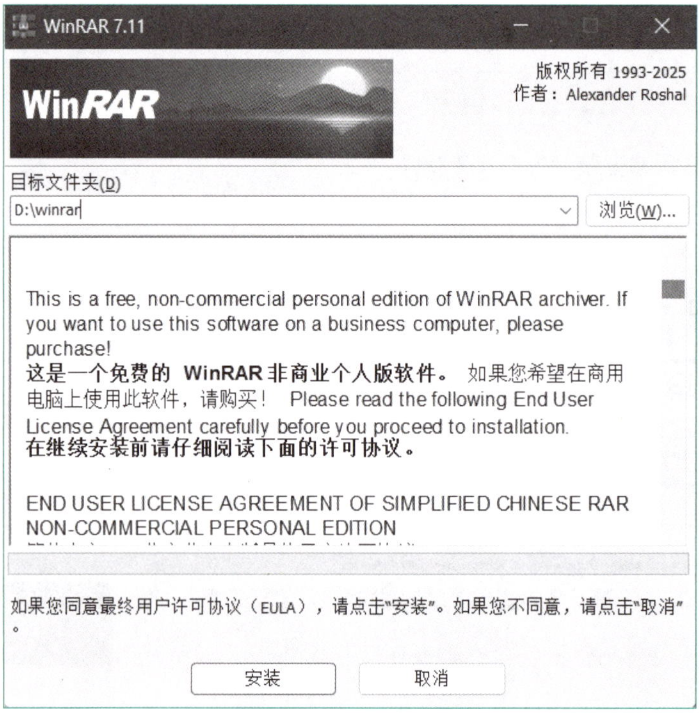

图 3-5　安装向导对话框

（4）如图 3-6 所示，勾选需关联的文件类型（如 RAR、ZIP 等），单击“确定”按钮。

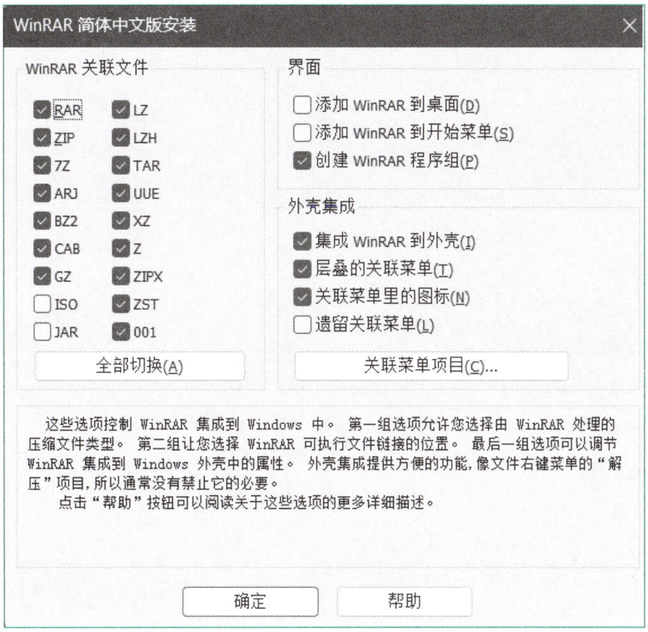

图 3-6　选项控制对话框

（5）单击“完成”按钮退出向导，如图 3-7 所示。

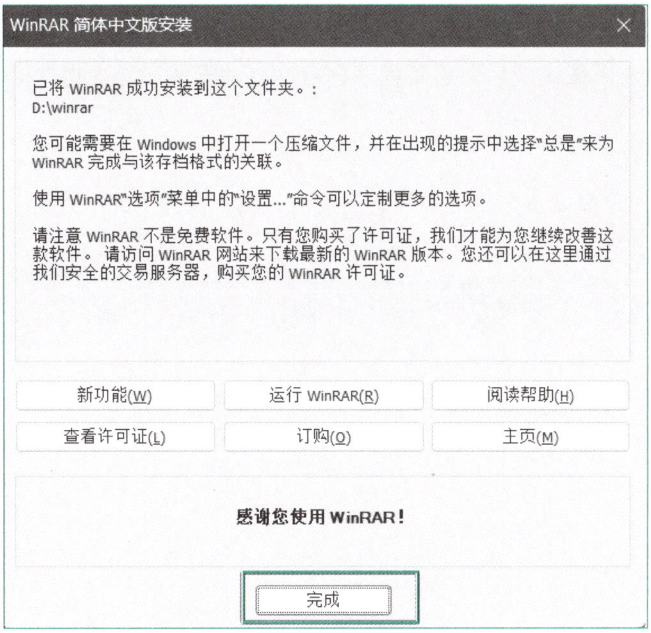

图 3-7　安装完成对话框

3. 启动、卸载、更新管理百度云盘

1）启动百度网盘

方法一：在 Windows 桌面下方，首先单击“开始”按钮，然后在弹出的“开始”菜单中选择百度网盘，双击即可打开。

方法二：直接在搜索栏中搜索“百度网盘”，如图 3-8 所示，单击即可打开。

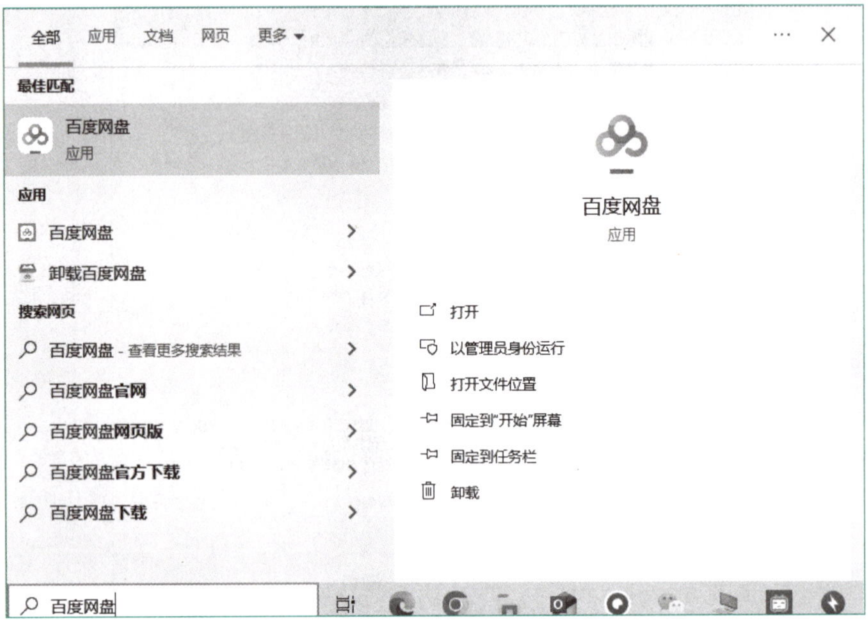

图 3-8　启动百度网盘

2）更新百度网盘

在任务栏搜索框中输入 Microsoft Store，打开微软商店窗口。在搜索框中搜索“百度云盘”，如图 3-1 所示。如果检测到新版本，系统会弹出更新提示窗口。单击“立即更新”按钮，软件将自动下载更新包。下载完成后，更新程序会自动启动安装向导。根据提示一步步操作即可安装完成。

3）卸载百度网盘

（1）在 Windows 桌面下方单击“开始”按钮，然后在弹出的“开始”菜单中，选择“设置”按钮，如图 3-9 所示。

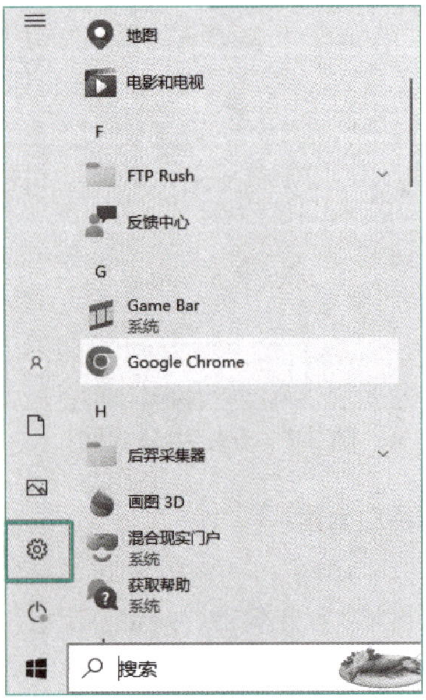

图 3-9　设置界面

（2）在弹出的“设置”窗口（见图 3-10）中单击“应用”按钮。然后进入“应用和功能”窗口中，在搜索框中输入“百度网盘”单击搜索。最后在搜索结果中单击“百度网盘”卸载按钮，如图 3-11 所示。

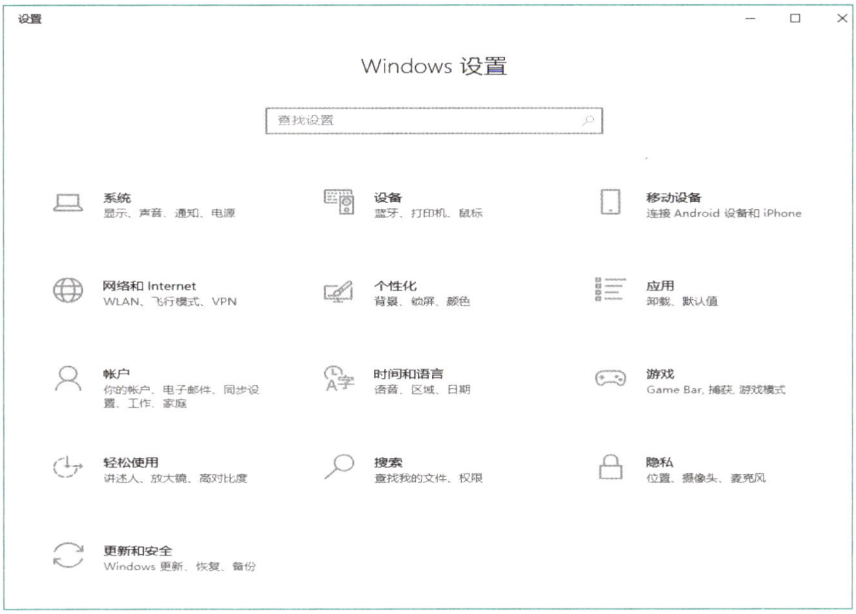

图 3-10　Windows 设置窗口

图 3-11　“应用和功能”窗口

（3）如图 3-12 所示，弹出“卸载百度网盘”对话框，单击右下角的“卸载”按钮。

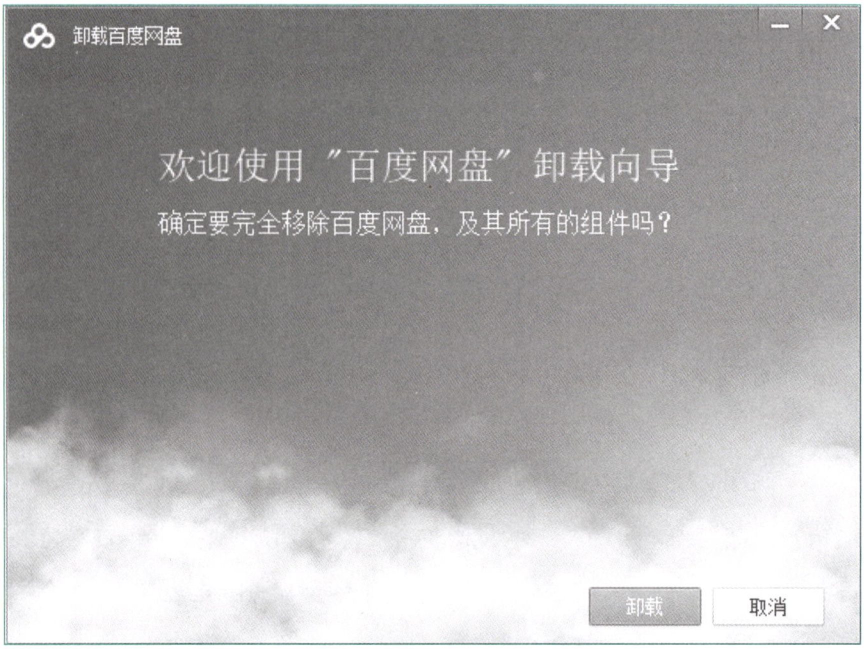

图 3-12　卸载百度网盘对话框

（4）进入卸载百度网盘进度条对话框，可以看到卸载的进度。如图 3-13 所示，当进度达到了 100%，单击“完成”按钮即可完成通过“开始”菜单卸载工具软件的操作。

图 3-13　卸载百度网盘进度条对话框

实训练习

安装 WPS Office 并验证其功能。

操作要求：

（1）通过 WPS Office 官方网站下载安装包。

（2）WPS Office 的安装路径选择非系统盘。

（3）使用 WPS Office 创建一个空白文档“测试文档 .docx”。

（4）检查“测试文档 .docx”能否正常打开和编辑。

拓展延伸

计算机语言是人与计算机沟通的工具，根据抽象程度不同，可分为机器语言、汇编语言和高级语言。机器语言由 0 和 1 组成，能被计算机直接执行，速度快但难以编写。汇编语言使用助记符表示指令，稍具可读性，仍需转换成机器码后执行，编写复杂且移植性差。高级语言如 C、Python、Java 等，更接近自然语言，易学易用，开发效率高，适合跨平台应用。虽然运行速度略逊一筹，但其良好的可维护性和通用性，使其成为主流开发选择。

小课堂

在全球软件技术竞争日益激烈的背景下，发展国产软件已成为我国推进信息化建设和保障国家安全的重要战略选择。首先，自主可控、安全可靠是发展国产软件的核心目标。依靠自身技术减少对国外软件的依赖，有助于提升国家信息安全水平。目前，银河麒麟、中标麒麟等操作系统，WPS Office 等办公软件，以及达梦数据库等，正逐步替代国外同类产品，展现出国产软件的实力。

然而，实现真正的技术独立，不能仅依靠模仿与替代，更需要不断推动自主创新。华为鸿蒙系统、统信UOS操作系统的推出，标志着我国在基础软件领域正不断取得技术突破，逐步构建起自主的生态体系。同时，国产软件的发展离不开高素质人才的支撑。高校与企业协同育人，不仅为产业发展输送人才，也为技术攻关提供了智力保障。

因此，推动国产软件崛起不仅是一项技术任务，更是一份时代使命。青年学子作为国家科技发展的后备力量，应当主动承担起这一责任，不断提升专业能力，积极参与软件研发，为我国软件产业的自主创新注入源源不断的动力。

项目四
WPS 文字文档的编辑排版

在信息化时代，文字处理是办公、学习和科研的核心技能之一。无论是撰写学术论文、制作工作报告，还是设计宣传材料，规范的文档排版不仅能提升内容的专业性与可读性，还能有效传递信息价值。WPS 文字作为国产办公软件的优秀代表，其功能丰富、操作便捷，已成为职场与校园场景中的重要工具。

本章将系统讲解 WPS 文字的编辑与排版技术，系统阐述结构化文档的编排逻辑与实践方法。通过学习字体与段落属性的精细化调整，读者可掌握文档内容的结构化呈现方法；分栏、首字下沉等版式设计技巧则能赋予文档视觉吸引力；页眉页脚、脚注尾注等功能的学习将帮助读者实现文档的规范化管理；而图文混排的实践则能进一步提升综合排版能力。本章内容遵循从基础操作到综合应用的递进式教学路径，旨在帮助读者建立科学化、标准化的文档处理思维体系，满足学术研究、商务文书等不同场景的文档处理需求。

学习目标

◎认识 WPS 文字工作界面。
◎掌握 WPS 文字的基本操作方法。
◎掌握字体属性的调整方法与适用场景。
◎掌握分栏排版操作方式。
◎掌握页眉页脚的添加方法。
◎掌握脚注尾注的使用方法。
◎掌握图文混排的方法。

项目描述

《航天杂志》需要开设以“我国航天科技成就”为主题的专栏，而小李作为负责人，需要制作一篇专题报告。一篇报告需要正文规范，看起来具有专业性，能够分栏展示不同航天阶段成果，能够把关键成果醒目地展现出来，同时，相应的科研数据也能在下方标注出，此外还要有相应的航天飞船等图片，能够让读者产生兴趣。

项目分析

文本的编辑和排版可以通过文字处理软件 WPS 文字来完成。WPS 文字除了具有最基本的创建文档、设置字体段落格式、插入图片及表格等功能外，还具有强大的文字排版功能，特别是对于一些长文档（如毕业论文等），为其设置高级版式，可以使文档看起来更规范和美观，为此可以通过 WPS 文字编辑和排版这篇专题报告。具体要求如下：

（1）在 WPS 文字中通过字体及相应颜色设计改变文档的标题，使文档标题看起来有科技感，凸显创新。

（2）通过段落调整功能使报告看起来清晰明了。

（3）通过分栏功能划分航天阶段成果展示区域。

（4）利用首字下沉突出关键成果名称并设置加粗或变色增强视觉焦点，配合脚注尾注标注科研数据。

（5）通过文字环绕模式，实现插入高清航天器图片后进行图文混排。

相关知识

1. WPS 文字工作界面介绍

WPS 文字工作界面主要元素有标签栏、功能区、状态栏、编辑区、导航窗格、标尺、视图按钮、缩放比例按钮等，如图 4-1 所示。

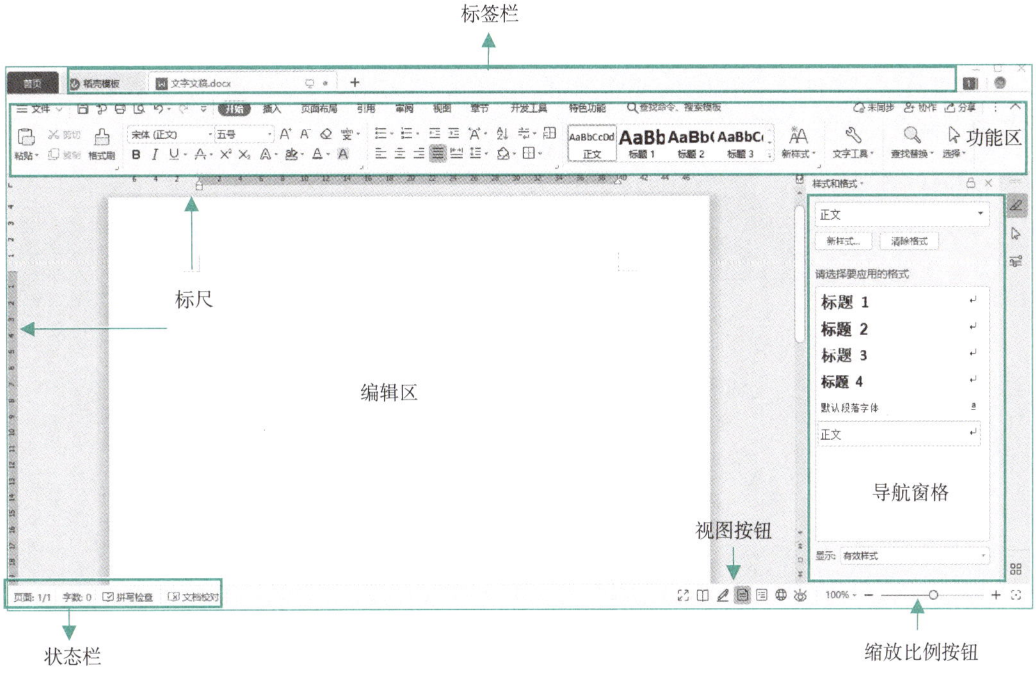

图 4-1　WPS 文字工作界面

（1）标签栏：位于窗口最顶部。包含标签区，可进行文档标签的切换、访问、新建文档、网页、服务等操作；还包含窗口控制区，有登录管理账号、最大化、最小化、关闭工作窗口等按钮。

（2）功能区：占据界面的重要位置，是各种功能的入口。包含功能区选项卡，如文件、开始、插入、页面布局、引用、审阅、视图、章节、开发工具、特色应用等选项卡，每个选项卡下又有不同的功能模块等。

（3）状态栏：处于窗口的最下方。用于显示文档状态信息，如当前页码和总页数、字数统计、语言设置、插入 / 改写模式等，还提供视图控制功能，可快速切换拼写检查、文档认证等功能，也能进行页面显示比例的调整。

（4）编辑区：是 WPS 文字的核心区域，用于文本内容的编辑和呈现。用户在此输入、修改、删除文字，进行排版等操作，包括文档页面、滚动条等元素，文档的最终效果在此区域呈现。

（5）导航窗格：通常位于编辑区的右侧，可隐藏。主要为文档操作提供便捷功能，比如样式和格式窗格、选择窗格、属性窗格等，执行特定命令操作时会自动展开显示。

（6）标尺：标尺分为水平标尺和垂直标尺，水平标尺可以缩进全文或插入点所在段落，并可调整页面的左右边距、改变表的宽度、设置制表符的位置等；垂直标尺可调整页面的、下边距和表格的上下宽度。

（7）视图按钮：用于切换页面显示方式，WPS 文字提供六个“视图模式”，即全屏显示视图、阅读版式视图、写作模式视图、页面视图、大纲视图、Web 版式视图。

（8）缩放比例按钮：用于调整正在编辑的文档的显示比例。

2. 文档基本操作

1）文档的创建

在 WPS 文字中新建一个空白文档主要有以下三种方式：

（1）使用“文件”菜单创建。单击软件左上角的“文件”菜单按钮，在下拉菜单中选择“新建”命令，如图 4-2 所示。

图 4-2　文档创建

（2）利用模板创建。利用模板创建文档与创建空白文档的方法类似，启动 WPS 文字后，单击“文件”菜单下的“新建”命令，根据需要选择右侧在线文档后面的模板即可，如图 4-3 所示。

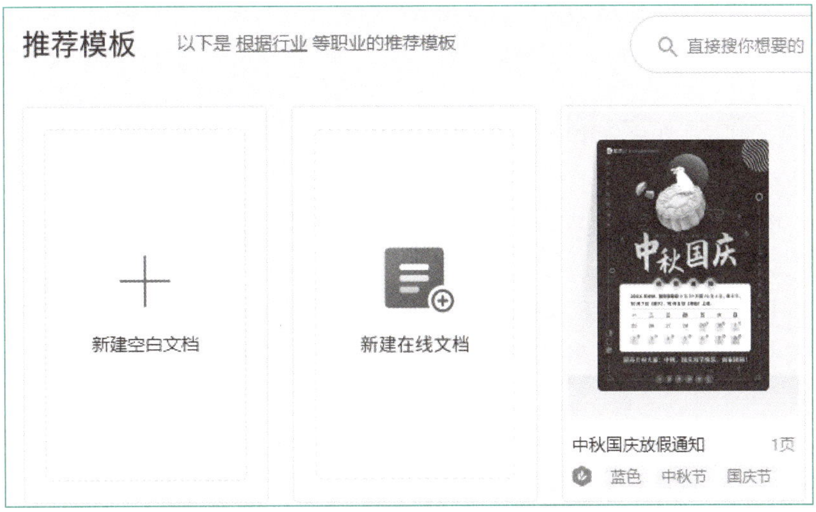

图 4-3　利用模板创建文档

（3）利用快捷键创建。按【Ctrl+N】组合键即可快速创建一个新空白文档。

2）文档的打开

进入 WPS 文字工作界面后，单击左上角的“文件”菜单或“WPS 文字”按钮，选择“打开”命令，在弹出的“打开文件”对话框中，找到存储 WPS 文件的位置，选中需要打开的文档，然后单击“打开”按钮，如图 4-4 所示。

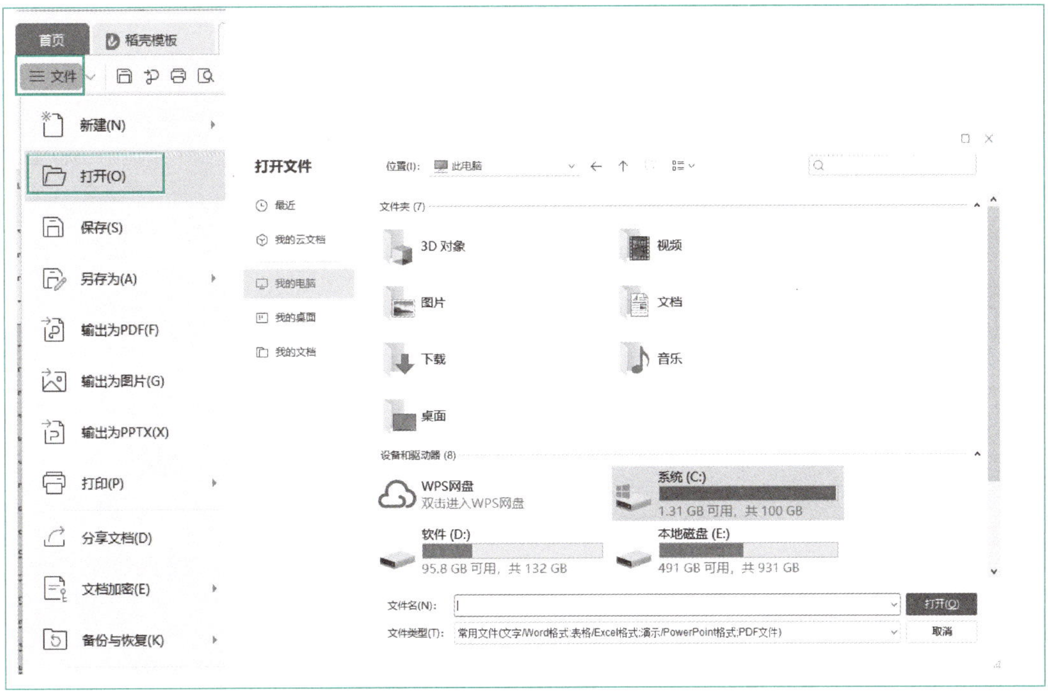

图 4-4　文档打开

3）文档的保存

（1）单击左上角的“文件”菜单中的“保存”命令。如果是第一次保存文件，按提示为其命名。若想将当前文档以新的文件名或格式保存到指定位置，而不影响原始文件，可单击“另存为”命令，打开“另存为”对话框，在“文件名”框中键入文件的新名称，单击“保存”按钮。

（2）按【Ctrl+S】组合键即可保存当前文档。

3. 设置字体格式

在 WPS 中设置字体需要首先选中需要修改的对象然后再设置，相应操作过程如下。

1）打开文档并选中文字

打开需要进行编辑的文档，在文档中，用鼠标拖动的方式选中想要设置字体格式的文字内容。如果要对整个文档进行字体格式设置，可以按【Ctrl+A】（全选）组合键。

2）设置字体

选中文字后，在“开始”选项卡的“字体”组中可以看到“字体”下拉框，如图 4-5 所示。

单击“字体”下拉框，会弹出一个包含各种字体名称的列表，如宋体、黑体、楷体、微软雅黑等。这些字体的风格和特点各不相同，例如，宋体比较规整，适合正文内容；黑体则比较粗壮，常用于标题等强调部分。

用鼠标滚动列表或者在搜索框中输入字体名称，找到想要使用的字体后，单击该字体名称，选中的文字就会变成相应的字体。

3）设置字号

在“字体”组中，紧挨着“字体”下拉框的是“字号”下拉框，如图 4-6 所示。

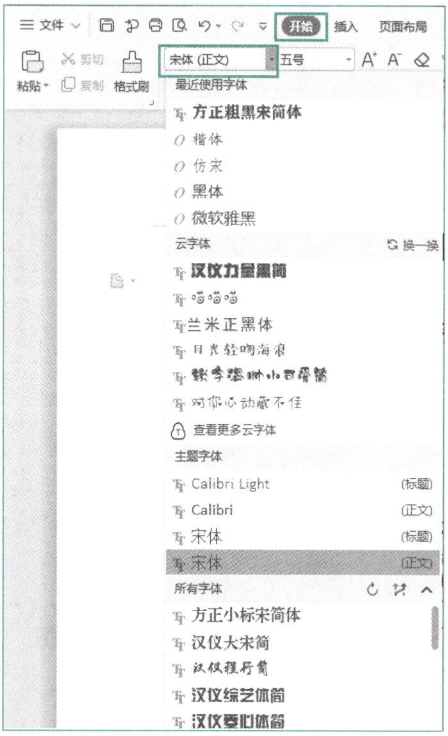

图 4-5　字体设置

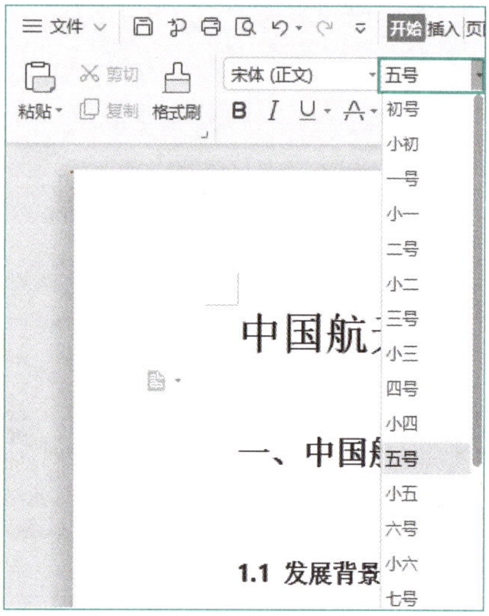

图 4-6　字号设置

字号下拉框中有多种字号选项，字号的大小用数字表示，数字越大，字体越大。常见的字号有五号（10.5 磅）、小四号（12 磅）、四号（14 磅）等。其中，磅是衡量字体大小的单位。

单击“字号”下拉框，选择合适的字号来改变选中文字的大小。如果需要自定义字号大小，可以直接在字号框中输入数字，然后按【Enter】键。

4）设置字体颜色

在“字体”组中有一个“字体颜色”按钮，它看起来像一个带有字母“A”和颜色条的图标，如图 4-7 所示。

单击“字体颜色”右边倒三角形按钮，会弹出一个颜色面板。颜色面板通常有“主题颜色”“标准色”等选项。

“主题颜色”是根据文档主题预设的颜色组合，与文档的整体风格相匹配；“标准色”是一些常见的基本颜色，如红、绿、蓝等；如果想要更丰富的颜色选择，可以单击“更多字体颜色”选项。

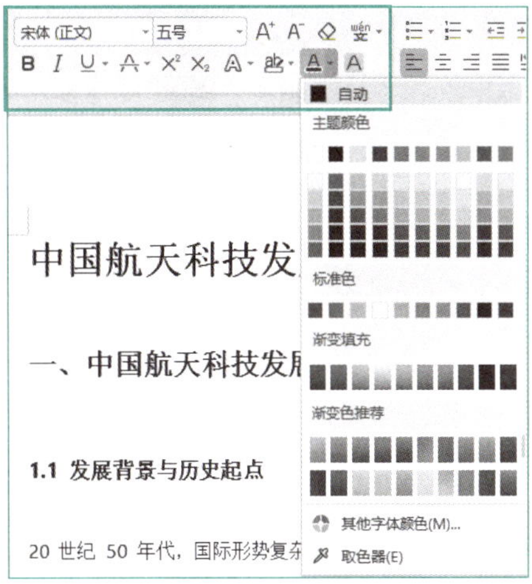

图 4-7　字体颜色设置

5）设置加粗、倾斜和下划线

在“字体”组中，有三个常用的按钮用于设置文字的样式：“加粗”、“倾斜”和“下划线”，如图 4-8 所示。

（1）“加粗”按钮：单击这个按钮或按【Ctrl+B】组合键后，选中的文字笔画会变粗，用于强调重要的内容。再次单击该按钮可以取消加粗效果。

（2）“倾斜”按钮：按下这个按钮或按【Ctrl+I】组合键，选中的文字会向一侧倾斜，通常用于在正文中突出某些特殊的文字，如书名、外语等。同样，再次单击可以取消倾斜。

（3）“下划线”按钮：单击此按钮或按【Ctrl+U】组合键，会在选中文字的下方添加一条线。还可以通过单击“下划线”按钮旁边的小箭头，在下拉菜单中选择不同的下划线样式，如单下划线、双下划线、波浪线等，以及下划线的颜色。

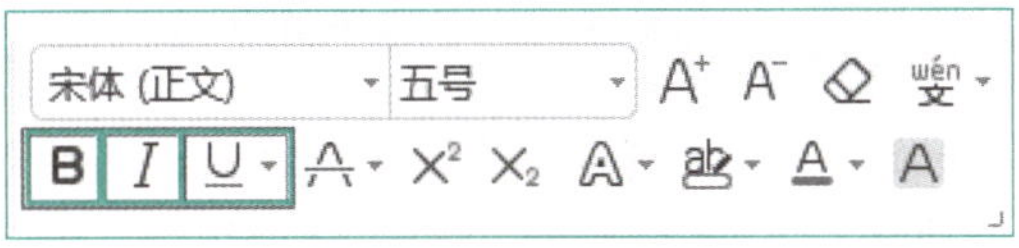

图 4-8　字体样式设置

6）设置字符间距和缩放比例

若要设置字符间距，可以选中文字后，单击“开始”选项卡“字体”组右下角的“字体”对话框启动器（一个小箭头图标），如图 4-9 所示。

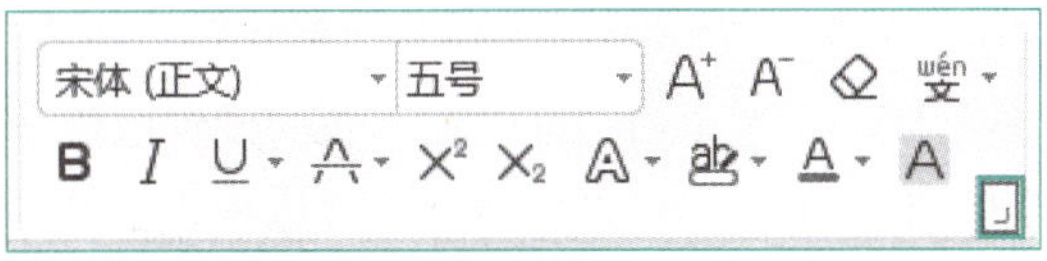

图 4-9　“字体”对话框启动器

在弹出的“字体”对话框中，切换到“字符间距”选项卡。在这里，可以通过“间距”下拉框选择“标准”、“加宽”或“紧缩”来调整字符之间的距离，如图 4-10 所示。

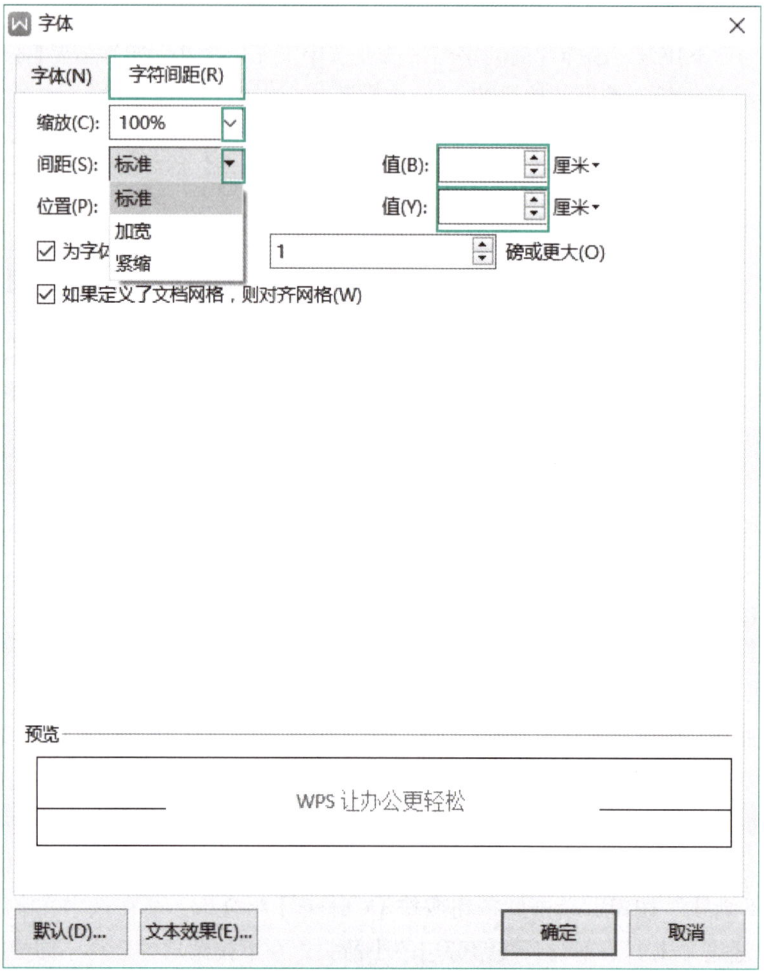

图 4-10　字符间距和缩放比例设置

如果选择“加宽”或“紧缩”选项，还可以在旁边的“磅值”框中输入具体的数值来精确控制字符间距的大小。同时，在这个选项卡中还可以通过“缩放”下拉框来调整文字的横向缩放比例，如 100%（正常）、150%（放大）等。设置好后，单击“确定”按钮即可应用这些设置。

7）设置文字效果（如阴影、发光等）

同样通过“字体”对话框启动器打开“字体”对话框，单击“文本效果”按钮，如图 4-11 所示，打开“设置文本效果格式”对话框。

在这个任务窗格中有多个效果选项，如“阴影”“发光”“倒影”“轮廓”等。

以“阴影”为例，勾选“阴影”选项后，可以在下面的设置区域调整阴影的颜色、透明度、角度、距离等参数。每个效果都有自己的一组参数，可以根据需要进行详细的设置，以达到想要的文字效果。设置完成后，单击“确定”按钮应用效果，如图 4-12 所示。

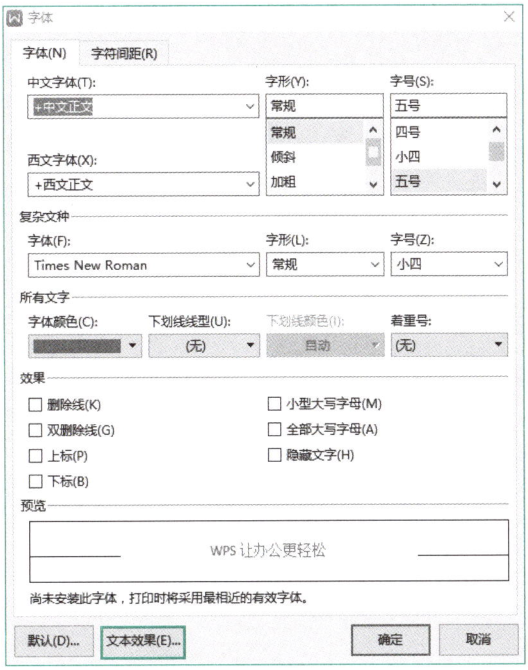

图 4-11　“字体”对话框

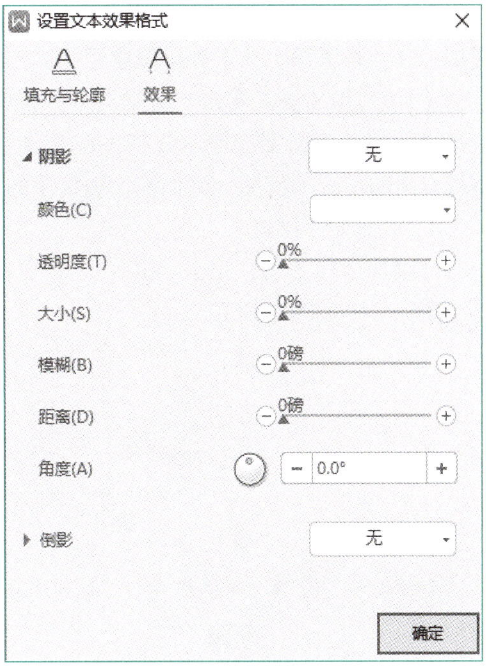

图 4-12　文字效果设置

4. 设置段落格式

1）打开文档并定位段落

首先打开包含需要设置段落格式的文档。通过滚动条或者鼠标定位，将光标置于想要设置格式的段落内。如果要对多个段落进行设置，可以用鼠标拖动选中多个段落，或者使用【Ctrl+A】组合键选中全文。

2）设置对齐方式

在“开始”选项卡的“段落”组中可以看到多种对齐方式按钮，如图 4-13 所示。

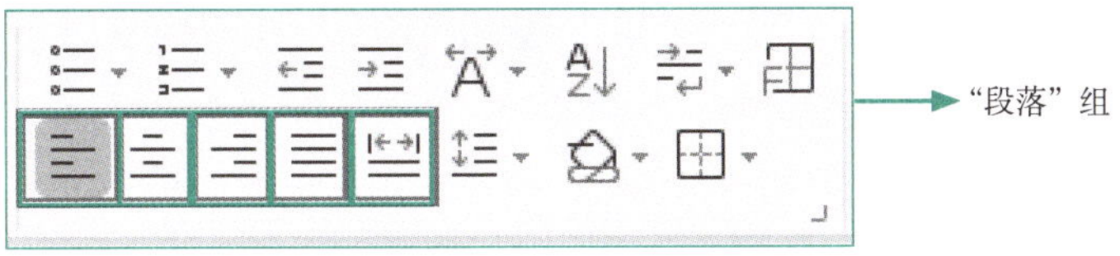

图 4-13　“段落”组

（1）左对齐：单击“左对齐”按钮（图标是段落向左靠齐），选中的段落文本会向左边界对齐。这种对齐方式使段落左边整齐，右边参差不齐，是最常见的正文排版方式之一，适用于大多数文档内容。

（2）居中对齐：单击“居中对齐”按钮（图标是段落文本在中间位置），能使段落文本在页面水平方向上居中。常用于标题、章节名、诗歌等内容，能够突出重点，让文本在视觉上更加平衡。

（3）右对齐：单击“右对齐”按钮（图标是段落向右靠齐），段落文本会向右边界对齐。右边整齐，左边参差不齐，一般用于一些特殊的排版需求，如文档右侧的标注或者日期等信息。

（4）两端对齐：单击“两端对齐”按钮（图标是段落左右两边都对齐），除了段落最后一行外，其他行的文字会自动调整字间距，使段落左右两边都对齐。这样可以使段落看起来更加整齐，是书籍、杂志等排版中常用的方式。

（5）分散对齐：单击“分散对齐”按钮（图标是段落文本分散在左右边界之间），会使段落中的每一行文字都均匀分布在左右边界之间，包括最后一行。这种方式在一些需要填满整行空间的情况下使用，比如制作表格中的文字内容。

3）设置段落缩进

可以选中段落后，单击“开始”选项卡“段落”组中的“段落”对话框启动器（一个小箭头图标），如图 4-14 所示。

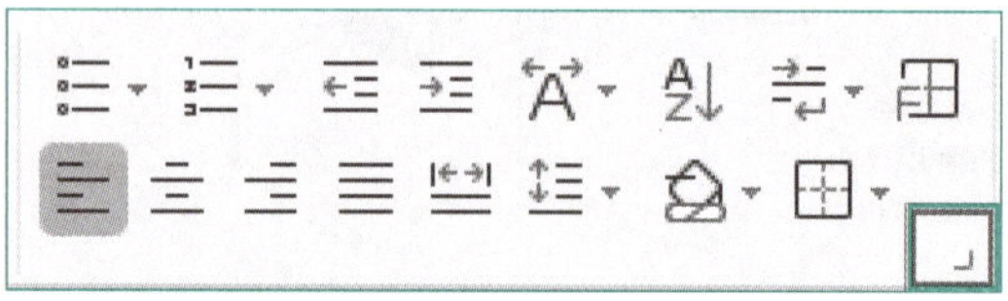

图 4-14 “段落”对话框启动器

在弹出的“段落”对话框中，“缩进和间距”选项卡中可以设置段落缩进，如图 4-15 所示。

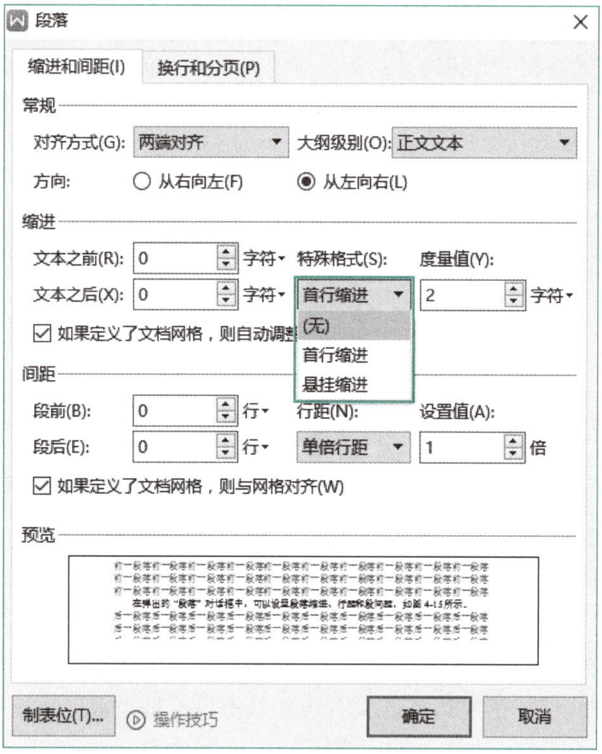

图 4-15 段落缩进设置

（1）首行缩进：首行缩进是指段落的第一行向内缩进一定距离。通常用于区分段落，符合中文排版习惯。在 WPS 文字中，可以通过单击“段落”组中的“增加缩进量”按钮（图标是向右的箭头）来设置首行缩进。每单击一次，首行缩进会增加一定的距离，一般默认是两个字符的缩进量。也可以通过“段落”对话框来精确设置缩进值。

（2）悬挂缩进：悬挂缩进与首行缩进相反，是指段落的第一行不缩进，而从第二行开始向内缩进。通过单击“减少缩进量”按钮（图标是向左的箭头）旁边的小箭头，在下拉菜单中选择“悬挂缩进”来设置。同样，也可以在“段落”对话框中精确设置缩进的距离。

4）设置行距和段间距

（1）行距设置。

单击“段落”组中的“行距”按钮，会出现行距选项，如 1.0 倍行距、1.5 倍行距、2.0 倍行距等，如图 4-16 所示。

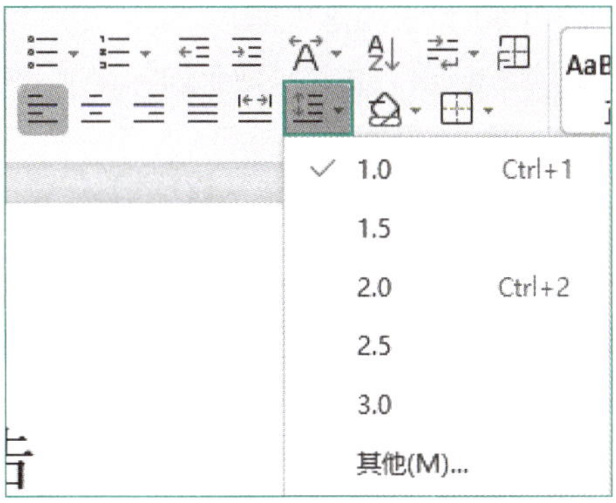

图 4-16　行距设置

1.0 倍行距即单倍行距，是指每行文字之间的距离刚好能容纳下一行文字的高度；1.5 倍行距则是单倍行距的 1.5 倍，文字之间的空间更宽松，阅读起来更舒适，常用于正文部分；2.0 倍行距空间更大，一般用于草稿或者需要大量批注的文档。

如果需要更精确的行距设置，可以通过“段落”对话框，如图 4-17 所示。在“段落”对话框的“缩进和间距”选项卡中，通过“行距”下拉框可以选择“固定值”“最小值”“多倍行距”等选项。“固定值”可以输入一个具体的磅值来确定行距大小；“最小值”会根据段落中的最大字体自动调整行距，保证文字不会重叠；“多倍行距”可以设置为几倍的行距，如 0.8 倍、2.0 倍等。

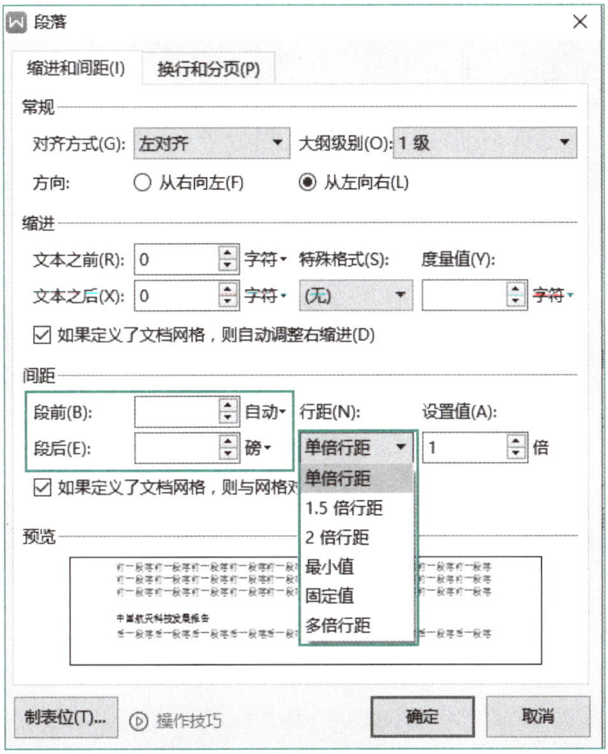

图 4-17　段间距设置

（2）段间距设置。

在“段落”对话框的“缩进和间距”选项卡中，“段前”和“段后”框用于设置段落之间的距离。可以输入具体的磅值来确定段落前和段落后预留的空间大小。例如，在标题和正文之间设置一定的段间距，能够使文档结构更加清晰。

5）设置段落边框和底纹

（1）设置段落边框。

选中段落，在“页面布局”选项卡中找到“页面边框”按钮，如图 4-18 所示。

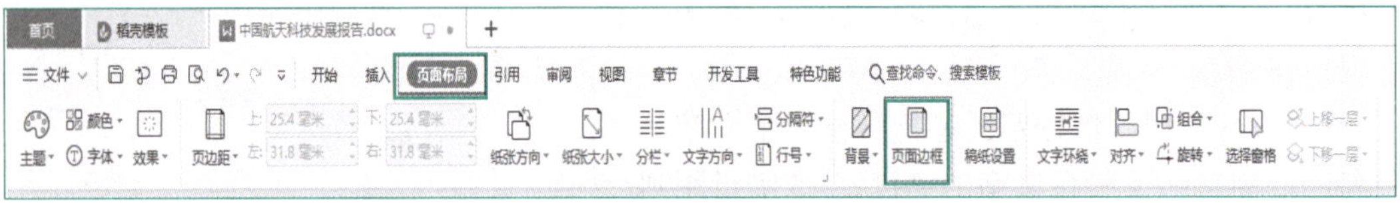

图 4-18 “页面布局”选项卡

单击“页面边框”按钮会弹出“边框和底纹”对话框，切换到“边框”选项卡。在这里，可以选择边框的样式，如单线、双线、虚线等；边框的颜色；以及应用边框的范围，是段落还是文字等。通过预览框可以看到设置的效果，设置好后单击“确定”按钮即可为段落添加边框，如图 4-19 所示。

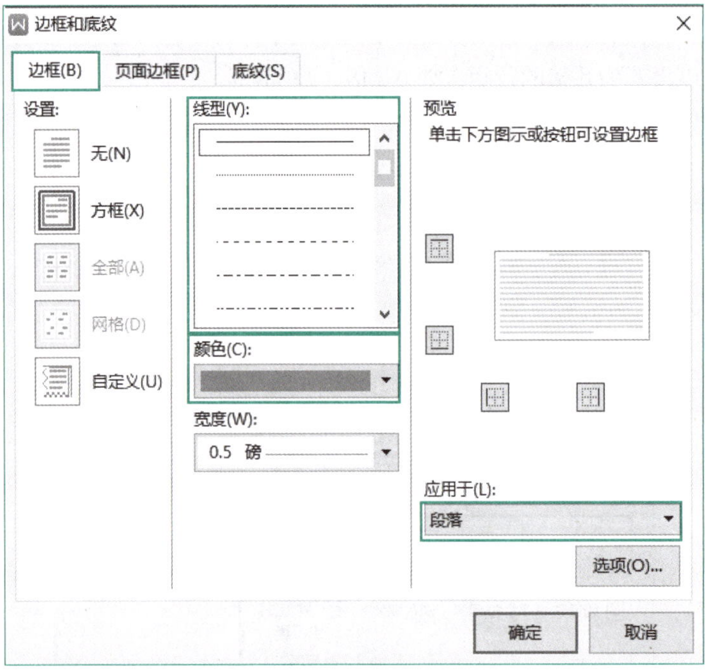

图 4-19 段落边框设置

（2）设置段落底纹。

同样在“边框和底纹”对话框中，切换到“底纹”选项卡。可以选择底纹的填充颜色，如纯色、渐变等；还可以选择图案样式，如点状、线状等作为底纹。设置应用范围为段落，然后单击“确定”按钮，段落就会添加相应的底纹效果。底纹可以用于突出显示某些重要段落或者区分不同内容的段落，如图 4-20 所示。

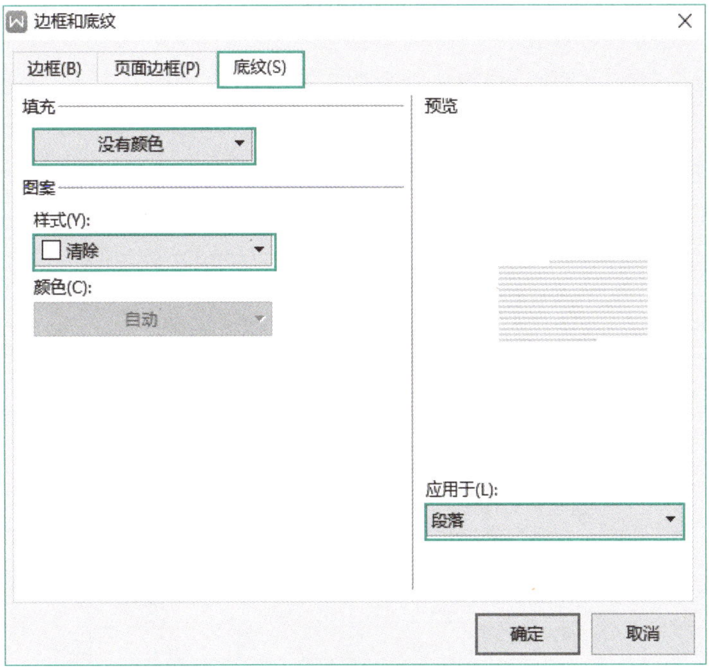

图 4-20　段落底纹设置

5. 设置分栏

1）打开文档并定位光标

首先，打开需要进行分栏设置的文档。将光标定位到想要设置分栏的部分。如果想对整个文档进行分栏，可以将光标放在文档的开头（按【Ctrl+Home】组合键可快速定位到开头）；如果只想对部分段落进行分栏，就把光标放在这部分内容的起始段落内。

2）使用“分栏”按钮进行基本分栏设置

在“页面布局”选项卡的“页面设置”组中，可以看到“分栏”按钮。单击“分栏”按钮，会弹出一个下拉菜单，其中包含一些预设的分栏选项，如图 4-21 所示。

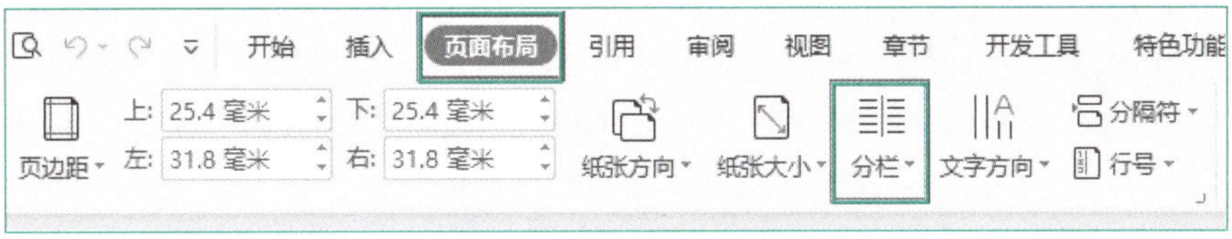

图 4-21　“分栏”按钮

（1）一栏：这是默认选项，文档内容以单栏形式显示。如果之前已经设置过分栏，选择此选项可以恢复为单栏排版。

（2）两栏：选择“两栏”后，文档内容会被平均分为左右两栏。文字会从左栏开始，填满左栏后自动切换到右栏继续排版。

（3）三栏：内容会被分为大致相等的三栏，文字依次在三栏中填充。这种方式适合内容较多，需要紧凑排版的情况，如杂志内页的某些板块。

（4）偏左或偏右：“偏左”选项会将文档分为两栏，但左栏较窄，右栏较宽；“偏右”

则相反，左栏较宽，右栏较窄。这种不对称的分栏方式可以用于区分主要内容和辅助内容，例如，在文章旁边放置注释或者图片说明。

3）通过“分栏”对话框进行详细分栏设置

如果预设的分栏选项不能满足需求，可以单击“分栏”下拉菜单中的“更多分栏”选项，打开“分栏”对话框，如图 4-22 所示。

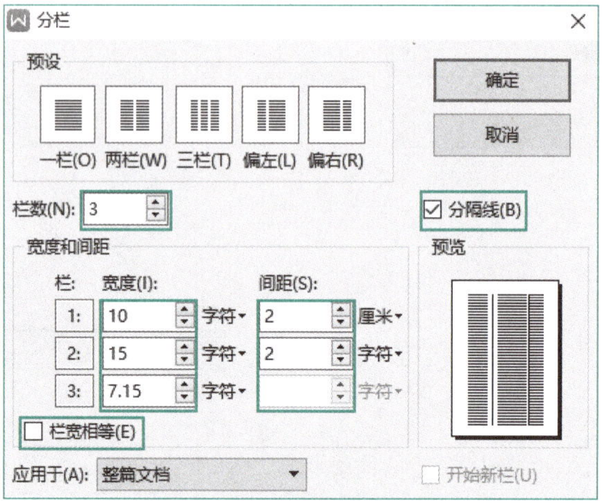

图 4-22　分栏设置

在“分栏”对话框中，有以下几个主要设置项：

（1）栏数：在这里可以输入想要划分的栏数，除了可以设置整数栏（如 4 栏、5 栏等）外，还可以设置小数栏，不过小数栏在实际应用中较少使用。输入栏数后，文档内容会按照设置的栏数进行划分。

（2）栏宽相等：这是一个复选框。如果勾选此选项，所有栏的宽度会自动调整为相等。如果不勾选，可以分别设置每一栏的宽度。

（3）宽度和间距：当“栏宽相等”复选框未勾选时，“宽度和间距”区域会激活。在这里，可以为每一栏单独设置宽度（以字符或厘米等为单位）和栏与栏之间的间距。通过调整这些数值，可以实现不同宽度和间距的分栏效果。例如，设置第一栏宽度为 10 字符，第二栏宽度为 15 字符，栏间距为 2 厘米，这样就创建了一个不对称的分栏布局。

（4）分隔线：这个复选框用于在栏与栏之间添加分隔线。勾选后，每两栏之间会出现一条垂直的直线，用于更清晰地区分不同的栏。分隔线的颜色和样式一般是默认的，但在一些高级排版中，可以通过修改文档的主题或者样式来改变分隔线的外观。

设置好各项参数后，单击“确定”按钮，文档内容就会按照新的分栏设置进行排版。

6. 设置首字下沉

1）打开文档并定位光标

首先，打开需要设置首字下沉的文档。将光标定位在想要设置首字下沉的段落中。如果希望多个段落都有首字下沉效果，可以先选中这些段落。

2）通过“首字下沉”按钮进行基本设置

在“插入”选项卡的“文本”组中，可以看到“首字下沉”按钮，如图 4-23 所示。

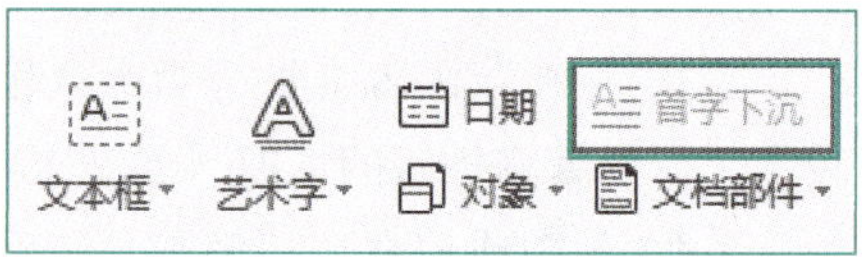

图 4-23　“首字下沉”按钮

单击“首字下沉”按钮，会弹出“首字下沉”对话框，其中包含两个基本选项，如图 4-24 所示。

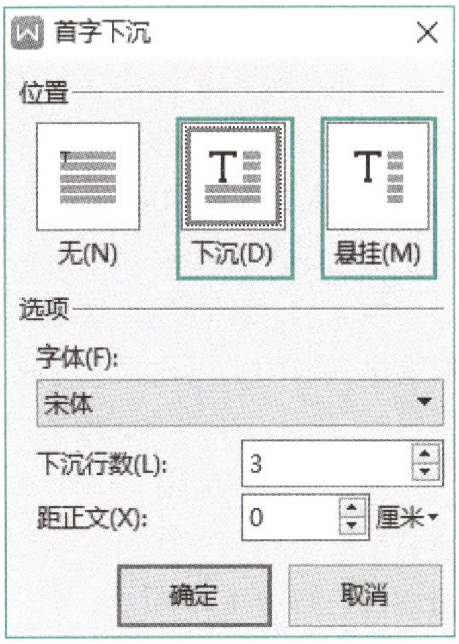

图 4-24　“首字下沉”对话框

在“首字下沉”对话框中，位置组有“下沉”和“悬挂”两个选项，选择“下沉”选项后，段落的第一个字会下沉到段落主体内容的下方，并且通常会比正文文字大一些；选择“悬挂”选项时，段落的第一个字会悬挂在段落主体内容的左侧，与段落主体内容有一定的间隔，且不占用段落的行间距。这种方式能够突出首字，并且使段落开头部分更具特色。

通过“字体”下拉框可以选择首字下沉的字体。这个下拉框中包含了系统安装的各种字体，如宋体、黑体、楷体等。选择不同的字体可以改变首字的风格，使其与正文或文档主题相匹配。例如，正文是宋体，为了突出首字，可以将首字设置为黑体。

在“下沉行数”框中输入具体的数字来确定首字下沉的行数。行数越多，首字在垂直方向上占据的空间越大。例如，输入“2”表示首字下沉 2 行，输入“5”则表示下沉 5 行。通过调整下沉行数可以控制首字下沉的程度，以达到最佳的视觉效果。

在“距正文”框中可以输入一个数值来设置首字与正文之间的距离。这个距离可以用厘米、毫米或磅等单位来表示。增加这个距离可以使首字与正文之间的界限更加清晰，避免首字与正文文字相互挤压。

设置完成后，单击“确定”按钮，段落的首字下沉效果就会按照设置的参数进行显示。

7. 设置脚注尾注

1）打开文档并定位光标

打开需要添加脚注 / 尾注的文档。将光标定位到需要添加脚注 / 尾注引用标记的位置，通常是在需要注释的字词、句子或段落之后。

2）插入脚注 / 尾注引用标记

找到“引用”选项卡，如图 4-25 所示。

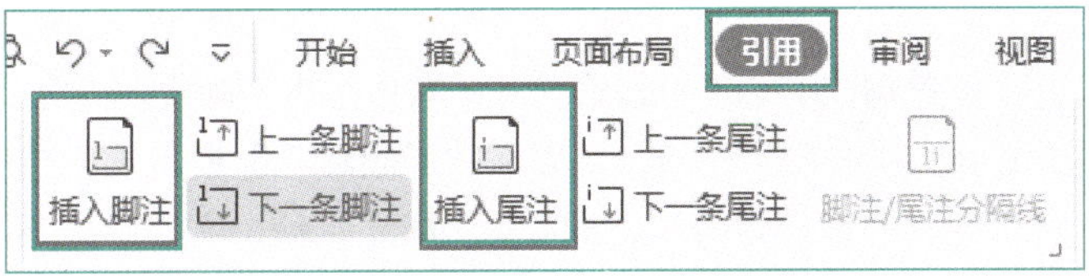

图 4-25　插入脚注 / 尾注按钮

（1）脚注：在“引用”选项卡的“脚注和尾注”组中，单击“插入脚注”按钮。此时，在光标所在位置会出现一个上标形式的脚注引用标记（数字或符号），如①，同时页面底部会自动生成一个对应的脚注区域。

（2）尾注：在“引用”选项卡的“脚注和尾注”组中，单击“插入尾注”按钮。此时，在光标所在位置会出现一个上标形式的尾注引用标记，同时文档末尾会自动生成一个对应的尾注区域。

3）编辑脚注 / 尾注内容

在页面底部的脚注区域中，可以输入脚注的具体内容。脚注内容可以是对文中引用内容的来源说明，如书籍的作者、书名、页码；也可以是对文中某个概念、事件的补充解释等。例如，如果在文档中引用了某本书的观点，脚注内容可以是“[作者姓名]. [书名].[出版社].[出版年份]，第 [页码] 页”。

在文档末尾的尾注区域中，输入尾注的具体内容。尾注内容的性质和脚注类似，通常是对文中内容的引用来源说明或补充解释。

4）脚注 / 尾注格式设置

在“脚注和尾注”组中，单击右下角的“脚注和尾注”对话框启动器（一个小箭头图标），会弹出“脚注和尾注”对话框，如图 4-26 所示。

（1）位置。

脚注的位置默认是“页面底端”，也可以选择“文字下方”。“页面底端”是指脚注内容出现在页面的底部边缘；“文字下方”则是指脚注紧跟在包含脚注引用标记的文本行的下方，这种方式可能会使页面排版略显凌乱，但在某些特殊情况下可能会用到。

尾注位置默认是“文档结尾”，也可以选择“节的结尾”。“文档结尾”是指尾注内容出现在整个文档的末尾；“节的结尾”是指如果文档分为多个节，尾注会出现在每个节的末尾。

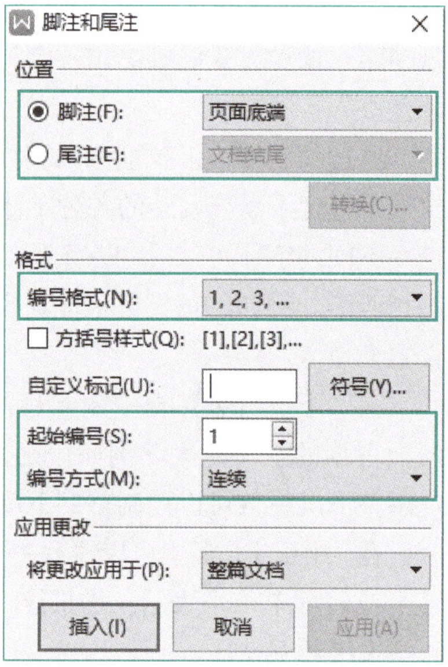

图 4-26　脚注 / 尾注设置

如果需要将脚注转换为尾注，或者将尾注转换为脚注，可以单击“转换”按钮，在弹出的“转换注释”对话框中选择相应的转换选项，如“脚注全部转换成尾注”或“尾注全部转换成脚注”，然后单击“确定”即可完成转换。

（2）编号格式。

编号格式包括阿拉伯数字（1、2、3 等）、罗马数字（Ⅰ、Ⅱ、Ⅲ等）、字母（a、b、c 等）等多种选择。还可以选择“自定义标记”，在文本框中输入自己想要的标记符号，如“*”“#”等。

①起始编号。可以设置脚注 / 尾注的起始编号，默认是 1。如果文档是系列文档的一部分，或者希望脚注 / 尾注编号从其他数字开始，可以在“起始编号”框中输入相应的数字。

②编号方式。可以选择“连续编号”，即脚注 / 尾注在整个文档中按照顺序依次编号；也可以选择“每页重新编号”，这样每一页的脚注 / 尾注编号都是从 1 开始；还可以选择“每节重新编号”，如果文档分为多个节，脚注 / 尾注会在每一节内重新编号。

5）脚注 / 尾注字体和段落格式设置

脚注 / 尾注的字体和段落格式可以像普通文字一样进行设置。

8. 设置图文混排

1）插入图片

首先打开需要进行图文混排的文档。将光标定位到想要插入图片的位置。这个位置可以是段落的开头、中间或者结尾，根据文档内容和排版需求来确定。

单击“插入”选项卡的“图片”按钮中，有多种插入图片的方式如图 4-27 所示。可以从本地文件夹（如计算机的桌面、文档库等）中选择要插入的图片文件。图片文件格式可以是常见的 JPEG、PNG、GIF 等。选择好图片后，单击“打开”按钮，图片就会插入到文档中光标所在的位置。

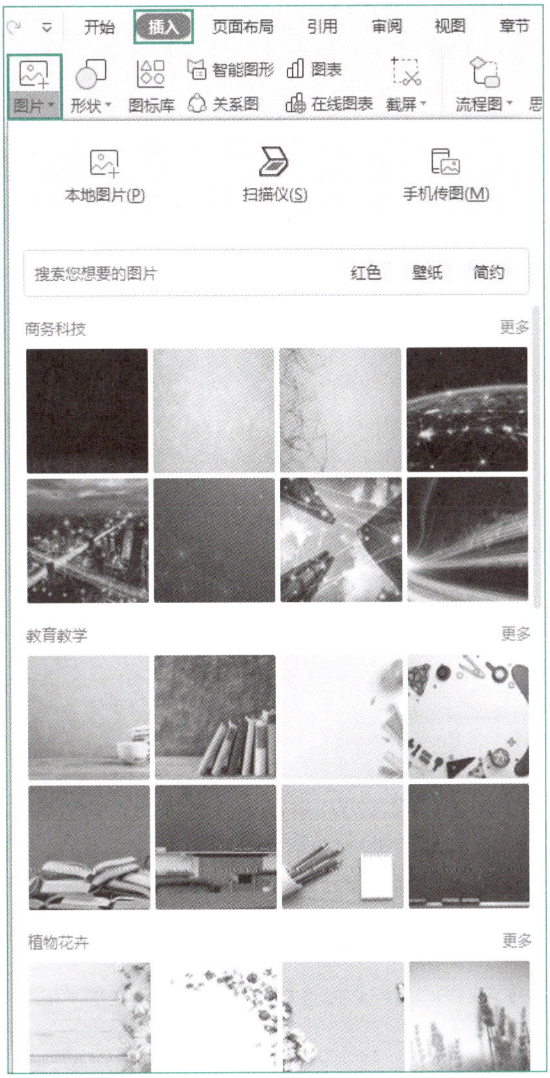

图 4-27　插入图片

如果要插入在线图片，可以单击选择不同类型的图片。弹出“图库”界面，可以通过搜索框搜索需要的图片，这些图片通常来源于 WPS 提供的在线素材库或者与 WPS 合作的图片资源网站。选择合适的图片后，单击将其添加到文档。

2）调整图片大小

选中插入的图片，图片四周会出现八个控制点（四个角和四条边的中点）。将鼠标指针放在控制点上，当指针变成双向箭头时，按住鼠标左键拖动，可以改变图片的大小。拖动角上的控制点可以按比例缩放图片，拖动边上的控制点则可以只改变图片的宽度或高度。

也可以通过“图片工具”选项卡来精确调整图片大小。选中图片后，在“图片工具”选项卡的“大小”组中，在“高度”和“宽度”框中输入具体的数值（如厘米、英寸等单位）来确定图片的大小。还可以通过单击“锁定纵横比”复选框来决定是否保持图片的宽高比例。如果勾选此选项，在调整高度或宽度时，另一个维度会自动按照比例变化。

3）调整图片位置

（1）直接拖动。

选中图片后，按住鼠标左键拖动图片，可以将其移动到文档中的任意位置。在拖动过程中，会出现一条虚线来指示图片即将放置的位置，松开鼠标左键，图片就会放置在新的位置。

（2）使用布局选项。

选中图片后，在“图片工具”选项卡的“位置”组中，单击右下角的“布局”对话框启动器（一个小箭头图标），如图 4-28 所示，会弹出“布局”对话框。

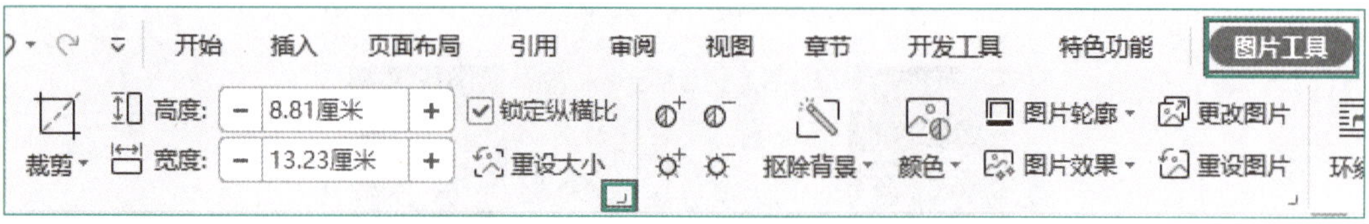

图 4-28 “布局”对话框启动器

在“布局”对话框的“文字环绕”选项卡中有“四周型”“紧密型”“穿越型”“上下型”等多种文字环绕方式，如图 4-29 所示。选择不同的环绕方式会影响图片的位置及与文字的排版关系。

图 4-29 “布局”对话框

①四周型：文字环绕在图片的四周，在图片的上下左右都有文字，并且文字与图片之间有一定的间距。可以通过调整间距来控制文字与图片的紧密程度。

②紧密型和穿越型：文字紧密环绕在图片的轮廓周围，对于不规则形状的图片，这两种方式能让文字更好地适应图片的形状。“穿越型”比“紧密型”在文字环绕上更加灵活，可以使文字穿过图片的空白部分。

③上下型：文字分布在图片的上方和下方，图片的左右两侧没有文字。这种方式适用于图片比较大，或者希望文字与图片在垂直方向上分开排版的情况。

④衬于文字下方：图片会被放置在文字层的后面，文字会显示在图片的上面。就好像图片是纸张的背景，文字是写在前景的内容。

⑤浮于文字上方：图片位于文字层的前面，它会遮挡住其下方的文字。图片就像一个漂浮在文字上面的物体，覆盖了文字所在的区域。

⑥嵌入型：图片被当作一个特殊的文字字符，插入到文本行中，只能通过在文本行中移动光标来移动图片，并且图片会随着文本的排版而移动。

在“环绕文字”区域可以设置文字与图片之间的上下左右间距。通过在“上”“下”“左”“右”四个框中输入具体的数值（如毫米、磅等单位），可以精确控制文字环绕图片的紧密程度。例如，增大“左”间距的值，会使图片左侧的文字离图片更远。

4）设置图片样式

选中图片后，在“图片工具”选项卡的“图片样式”组中，有多种预设的图片样式可供选择，如图 4-30 所示。这些样式包括不同的边框样式、阴影效果、立体效果等。例如，有些样式会给图片添加一个黑色的边框，有些则会让图片看起来有立体感，就像浮在页面上一样。

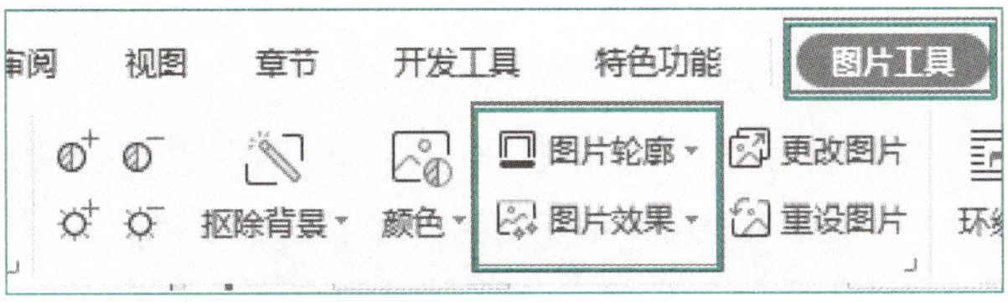

图 4-30 “图片样式”组

（1）轮廓设置：在“图片样式”组中，单击“图片轮廓”按钮，会弹出一个下拉菜单。可以选择边框的颜色（如从主题颜色、标准色中选择，或者通过“更多颜色”自定义）、边框的线条样式（如实线、虚线、双线等）和边框的粗细（通过输入具体的磅值来确定），如图 4-31 所示。

（2）图片效果：单击“图片效果”按钮，会弹出一个包含多个效果选项的下拉菜单，如阴影、倒影、发光、柔化边缘等，如图 4-32 所示。以阴影效果为例，选择“阴影”后，会出现多种预设的阴影样式，还可以通过单击“阴影选项”进一步自定义阴影的颜色、透明度、角度、距离等参数。同样，对于其他效果，如倒影的大小、发光的强度等，都可以根据需要进行详细设置。

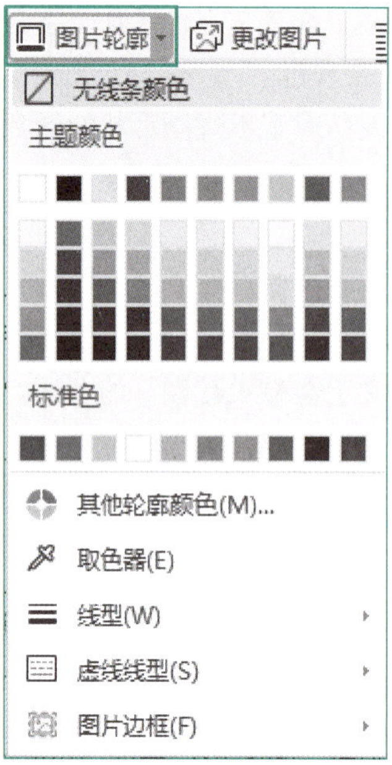

图 4-31 图片轮廓设置

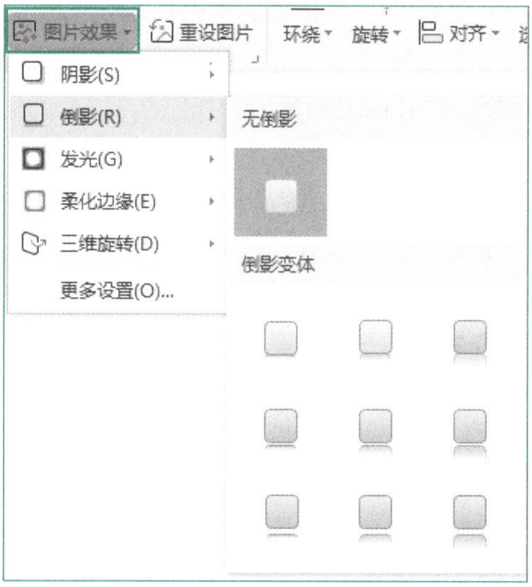

图 4-32 图片效果设置

项目操作

WPS 文字同时具有段落调整功能，使报告看起来清晰明了。通过分栏功能划分航天阶段成果展示区域，利用首字下沉突出关键成果名称并设置加粗或变色增强视觉焦点，配合脚注尾注标注科研数据。此外 WPS 文字具有文字环绕模式，可实现插入高清航天器图片后进行图文混排。

1. 新建空白文档保存后，在编辑区内输入报告内容

（1）单击左上角的“文件”菜单→“新建”命令，单击“新建空白文档”，如图 4-33 所示。

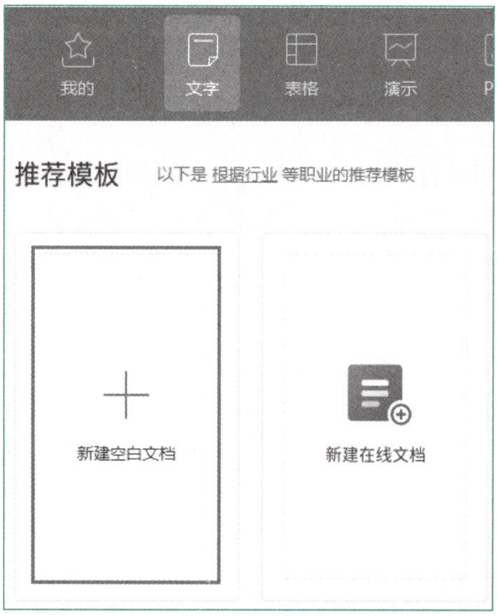

图 4-33 新建空白文档

（2）新建完成后，在左上角的“文件”菜单或中选择“保存”命令，按要求为其命名为“中国航天科技发展报告”。

（3）在编辑区内输入报告标题及正文内容。

2. 调整文档标题字体、颜色及文字效果

（1）选中标题文字，在“开始”选项卡中，在“字体”组中，单击字体选择“方正粗黑宋简体”，单击字号设为二号字，字体颜色选择标准色中的深蓝色，设置对齐方式为居中对齐。

（2）通过“字体”对话框启动器打开“字体”对话框，切换到“文字效果”选项卡，在“填充与轮廓”选项卡中，“文本填充”选择“渐变填充”，色标颜色设为深蓝，在效果选项卡中，单击“阴影”下拉列表并设置内部右上角阴影，单击“发光”下拉列表，按要求设置发光效果，调整结果如图 4-34 所示。

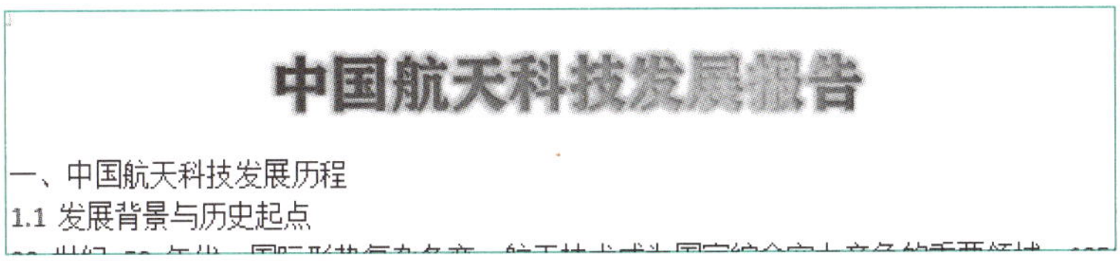
中国航天科技发展报告

一、中国航天科技发展历程

1.1 发展背景与历史起点

图 4-34 文档标题效果图

3. 优化正文文字及段落格式，增强可读性

（1）二级及三级标题格式：二级标题字体设为“黑体”，字号为三号并加粗，三级标题字体设为“宋体”，字号为小四，并加粗显示。

（2）正文格式：全选正文，在“开始”选项卡中设置中文字体为“宋体”、西文字体为“Times New Roman”，字号为小四号，对齐方式设为两端对齐；在“段落”对话框中设置特殊格式为首行缩进 2 字符，段落行距为 1.5 倍行距，段前 / 段后间距为 6 磅，设置前后效果如图 4-35 所示。

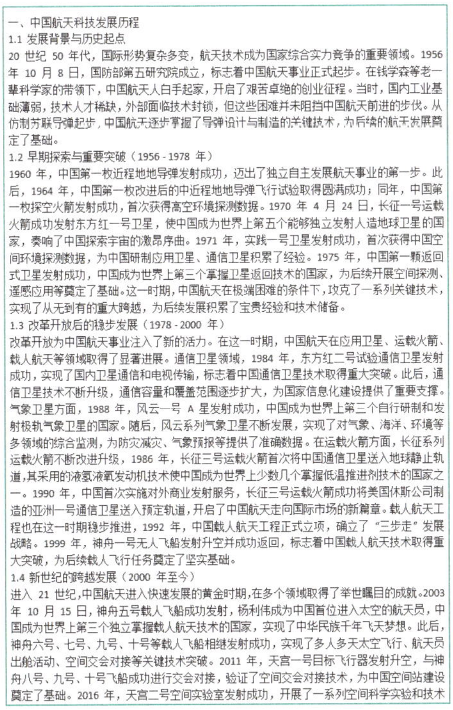
一、中国航天科技发展历程

1.1 发展背景与历史起点

20 世纪 50 年代，国际形势复杂多变，航天技术成为国家综合实力竞争的重要领域。1956 年 10 月 8 日，国防部第五研究院成立，标志着中国航天事业正式起步。在钱学森等老一辈科学家的带领下，中国航天人白手起家，开启了艰苦卓绝的创业征程。当时，国内工业基础薄弱，技术人才稀缺，外部面临技术封锁，但这些困难并未阻挡中国航天前进的步伐。从仿制苏联导弹起步，中国航天逐步掌握了导弹设计与制造的关键技术，为后续的航天发展奠定了基础。

1.2 早期探索与重要突破（1956 - 1978 年）

1960 年，中国第一枚近程地地导弹发射成功，迈出了独立自主发展航天事业的第一步。此后，1964 年，中国第一枚改进后的中近程地地导弹飞行试验取得圆满成功；同年，中国第一枚探空火箭发射成功，首次获得高空环境探测数据。1970 年 4 月 24 日，长征一号运载火箭成功发射东方红一号卫星，使中国成为世界上第五个能够独立发射人造地球卫星的国家，奏响了中国探索宇宙的激昂序曲。1971 年，实践一号卫星发射成功，首次获得中国空间环境探测数据，为中国研制应用卫星、通信卫星积累了经验。1975 年，中国第一颗返回式卫星发射成功，中国成为世界上第三个掌握卫星返回技术的国家，为后续开展空间探测、遥感应用等奠定了基础。这一时期，中国航天在极端困难的条件下，攻克了一系列关键技术，实现了从无到有的重大跨越，为后续发展积累了宝贵经验和技术储备。

1.3 改革开放后的稳步发展（1978 - 2000 年）

改革开放为中国航天事业注入了新的活力。在这一时期，中国航天在应用卫星、运载火箭、载人航天等领域取得了显著进展。通信卫星领域，1984 年，东方红二号试验通信卫星发射成功，实现了国内卫星通信和电视传输，标志着中国通信卫星技术取得重大突破。此后，通信卫星技术不断升级，通信容量和覆盖范围逐步扩大，为国家信息化建设提供了重要支撑。气象卫星方面，1988 年，风云一号 A 星发射成功，中国成为世界上第三个自行研制和发射极轨气象卫星的国家。随后，风云系列气象卫星不断发展，实现了对气象、海洋、环境等多领域的综合监测，为防灾减灾、气象预报等提供了准确数据。在运载火箭方面，长征系列运载火箭不断改进升级，1986 年，长征三号运载火箭首次将中国通信卫星送入地球静止轨道，其采用的液氢液氧发动机技术使中国成为世界上少数几个掌握低温推进剂技术的国家之一。1990 年，中国首次实施对外商业发射服务，长征三号运载火箭成功将美国休斯公司制造的亚洲一号通信卫星送入预定轨道，开启了中国航天走向国际市场的新篇章。载人航天工程也在这一时期稳步推进，1992 年，中国载人航天工程正式立项，确立了“三步走”发展战略。1999 年，神舟一号无人飞船发射升空并成功返回，标志着中国载人航天技术取得重大突破，为后续载人飞行任务奠定了坚实基础。

1.4 新世纪的跨越发展（2000 年至今）

进入 21 世纪，中国航天进入快速发展的黄金时期，在多个领域取得了举世瞩目的成就。2003 年 10 月 15 日，神舟五号载人飞船成功发射，杨利伟成为中国首位进入太空的航天员，中国成为世界上第三个独立掌握载人航天技术的国家，实现了中华民族千年飞天梦想。此后，神舟六号、七号、九号、十号等载人飞船相继发射成功，实现了多人多天太空飞行、航天员出舱活动、空间交会对接等关键技术突破。2011 年，天宫一号目标飞行器发射升空，与神舟八号、九号、十号飞船成功进行交会对接，验证了空间交会对接技术，为中国空间站建设奠定了基础。2016 年，天宫二号空间实验室发射成功，开展了一系列空间科学实验和技术

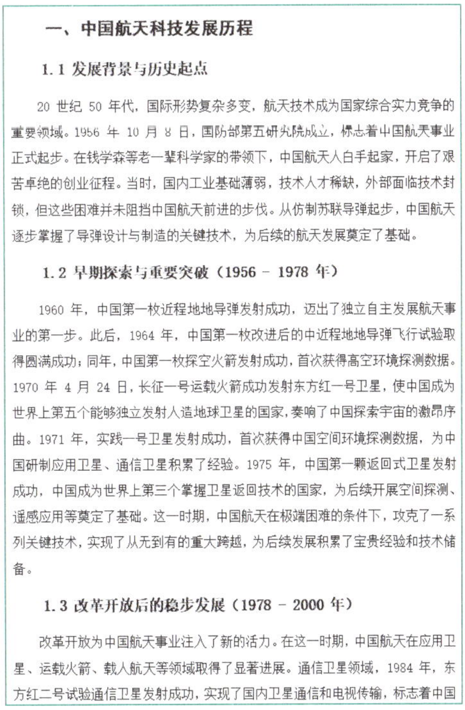
一、中国航天科技发展历程

1.1 发展背景与历史起点

20 世纪 50 年代，国际形势复杂多变，航天技术成为国家综合实力竞争的重要领域。1956 年 10 月 8 日，国防部第五研究院成立，标志着中国航天事业正式起步。在钱学森等老一辈科学家的带领下，中国航天人白手起家，开启了艰苦卓绝的创业征程。当时，国内工业基础薄弱，技术人才稀缺，外部面临技术封锁，但这些困难并未阻挡中国航天前进的步伐。从仿制苏联导弹起步，中国航天逐步掌握了导弹设计与制造的关键技术，为后续的航天发展奠定了基础。

1.2 早期探索与重要突破（1956 - 1978 年）

1960 年，中国第一枚近程地地导弹发射成功，迈出了独立自主发展航天事业的第一步。此后，1964 年，中国第一枚改进后的中近程地地导弹飞行试验取得圆满成功；同年，中国第一枚探空火箭发射成功，首次获得高空环境探测数据。1970 年 4 月 24 日，长征一号运载火箭成功发射东方红一号卫星，使中国成为世界上第五个能够独立发射人造地球卫星的国家，奏响了中国探索宇宙的激昂序曲。1971 年，实践一号卫星发射成功，首次获得中国空间环境探测数据，为中国研制应用卫星、通信卫星积累了经验。1975 年，中国第一颗返回式卫星发射成功，中国成为世界上第三个掌握卫星返回技术的国家，为后续开展空间探测、遥感应用等奠定了基础。这一时期，中国航天在极端困难的条件下，攻克了一系列关键技术，实现了从无到有的重大跨越，为后续发展积累了宝贵经验和技术储备。

1.3 改革开放后的稳步发展（1978 - 2000 年）

改革开放为中国航天事业注入了新的活力。在这一时期，中国航天在应用卫星、运载火箭、载人航天等领域取得了显著进展。通信卫星领域，1984 年，东方红二号试验通信卫星发射成功，实现了国内卫星通信和电视传输，标志着中国

图 4-35 段落设置前后对比图

4. 设置分栏排版

在页面布局中选项卡中单击“分栏”按钮，在下拉框中选择“三栏”，效果如图 4-36 所示。

一、中国航天科技发展历程

发展背景与历史起点

20 世纪 50 年代，国际形势复杂多变，航天技术成为国家综合实力竞争的重要领域。1956 年 10 月 8 日，国防部第五研究院成立，标志着中国航天事业正式起步。在钱学森等老一辈科学家的带领下，中国航天人白手起家，开启了艰苦卓绝的创业征程。当时，国内工业基础薄弱，技术人才稀缺，外部面临技术封锁，但这些困难并未阻挡中国航天前进的步伐。从仿制苏联导弹起步，中国航天逐步掌握了导弹设计与制造的关键技术，为后续的航天发展奠定了基础。

早期探索与重要突破（1956 – 1978 年）

1960 年，中国第一枚近程地地导弹发射成功，迈出了独立自主发展航天事业的第一步。此后，1964 年，中国第一枚改进后的中近程地地导弹飞行试验取得圆满成功；同年，中国第一枚探空火箭发射成功，首次获得高空环境探测数据。1970 年 4 月 24 日，长征一号运载火箭成功发射东方红一号卫星，使中国成为世界上第五个能够独立发射人造地球卫星的国家，奏响了中国探索宇宙的激昂序曲。1971 年，实践一号卫星发射成功，首次获得中国空间环境探测数据，为中国研制应用卫星、通信

改革开放后的稳步发展（1978 – 2000 年）

改革开放为中国航天事业注入了新的活力。在这一时期，中国航天在应用卫星、运载火箭、载人航天等领域取得了显著进展。通信卫星领域，1984 年，东方红二号试验通信卫星发射成功，实现了国内卫星通信和电视传输，标志着中国通信卫星技术取得重大突破。此后，通信卫星技术不断升级，通信容量和覆盖范围逐步扩大，为国家信息化建设提供了重要支撑。气象卫星方面，1988 年，风云一号 A 星发射成功，中国成为世界上第三个自行研制和发射极轨气象卫星的国家。随后，风云系列气象卫

图 4-36 分栏效果图

5. 设置首字下沉

单击需要设置首字下沉的段落开头，在“插入”选项卡中单击“首字下沉”按钮，弹出对话框中选择下沉，字体设置为楷体，下沉行数为 3 行，并设置首字“文本填充”为渐变填充，设置效果如图 4-37 所示。

6. 设置脚注与尾注

（1）光标定位至需要添加脚注的文本处，在“引用”选项卡中单击“插入脚注”对话框启动器，在打开的“脚注和尾注”对话框中设置编号格式为方括号，样式为 [1][2][3]，并应用。页面下方编辑脚注内容，并设置脚注字体为楷体，字号为五号，设置效果如图 4-38 所示。

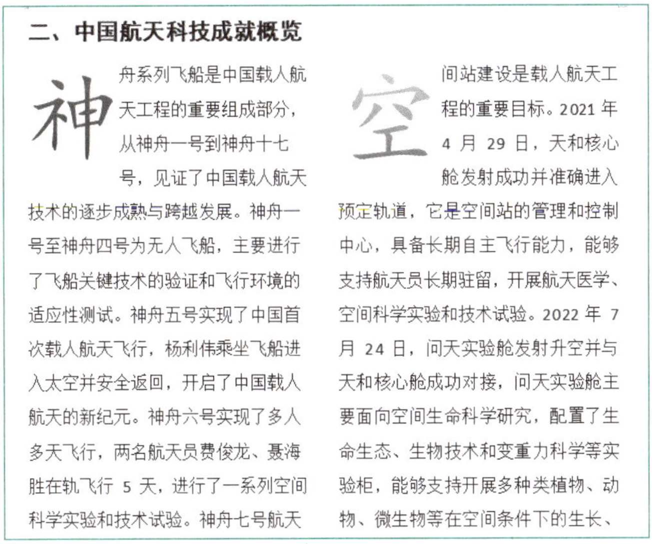

二、中国航天科技成就概览

神舟系列飞船是中国载人航天工程的重要组成部分，从神舟一号到神舟十七号，见证了中国载人航天技术的逐步成熟与跨越发展。神舟一号至神舟四号为无人飞船，主要进行了飞船关键技术的验证和飞行环境的适应性测试。神舟五号实现了中国首次载人航天飞行，杨利伟乘坐飞船进入太空并安全返回，开启了中国载人航天的新纪元。神舟六号实现了多人多天飞行，两名航天员费俊龙、聂海胜在轨飞行 5 天，进行了一系列空间科学实验和技术试验。神舟七号航天

空间站建设是载人航天工程的重要目标。2021 年 4 月 29 日，天和核心舱发射成功并准确进入预定轨道，它是空间站的管理和控制中心，具备长期自主飞行能力，能够支持航天员长期驻留，开展航天医学、空间科学实验和技术试验。2022 年 7 月 24 日，问天实验舱发射升空并与天和核心舱成功对接，问天实验舱主要面向空间生命科学研究，配置了生命生态、生物技术和变重力科学等实验柜，能够支持开展多种类植物、动物、微生物等在空间条件下的生长、

图 4-37　首字下沉效果图

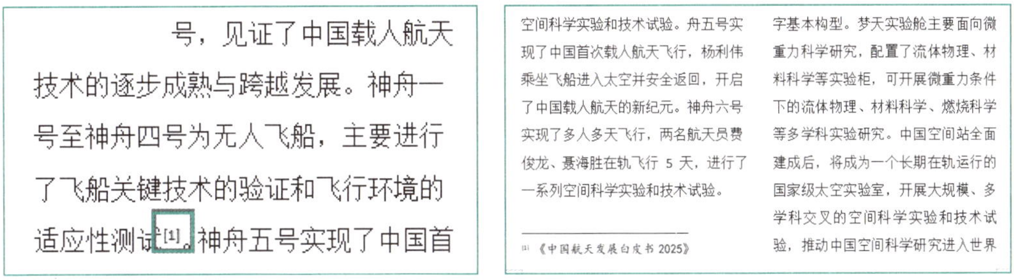

号，见证了中国载人航天技术的逐步成熟与跨越发展。神舟一号至神舟四号为无人飞船，主要进行了飞船关键技术的验证和飞行环境的适应性测试[1]。神舟五号实现了中国首

空间科学实验和技术试验。舟五号实现了中国首次载人航天飞行，杨利伟乘坐飞船进入太空并安全返回，开启了中国载人航天的新纪元。神舟六号实现了多人多天飞行，两名航天员费俊龙、聂海胜在轨飞行 5 天，进行了一系列空间科学实验和技术试验。

[1]《中国航天发展白皮书 2025》

字基本构型。梦天实验舱主要面向微重力科学研究，配置了流体物理、材料科学等实验柜，可开展微重力条件下的流体物理、材料科学、燃烧科学等多学科实验研究。中国空间站全面建成后，将成为一个长期在轨运行的国家级太空实验室，开展大规模、多学科交叉的空间科学实验和技术试验，推动中国空间科学研究进入世界

图 4-38　脚注设置效果

（2）光标定位至文本末端，在“引用”选项卡中单击“插入尾注”按钮，在页面下方编辑尾注内容，并设置脚注字体为楷体，字号为五号，设置效果如图 4-39 所示。

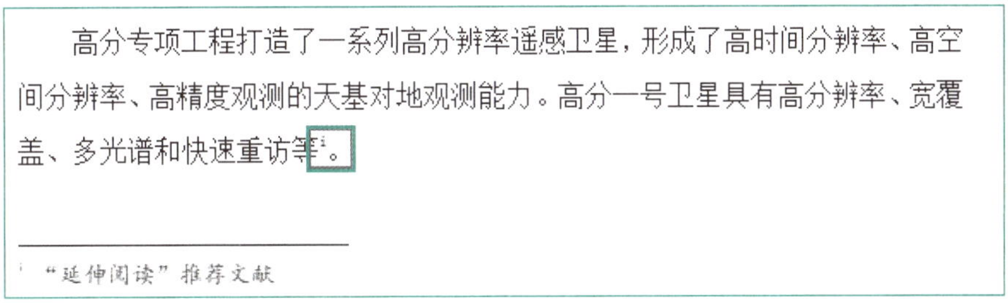

高分专项工程打造了一系列高分辨率遥感卫星，形成了高时间分辨率、高空间分辨率、高精度观测的天基对地观测能力。高分一号卫星具有高分辨率、宽覆盖、多光谱和快速重访等[i]。

[i] “延伸阅读”推荐文献

图 4-39　尾注设置效果

7. 设置图文混排

（1）光标定位至需插入图片处，单击“插入”选项卡中的图片，选择本地图片并确定，在“图片工具”选项卡中，单击“环绕”选择“紧密型环绕”。

（2）在“图片工具”选项卡中，单击“图片效果”，选择“紧密倒影”效果，大小设置为 30%，透明度为 20%，设置效果如图 4-40 所示。

中国航天科技发展报告

神舟系列飞船是中国载人航天工程的重要组成部分，从神舟一号到神舟十七号，见证了中国载人航天技术的逐步成熟与跨越发展。

神舟一号至神舟四号为无人飞船，主要进行了飞船关键技术的验证和飞行环境的适应性测试[1]。神舟五号实现了中国首次载人航天飞行，杨利伟乘坐飞船进入太空并安全返回，开启了中国载人航天的新纪元。神舟六号实现了多人多天飞行，两名航天员费俊龙、聂海胜在轨飞行 5 天，进行了一系列空间科学实验和技术试验。

[1]《中国航天发展白皮书 2025》

空间站建设是载人航天工程的重要目标。2021 年 4 月 29 日，天和核心舱发射成功并准确进入预定轨道，它是空间站的管理和控制中心，具备长期自主飞行能力，能够支持航天员长期驻留，开展航天医学、空间科学实验和技术试验。2022 年 7 月 24 日，问天实验舱发射升空并与天和核心舱成功对接，问天实验舱主要面向空间生命科学研究，配置了生命生态、生物技术和变重力科学等实验柜，能够支持开展多种类植物、动物、微生物等在空间条件下的生长、发育、遗传、衰老等响应机理研究，以及密闭生态系统的实验研究。2022 年 10 月 31 日，梦天实验舱发射成功，与天和核心舱、问天实验舱组合体完成对接并转位，形成空间站

图 4-40　图文混排效果图

实训练习

新建一个 WPS 文字文档，按下列要求进行操作：

（1）输入以下内容：

（标题）量子计算对密码学的影响研究

（作者）张华，李雪

（正文片段）

近年来，量子计算技术的突破性进展对传统密码体系构成严峻挑战。Grover 算法①可大幅缩短对称密码的破解时间，而 Shor 算法②则直接威胁 RSA、ECC 等非对称加密算法的安全性。为应对量子威胁，后量子密码（post-quantum cryptography, PQC）研究已成为国际密码学界焦点。美国国家标准与技术研究院（NIST）于 2022 年公布了首批 PQC 标准化候选算法③，标志着抗量子密码进入实际部署阶段。

（2）标题设置为黑体二号字体，颜色为蓝色，居中显示，作者行设置为楷体小四号字体，右对齐，添加下划线（线型：双波浪线，颜色与标题一致）。

（3）设置全文为宋体小四号字体，1.5 倍行距，首行缩进 2 字符，专有名词（如“Grover 算法”“Shor 算法”）设为加粗，颜色为深红色。

（4）为标注①、②、③插入脚注，脚注格式的编号样式为 [1][2][3]，并设置为楷体小五号字体。

①脚注内容：Grover L. Quantum mechanics helps in searching for a needle in a haystack[J]. Physical Review Letters, 1997.

②脚注内容：Shor P W. Polynomial-time algorithms for prime factorization[J]. SIAM Journal on Computing, 1997.

③脚注内容：NIST. Post-Quantum Cryptography Standardization[EB/OL]. https://csrc.nist.gov/projects/post-quantum-cryptography

（5）将正文第二段（“为应对量子威胁，……”）分至第二栏，栏间距 2.5 字符，添加实线分隔线。

（6）首段首字下沉 3 行，字体为华文行楷，颜色为红色。

（7）插入相关图片，设置环绕方式为“上下型环绕”，并设计图片阴影效果。

（8）以“量子计算对密码学的影响研究”作为文件名并保存文档，保存在桌面上。最终效果如图 4-21 所示。

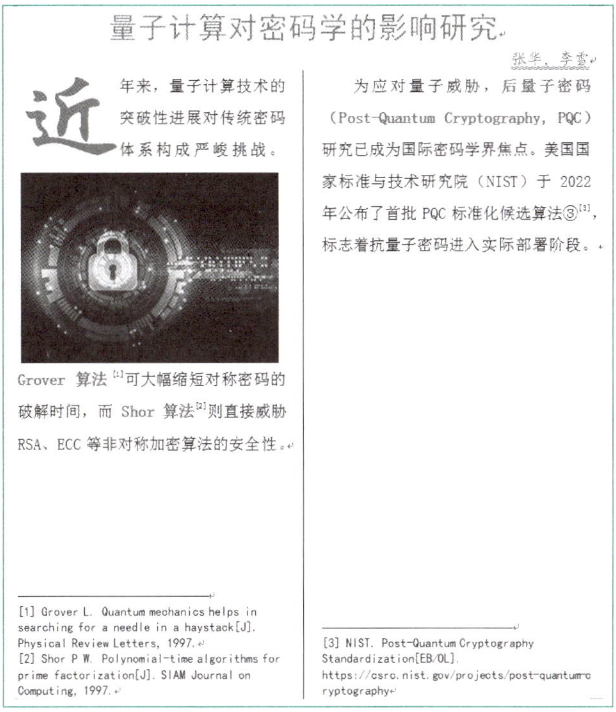

图 4-41　完成效果图

拓展延伸

WPS Office 的云端协作功能革新了传统文档处理模式，支持多人同时在线编辑同一文档，极大提升了团队协作效率。用户只需将文档保存至 WPS 云空间，即可通过链接或二维码邀请团队成员参与编辑。所有协作者可实时查看他人光标位置、文本修改痕迹及批注内容，并支持语音评论、历史版本追溯、权限分级管理（如“仅查看”“可编辑”等）。该功能兼容PC端、移动端及网页版，覆盖Windows、macOS、Android、iOS等主流操作系统，打破设备与地域限制，广泛应用于远程会议、小组协作、项目管理等场景，助力数字化时代的高效协同办公。

小课堂

作为国产办公软件的代表，WPS Office通过持续的技术创新与本土化适配，逐步实现了对国际主流办公软件的替代，其发展历程深度契合国家信息安全战略与思想政治教育需求。在功能层面，WPS不仅全面兼容Microsoft Office文档格式（如.docx、.xlsx），还自主研发出符合中国用户需求的特色功能，例如，内置《党政机关公文格式》模板、集成国密算法加密技术，并适配统信UOS、麒麟操作系统等国产平台，从技术根源保障数据主权安全。

在思政价值赋能方面，WPS通过“红色文化素材库”提供党徽、国旗等标准化素材，支持党建宣传与课程思政文档的高效制作；其云端协作功能严格遵循《中华人民共和国网络安全法》，所有数据存储于境内服务器，杜绝敏感信息外泄风险。针对教育领域，WPS联合高校开发思政教学工具包，内置马克思主义理论案例模板与课程设计资源，助力数字化教学创新。这一系列实践不仅体现了国产软件的技术突破，更展现了信息技术与思想政治教育的深度融合，为筑牢国家信息安全防线、培育数字化时代人才提供了有力支撑。

项目五
WPS 文字中表格的制作

在信息化文档处理中，表格作为数据与信息组织的重要载体，能够以清晰的逻辑框架实现内容的高效呈现。无论是求职简历中的模块化信息分类，还是学术报告中的结构化数据展示，规范化的表格设计都直接影响文档的专业性与实用性。WPS 文字集成的表格工具，通过直观的操作界面与丰富的格式设置功能，可满足从基础制表到复杂版式设计的多元化需求。

本章以求职简历的表格设计为实践主线，系统讲解表格创建与格式优化的核心技能。通过表格框架的搭建，读者可掌握行列布局的逻辑规划方法；借助行高列宽的灵活调整与边框底纹的视觉强化，能够构建层次分明的信息展示体系；而斜线表头等进阶功能的运用，则可实现复杂表头的规范化设计。本章内容通过功能解析与案例实践相结合的方式，帮助读者掌握职场与学术场景中表格制作的核心能力，为高效处理结构化信息奠定技术基础。

学习目标

◎掌握 WPS 表格创建的基本逻辑（行列定义、单元格合并与拆分）。

◎掌握表格的创建与基础布局设计方法。

◎熟练进行表格格式的修改（行高、列宽、边框、底纹等）。

◎掌握斜线表头的制作方法。

项目描述

作为一名即将毕业的大学生，小李需要制作一份排版整齐的简历用于面试，简历需要包括个人信息、教育背景、工作经历等模块，故需运用 WPS 文字高效制作出这样的简历。

项目分析

WPS 文字不仅能够进行文字的编辑排版，同样能够进行表格的创作和美化。为了制作好一份简历需要：

（1）创建基础表格框架，划分个人信息、教育背景、工作经历等模块。

（2）通过调整行高列宽优化版面布局，运用边框线型与底纹填充强化视觉分区。

（3）针对复合信息栏（如“技能 / 掌握程度”），使用斜线表头实现双维度标注，最终通过格式统一样式库生成专业简历模板。

相关知识

1. 创建表格

在空白文档或者已有内容的文档中，将光标定位到想要插入表格的位置。可以通过鼠标单击来确定位置，光标会在文档中闪烁，指示表格插入的起始点。

（1）常规插入法：单击“插入”选项卡→“表格”按钮，会出现一个下拉菜单，菜单中显示了一个表格网格，如图 5-1 所示。可以通过鼠标在网格中拖动来选择表格的行数和列数。例如，要创建一个 3 行 4 列的表格，就将鼠标从左上角开始向右拖动 3 列，向下拖动 4 行，然后松开鼠标左键，表格就会插入到文档中。

（2）绘制表格：在“表格”下拉菜单中选择“绘制表格”命令，此时鼠标指针会变为铅笔形状。可以像在纸上画画一样，在文档中通过鼠标拖动来绘制表格的边框。先绘制外边框，确定表格的大小，然后在内部绘制行和列的线条。如果绘制过程中出现错误，可以在“表格工具”选项卡的“绘制表格”组中找到“擦除”工具，此时鼠标指针变为橡皮擦形状，用它来擦除错误绘制的线条。

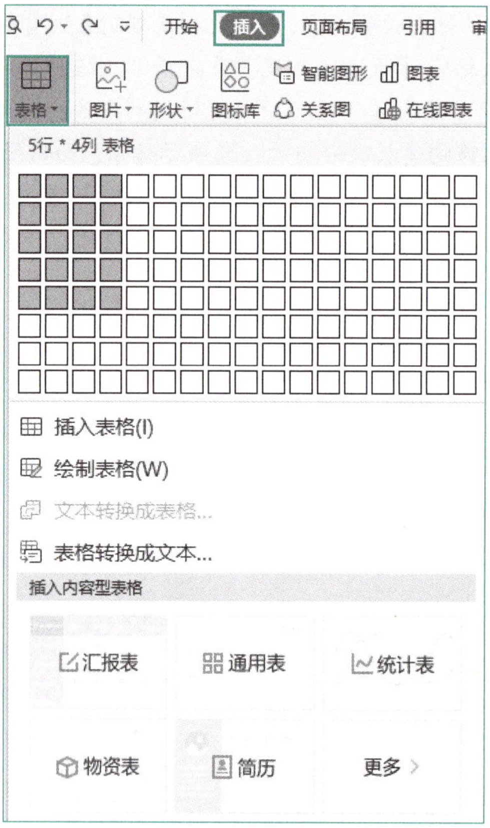

图 5-1 创建表格

2. 表格内插入行 / 列

首先将光标定位到表格中想要插入行 / 列的位置，这是插入行 / 列操作的基础，因为插入

行 / 列的位置是相对于光标所在单元格而言的。

1）使用“表格工具”选项卡插入行 / 列

选中表格后，会出现“表格工具”选项卡，在“行和列”组中，可以看到“在上方插入行”、“在下方插入行”、“在左侧插入列”和“在右侧插入列”四个选项，如图 5-2 所示。

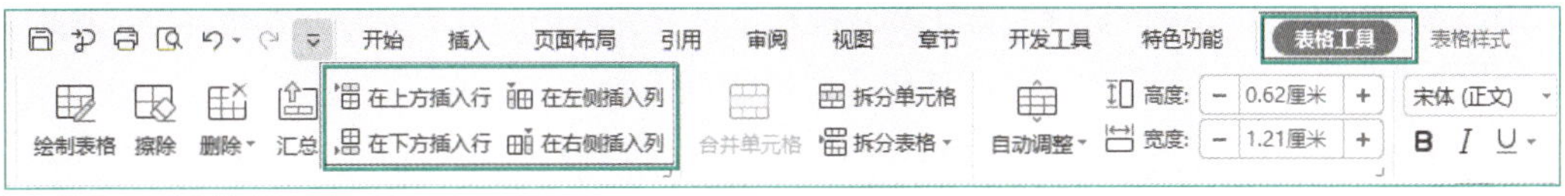

图 5-2　“行和列”组

（1）在上方插入行：在光标所在单元格的正上方插入一行空白行，新行的格式（如行高、边框、底纹等）会自动与相邻行保持一致。例如，若光标位于表格的第二行某一单元格，单击此按钮后，新的一行会插入在第二行之前，原来的第二行及其下方的行都会依次向下移动一行。

（2）在下方插入行：新行将出现在光标所在单元格的正下方。

（3）在左侧插入列：在光标所在单元格的左侧插入一列新的表格列。例如，若光标位于表格的第三列某一单元格，操作后，新的一列会插入在第三列之前，原来的第三列及其右侧的列都会依次向右移动一列。

（4）在右侧插入列：当选择“在右侧插入列”按钮时，新列将出现在光标所在单元格的正右侧。

2）通过快捷菜单插入行 / 列

光标定位后，右击会弹出一个快捷菜单。

在快捷菜单中，选择插入“列（在左侧）”或“列（在右侧）”或“行（在上方）”或“行（在下方）”选项，其效果与在“表格工具”选项卡中使用相应按钮相同。这种方法对于习惯使用右键菜单操作的用户来说比较方便，如图 5-3 所示。

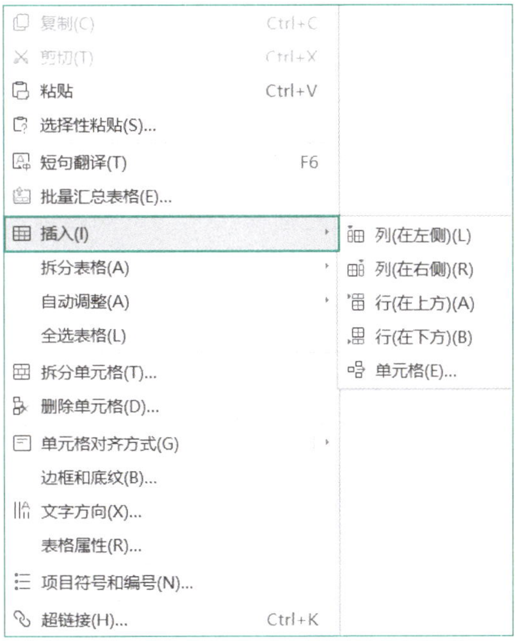

图 5-3　快捷菜单插入行 / 列

3. 合并 / 拆分单元格

1）单元格合并

在合并单元格之前，首先要选中单元格。通过拖动鼠标可以选择多个相邻的单元格。例如，要合并表格中某一行的前几个单元格作为标题栏，就将鼠标指针定位在这几个单元格中的第一个单元格的左上角，按住鼠标左键，然后拖动鼠标直到选中所有想要合并的单元格。此时，被选中的单元格会以反色显示，表明这些单元格已被选中。

（1）使用“表格工具”选项卡合并单元格。选中要合并的单元格后，单击“表格工具”选项卡→“合并单元格”按钮，如图 5-4 所示，之前选中的多个单元格就会合并成一个大的单元格。合并后的单元格会自动将内容的对齐方式调整为水平和垂直方向都居中（默认情况）。

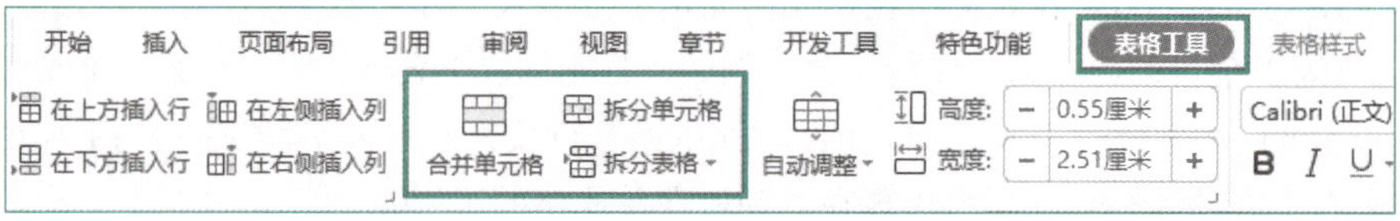

图 5-4　合并单元格

（2）通过右击菜单合并单元格。选中要合并的单元格后右击，在弹出的快捷菜单中选择“合并单元格”选项，同样可以将选中的单元格合并为一个。

2）单元格拆分

首先定位单元格，单击需要进行拆分的单元格内，使光标在单元格内闪烁，这表示已经成功定位了要拆分的单元格。

（1）使用“表格工具”选项卡拆分单元格。单击“布局”选项卡→“合并”组→“拆分单元格”按钮，弹出 “拆分单元格”对话框，如图 5-5 所示。在对话框中，需要设置拆分的行数和列数。例如，如果想将一个单元格拆分成两行两列，就在“行数”输入框中输入“2”，在“列数”输入框中输入“2”。设置好行数和列数后，单击“确定”按钮，单元格就会按照设置的行数和列数进行拆分。拆分后的单元格大小会根据原单元格的大小自动均匀分配。

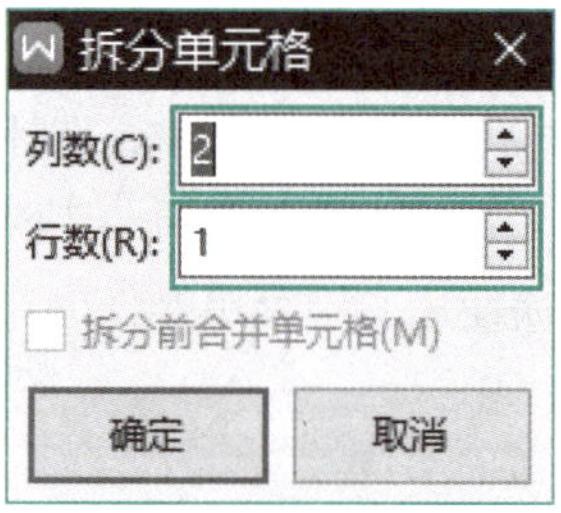

图 5-5　拆分单元格

（2）通过右击菜单合并单元格。选中要合并的单元格后右击，在弹出的快捷菜单中选择“拆分单元格”选项，同样会弹出“拆分单元格”对话框，后续操作相同。

4. 调整行高和列宽

1）鼠标拖动调整

将鼠标指针移到表格的行边框线上。当鼠标指针变成上下双向箭头时，表示可以调整行高。此时按住鼠标左键，向上或向下拖动边框线调整行高。在拖动过程中，会有一条虚线跟随鼠标移动，这条虚线表示松开鼠标后行高的位置。

把鼠标指针移到表格的列边框线上。当鼠标指针变成左右双向箭头时，表示可以调整列宽。按住鼠标左键，向左或向右拖动调整列宽。

2）精确数值调整

选中需要调整行高 / 列宽的表格行 / 列，在“表格工具”选项卡→“单元格大小”组→“高度 / 宽度”输入框中输入想要的行高数值，如图 5-6 所示。

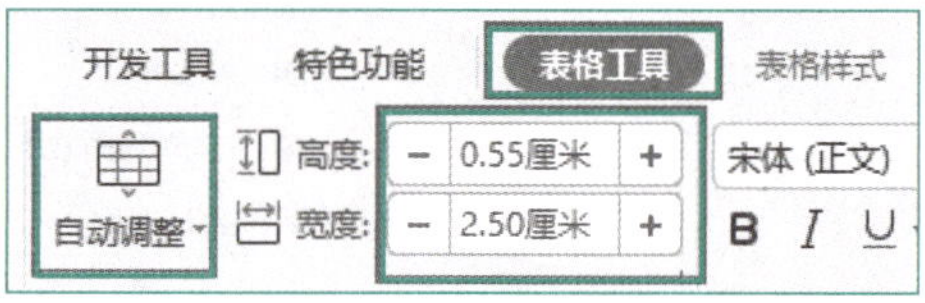

图 5-6　调整行高 / 列宽

数值的单位可以是厘米、毫米、磅等，具体取决于文档的设置和个人需求。

3）自动调整行高 / 列宽

在“单元格大小”组中，单击“自动调整”按钮，会弹出一个下拉菜单，如图 5-7 所示。

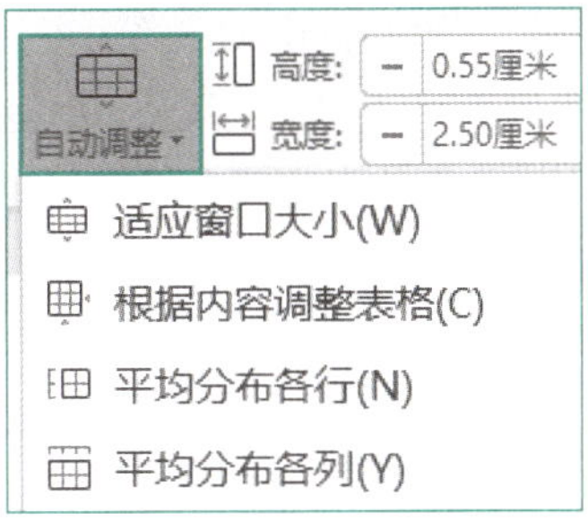

图 5-7　自动调整行高 / 列宽

（1）根据内容调整表格：WPS 文字根据单元格中内容的多少自动调整行高 / 列宽。例如，如果单元格中的文字内容较多，行高会自动增加，以确保文字能够完整显示，不会被截断。

（2）适应窗口大小：WPS 文字根据文档窗口的大小自动进行调整的行高 / 列宽。当窗口长宽时，表格的行高 / 列宽也会相应地变化，以保持表格在窗口中的合适比例。

（3）平均分布各行：将选中表格的总高度平均分配给每一行，使选中行的行高相同。

（4）平均分布各列：将选中表格的总宽度平均分配给每一列，使选中列的列宽相同。

5. 表格美化

1）边框设置

选中需要设置边框的表格后，在“表格样式”选项卡→“边框”组中可以看到一系列与边框设置相关的选项，如图 5-8 所示。

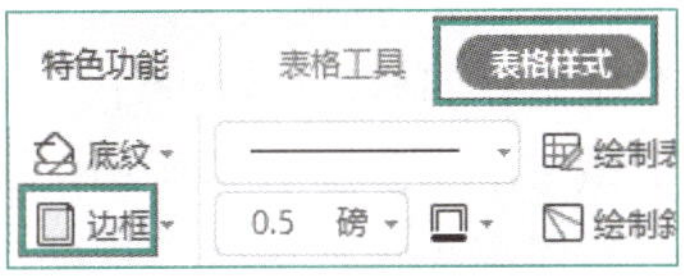

图 5-8　“边框”组

在“边框”组中，单击“边框”按钮会弹出“边框和底纹”对话框，对话框内可以设置边框的线性、颜色、宽度、应用范围等，如图 5-9 所示。

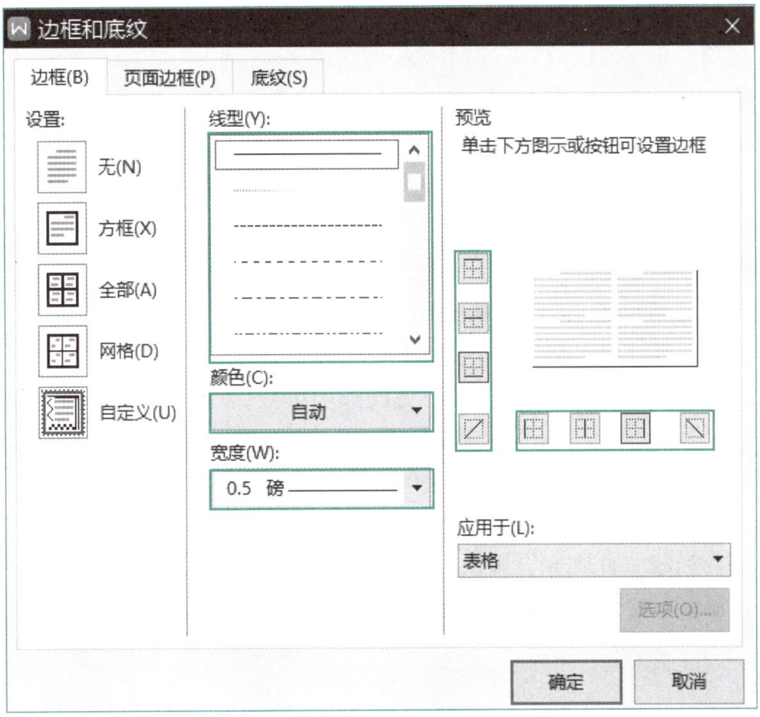

图 5-9　边框设置

（1）边框线型选择：对话框中展示了多种边框线型选项，如实线、虚线、点线、双线等。例如，如果想让表格的边框呈现出虚线效果，可以在下拉菜单中选择虚线线型。不同的线型适用于不同的文档风格和用途，如实线通常用于比较正式、简洁的表格；虚线可能用于区分不同类型的内容或者用于一些需要柔和线条效果的表格。

（2）颜色设置：颜色选择框中提供了多种颜色选择方式，包括主题颜色（与文档主题相关的颜色系列）、标准颜色（如黑色、白色、红色、蓝色等常见颜色），以及更多颜色选项（可以通过自定义 RGB 值或从颜色盘中选择其他颜色）。例如，如果文档的主题颜色是蓝色调，为了保持整体风格一致，可以选择主题颜色中的一种蓝色作为边框颜色；或者为了突出表格，选择一个醒目的颜色，如红色作为边框颜色。

（3）边框线宽设置：“宽度”下拉列表中显示一系列表示边框线宽度的选项，单位通常是磅（pt），可以根据需要选择合适的线宽。例如，选择 1.5 磅的线宽会使边框线条看起来比较细，适用于内容较多、表格较小的情况，以免边框过于厚重而影响内容的显示；而选择 3 磅的线宽则会使边框更加明显，适合用于突出表格或者制作标题表格等情况。

（4）边框应用范围选择：右边“预览”界面有一些小方块和线条，这些代表着表格的各个边框部分，可以设置并预览边框的应用范围（或直接单击图 5-8 中“边框”选项旁边的下拉三角键，在下拉列表中直接选择）。通过单击这些小方块和线条，可以手动勾选或取消勾选需要添加或去除边框的位置。例如，如果只想在表格的左边框和上边框添加边框，可以手动勾选左边框和上边框对应的小方块和线条，而不勾选其他部分。

2）底纹设置

选中目标单元格后，在“表格样式”的选项卡中可以看到“底纹”选项，单击“底纹”右边下拉按钮，弹出一个下拉菜单，菜单中提供了多种颜色选项，包括主题颜色、标准色和其他填充颜色，如图 5-10 所示。

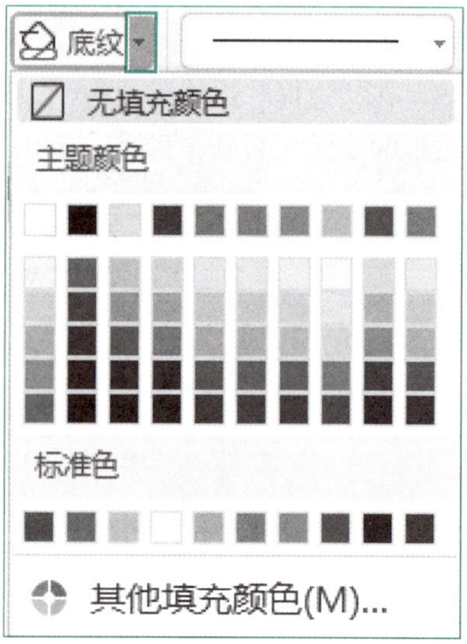

图 5-10 底纹设置

选择好颜色后，单击该颜色选项，所选单元格就会被填充上所选的纯色底纹。

3）预设样式设置

选中需要美化的单元格，在“表格样式”选项卡中可以看到一系列预设样式，单击右侧的下拉按钮，可以看到 WPS 文字提供的各色预设样式，单击即可更改选中单元格的样式。

4）斜线表头设置

单击需要添加斜线表头的单元格，单击“表格样式”选项卡→“绘制表格”组→“绘制斜线表头”按钮，如图 5-11 所示，弹出“绘制单元格类型”对话框，如图 5-12 所示，单击所需样式并单击“确定”按钮，即可给选中单元格设置相应斜线表头。

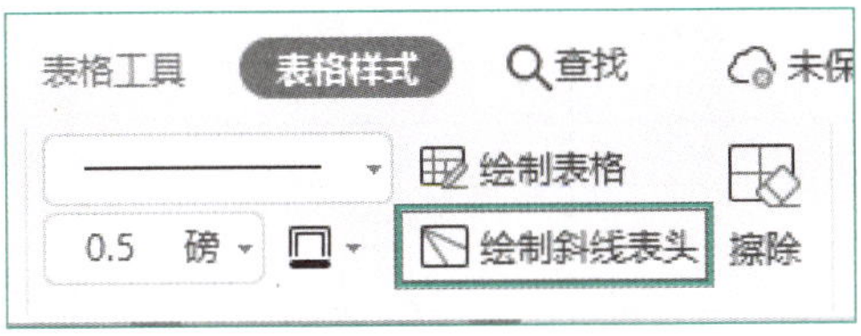

图 5-11　斜线表头设置

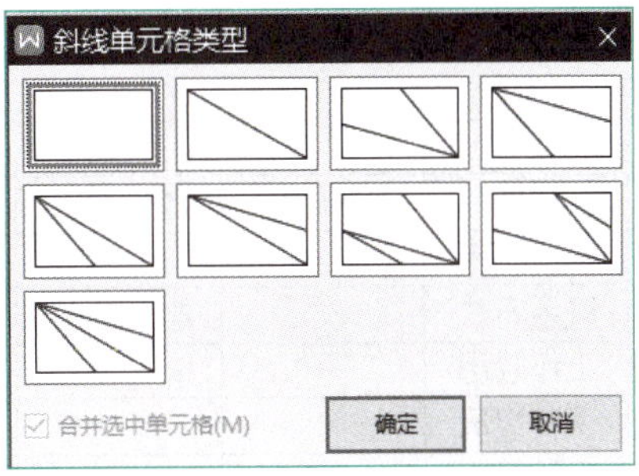

图 5-12　斜线单元格类型

项目操作

1. 创建表格

（1）新建空白文档后，在文档中输入“个人简历”，然后将其设置为黑体、二号、加粗字体并居中。

（2）单击“插入”选项卡→“表格”按钮，在下拉菜单中用鼠标拖动选择 8 行 ×7 列的表格（常见的简历表格，可后续根据需要再调整），然后左击，表格创建成功，如图 5-13 所示。

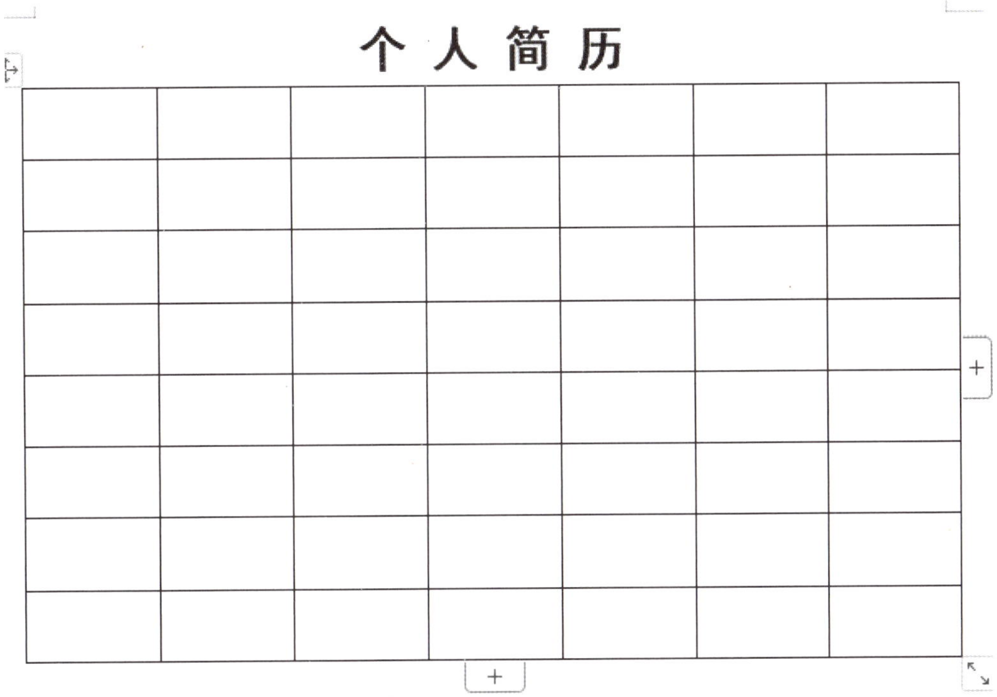

图 5-13　插入表格后效果

2. 将简历所需内容填入表格

在相应的单元格中依次填写简历所需项，如姓名、联系方式、教育背景、工作经历、技能、获奖情况等，并设置字体为宋体五号字，如图 5-14 所示。

个 人 简 历

姓名		性别		出生年月		照片
民族		政治面貌		籍贯		
毕业院校		专业		学历		
联系方式		电子邮件				
工作经历						
获奖情况						
校园经历						
职业技能及证书						

图 5-14 填写内容后效果

3. 调整表格结构

根据简历所填内容及所需表格空间，使用“添加行或列”、“合并单元格”或“拆分单元格”操作。

注意：

插入表格的时候，如果行或者列不够用，可以灵活使用插入和删除单元格、行、列等操作，以及合并或拆分单元格等操作，调整后表格如图 5-15 所示。

个 人 简 历

<table>
<tr><td>姓名</td><td></td><td>性别</td><td></td><td>出生年月</td><td></td><td rowspan="3">照片</td></tr>
<tr><td>民族</td><td></td><td>政治面貌</td><td></td><td>籍贯</td><td></td></tr>
<tr><td>毕业院校</td><td></td><td>专业</td><td></td><td>学历</td><td></td></tr>
<tr><td>联系方式</td><td colspan="3"></td><td>电子邮件</td><td colspan="2"></td></tr>
<tr><td>工作经历</td><td colspan="6"></td></tr>
<tr><td>获奖情况</td><td colspan="6"></td></tr>
<tr><td>校园经历</td><td colspan="6"></td></tr>
<tr><td>职业技能及证书</td><td colspan="6"></td></tr>
</table>

图 5-15 合并 / 拆分单元格后效果

4. 调整表格行高和列宽

（1）调整行高：选中表格前四行，在“表格工具”选项卡中设置高度为 1.5 cm，将鼠标指针放在最后一行的边框线上，按住鼠标左键拖动边框线至编辑区最下方，而后选中表格后四行，单击“表格工具”中的“自动调整”按钮并选择“平均分布各行”选项。

（2）调整列宽：用鼠标拖动“照片”单元格的列宽，调整至合适处，选中“照片”单元格左侧的单元格，并设置“平均分布各列”，其他单元格的边框线用鼠标调整至对齐位置。

（3）全选表格后右击，设置“单元格对齐方式”为上下左右均居中对齐，调整后如图 5-16 所示。

<table>
<tr><th colspan="7">个 人 简 历</th></tr>
<tr><td>姓名</td><td></td><td>性别</td><td></td><td>出生年月</td><td></td><td rowspan="3">照片</td></tr>
<tr><td>民族</td><td></td><td>政治面貌</td><td></td><td>籍贯</td><td></td></tr>
<tr><td>毕业院校</td><td></td><td>专业</td><td></td><td>学历</td><td></td></tr>
<tr><td>联系方式</td><td colspan="3"></td><td>电子邮件</td><td colspan="2"></td></tr>
<tr><td>工作经历</td><td colspan="6"></td></tr>
<tr><td>获奖情况</td><td colspan="6"></td></tr>
<tr><td>校园经历</td><td colspan="6"></td></tr>
<tr><td>职业技能及证书</td><td colspan="6"></td></tr>
</table>

图 5-16　调整行高和列宽效果

5. 美化表格

（1）设置边框，选中整个表格，单击“表格样式”选项卡中的“边框”按钮，在这里设置外边框选择 1.5 磅粗线，颜色为黑色，内边框选择 0.5 磅细线，颜色为淡灰色，并隐藏所有内部竖框线。

（2）设置底纹：隔行单击“表格样式”选项卡中的“底纹”按钮，设置填充颜色为淡灰色，设置完成后如图 5-17 所示。

个 人 简 历

姓名		性别		出生年月		照片
民族		政治面貌		籍贯		
毕业院校		专业		学历		
联系方式				电子邮件		
工作经历						
获奖情况						
校园经历						
职业技能及证书						

图 5-17　表格美化后效果

实训练习

（1）请根据以下给定的内容制作个人信息表：

姓名：李明

性别：男

出生日期：2003.05.12

联系方式：138-1234-5678

电子邮箱：liming@example.com

教育背景：××大学计算机科学与技术专业（2021—2025）

操作要求：

①创建 6 行 2 列的表格，左侧列输入字段名（如“姓名”“性别”），右侧列填写具体内容。

②调整列宽：左侧列宽为 3 cm，右侧列宽为 8 cm。

③设置标题行（字段名）为浅灰色底纹，加粗字体。

④外边框线设为 1.5 磅实线，内框线为 0.75 磅虚线。

完成效果如图 5-18 所示。

姓名	**李明**
性别	男
出生日期	2003.05.12
联系方式	138-1234-5678
电子邮箱	liming@example.com
教育背景	XX 大学计算机科学与技术专业（2021-2025）

图 5-18　个人信息表效果

（2）根据以下给定内容制作课程表。

周一至周五课程安排：

上午：高等数学（周一、三）、英语（周二、四）、程序设计（周五）

下午：数据结构（周一、三）、体育（周二）、思政课（周四）、实验课（周五）

操作要求：

①创建 7 列 6 行表格，表格高度设置为 1.5 厘米（列标题：节次 + 上午 / 下午，行标题：星期 + 星期一至星期五）。

②第一行合并为标题“2023—2024 学年春季课程表”（黑体三号居中）。

③添加斜线表头（左上角单元格）：标注“星期”与“节次”。

④将具体课程内容填入表格（楷体小四居中）。

⑤不同课程类型用颜色区分（如专业课：深灰色；公共课：浅灰色）。

完成效果如图 5-19 所示。

2023-2024 学年春季课程表					
星期 / 节次	星期一	星期二	星期三	星期四	星期五
上午	高等数学	英语	高等数学	英语	程序设计
下午	数据结构	体育	数据结构	思政课	实验课

图 5-19　完成后效果

拓展延伸

在 WPS 文字中，表格样式引擎就像一位“智能设计师”，能帮助用户快速统一文档中所有表格的外观。假如需要在报告中插入十几个数据表格，如果手动一个个调整边框、颜色、字体，不仅费时费力，还容易出错。而通过表格样式功能，可以提前设计好一套“模板规则”：比如标题行用深蓝色背景 + 白色加粗字，数据行用浅灰色隔行填充，边框统一为 0.5 磅黑线。设置完成后，只需选中任意表格，单击一次就能自动套用这套设计。更厉害的是，如果后期想修改全文档的表格风格（如把蓝色改成红色），只需调整样式模板，所有关联表格都会同步更新，彻底告别重复劳动。

模板化开发则是将这种“批量化设计”思维再升级。可以把常用的表格（如项目进度表、实验数据记录表）保存为专属模板。比如，为学校社团设计一张固定格式的“活动报名表”，包含姓名、学号、联系方式等必填项，设置好表格列宽、提示文字和格式保护（防止误删关键列）。保存为模板后，下次需要时直接调用，无须重新画表格框架，还能通过 WPS 云同步给团队成员共用，确保所有人提交的表格格式完全一致。这种“一次设计，多次复用”的方式，特别适合课程作业、部门报表等需要标准化的场景，既能提升效率，又能维护文档的专业性。

小课堂

在职场环境中，规范化的文档设计与严谨的数据管理不仅是技术能力的体现，更是职业素养的核心要求。以企业财务报表、项目计划表等核心表格为例，其格式的统一性直接影响信息的可读性与决策效率——错位的数字、缺失的单位或混乱的边框可能导致数百万的财务误判，甚至引发法律风险；而数据的准确性更是企业诚信的基石，一处小数点错位、一个未标注的数据来源都可能动摇客户信任。

希望同学们通过表格的标准化操作训练，在实践中理解“细节决定成败”的职业准则。这种训练不仅培养细致耐心的工作态度，更传递着责任意识：每一份文档都是职业形象的缩影，每一次数据录入都需对结果负责。当技术规范与职业道德深度融合，严谨的表格制作便升华为对团队协作、社会诚信的价值坚守，这正是新时代职业人才不可或缺的素养底色。

项目六
WPS 长文档编辑

在撰写毕业论文时，长文档的编辑与格式调整是确保论文规范性和专业性的重要环节。WPS 作为一款功能强大的办公软件，提供了丰富的工具和功能，能够帮助我们高效完成毕业论文的排版工作。本项目将详细介绍如何在 WPS 中进行多级标题样式设定与应用、正文字体和段落格式调整、图片格式调整、页眉页脚设置，以及如何自动生成与更新目录、自定义目录样式和设置参考文献格式。

学习目标

◎了解毕业论文长文档编辑与格式调整的重要性。

◎掌握 WPS 中多级标题样式设定与应用。

◎学会正文字体、段落格式的调整方法。

◎熟悉图片格式调整及页眉页脚设置。

◎熟练掌握自动生成与更新目录、自定义目录样式及参考文献格式设置。

项目描述

小李需要撰写一份毕业论文，但在撰写过程中遇到了格式不规范、排版混乱的问题。通过使用 WPS 的多级标题样式、正文字体段落格式调整、图片格式调整、页眉页脚设置等功能，小李成功地完成了论文的排版工作，使论文格式规范、美观，符合学术规范。

项目分析

（1）进行多级标题样式设定与应用。

（2）调整正文字体和段落格式。

（3）调整图片格式。

（4）设置页眉页脚。

（5）设置参考文献格式。

（6）自动生成与更新目录，自定义目录样式。

相关知识

1. 多级标题样式设定与应用

1）标题样式的定义

毕业论文通常包含多级标题，如“一、”“（一）”“1.”等，用于组织内容结构。WPS的样式功能可以快速统一标题格式。

（1）打开“样式”窗格。

在WPS文字中，单击“开始”选项卡，然后在“样式”组（见图6-1）中单击右下角的小箭头，打开“样式”窗格。“样式”窗格中列出了WPS预设的多种样式，如“标题1”“标题2”“正文”等。

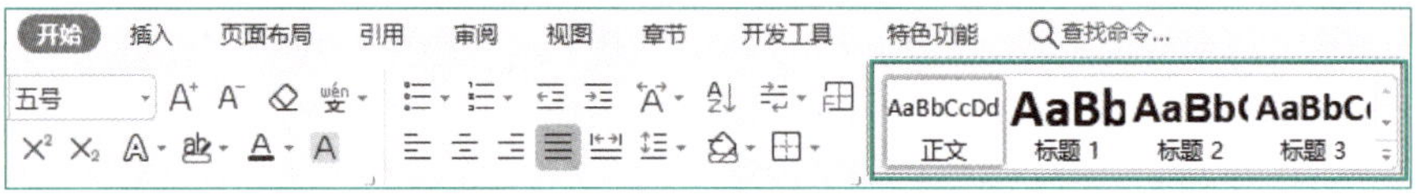

图6-1 “样式”组

（2）修改标题样式。

选中需要修改的标题样式，如“标题1”，右击选择“修改”命令，在弹出的“修改样式”对话框中，可以设置字体、字号、段落缩进、行距等格式。例如，将“标题1”设置为“黑体、三号、加粗、段前段后12磅”，单击“确定”按钮完成设置。同理，可以依次修改“标题2”“标题3”等，分别设置为“宋体、小三、加粗”“宋体、四号、加粗”等格式。

（3）应用标题样式。

在文档中输入各级标题时，选中标题文本，然后在“样式”窗格中选择对应的标题样式。例如，输入“一、引言”，选中该文本后选择“标题1”样式；输入“（一）研究背景”，选中后选择“标题2”样式。通过这种方式，可以快速统一文档中各级标题的格式，避免手动设置格式带来的繁琐操作。

2）多级列表的应用

除了样式，还可以使用多级列表来进一步规范标题编号和格式。

（1）设置多级列表。

单击“开始”选项卡中的“编号”下拉按钮，打开“编号”下拉面板，如图6-2所示，单击“自定义编号”命令可以对编号进行自定义修改。借助编号功能可以实现多级列表，用“一、”“（一）”“1.”等来描述多级标题。

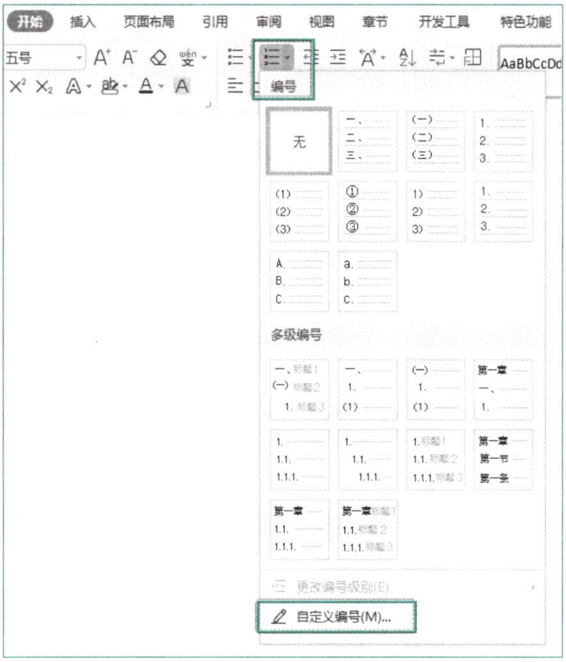

图6-2 “编号”下拉面板

（2）应用多级列表。

在文档中输入标题时，选中标题文本，然后单击“多级列表”按钮，选择刚刚定义的多级列表。这样，标题不仅会自动应用对应的样式，还会按照预设的编号格式进行编号，使文档结构更加清晰。

2. 正文字体段落格式调整

1）正文字体格式

（1）统一字体设置。

在“开始”选项卡中，选中正文文本，然后在“字体”组中设置字体、字号和字体样式。按照毕业论文的要求，通常将正文字体设置为“宋体”，字号设置为“小四”，字体样式设置为“常规”。

（2）字符间距和效果。

如果需要调整字符间距或添加特殊效果（如加粗、斜体、下划线等），可以在“字体”对话框中进行设置。例如，将关键词加粗以突出显示。

2）段落格式调整

（1）段落对齐和缩进。

在“开始”选项卡中，单击“段落”组中的按钮，设置段落对齐方式（如左对齐、居中对齐、两端对齐）和缩进方式（如首行缩进、悬挂缩进）。

按照毕业论文的要求，通常将段落设置为“两端对齐”，首行缩进 2 字符。

（2）行距和段间距。

在“段落”对话框中，设置行距（如 1.5 倍行距）和段间距（如段前 0.5 行、段后 0.5 行）。这些设置可以使文档的排版更加美观、清晰。

3. 图片格式调整

1）插入图片及调整图片

（1）插入图片。

在文档中需要插入图片的位置，单击“插入”选项卡，然后单击“图片”按钮，根据需要从本地文件、扫描仪或手机等设备中选择需要插入的图片，如图 6-3 所示。

图 6-3 插入图片操作

（2）调整图片大小。

选中图片后，拖动图片的控制点调整图片大小，也可以在“图片工具”选项卡中精确设置图片的宽度和高度，“图片工具”选项卡如图 6-4 所示，包含背景、颜色、图片轮廓、图片效果、环绕、旋转、组合和对齐按钮等。

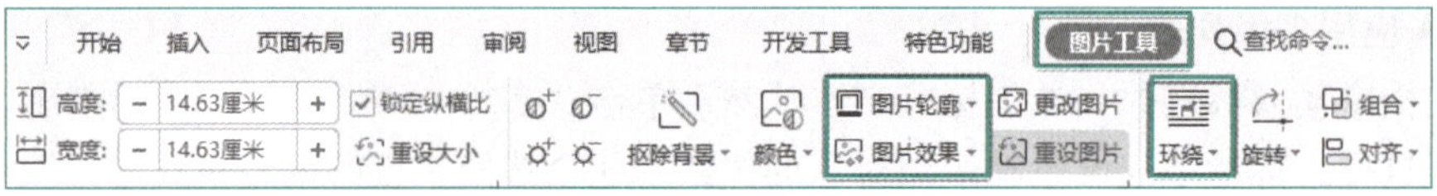

图 6-4 “图片工具”选项卡

2）图片格式设置

（1）图片样式。

在“图片工具”选项卡中，选择合适的图片样式，如阴影、边框、效果等。例如，为图片添加阴影以增强视觉效果。

（2）图片环绕方式。

在“图片工具”选项卡中，单击“排列”组中的“文字环绕”按钮，选择合适的环绕方式（如四周型、紧密型）。例如，选择“四周型”环绕方式可以使图片与文字更好地融合。

4. 页眉页脚设置

1）插入页眉页脚

（1）打开页眉页脚编辑模式。

在文档中，单击“插入”选项卡中的“页眉”或“页脚”按钮，选择预设的页眉或页脚样式，或者选择“自定义页眉 / 页脚”进行个性化设置。

（2）编辑页眉页脚内容。

在页眉页脚编辑模式下，可以输入文字、插入页码、日期等信息。例如，在页眉中输入论文标题，在页脚中插入页码。

2）页眉页脚格式调整

（1）字体和段落格式。

在页眉页脚编辑模式下，可以使用“开始”选项卡中的工具调整字体、字号和段落格式。例如，将页眉字体设置为“宋体”，字号为“五号”，段落居中对齐。

（2）分节符的使用。

如果需要在文档的不同部分设置不同的页眉页脚（如封面、目录、正文），可以在“插入”选项卡中单击“分页”按钮，选择合适的分节符。例如，在封面和正文之间插入“下一页分节符”，如图 6-5 所示，然后分别设置页眉页脚内容。

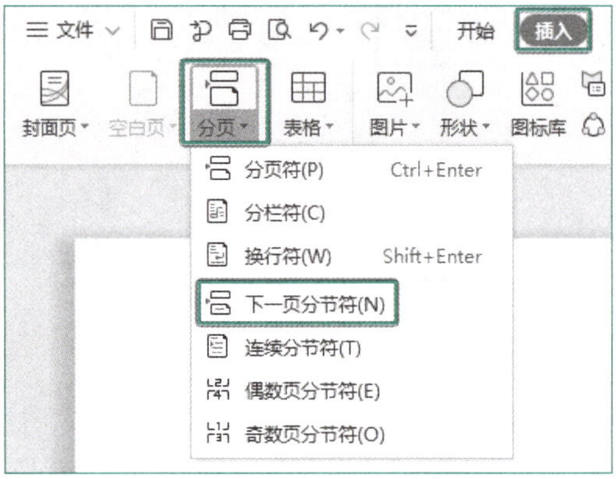

图 6-5 “分页”窗格

5. 自动生成与更新目录

1）自动生成目录

在完成标题样式的设置后，可以利用 WPS 的目录功能自动生成目录，方便读者快速定位文档内容。

将光标定位到文档开头，单击“引用”选项卡，单击“目录”按钮，选择“自动目录”命令。

WPS 会根据文档中应用了标题样式的文本自动生成目录，并显示在文档开头。

自动生成的目录通常包括标题名称、页码，以及指向对应内容的超链接。

2）更新目录

在编辑文档的过程中，如果对标题内容或位置进行了修改，需要更新目录以保持其准确性。

（1）更新目录内容。

选中目录区域，右击选择“更新域”命令，在弹出的对话框中，可以选择“更新整个目录”或“只更新页码”，如图 6-6 所示。如果文档内容有较大变动，建议选择“更新整个目录”，以确保目录与文档内容一致。

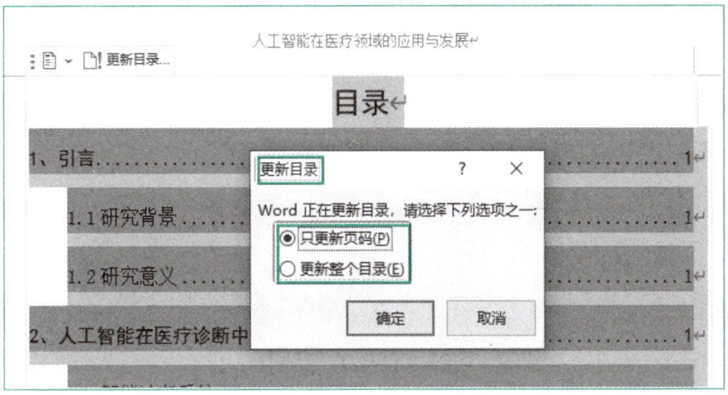

图 6-6　“更新目录”对话框

（2）更新目录格式。

如果需要调整目录的格式，如字体、字号、行距等，可以右击目录，选择“自定义目录”命令。在弹出的“目录”对话框中，可以修改目录的字体、行距、缩进等格式设置。

例如，将目录字体设置为“宋体”，字号设置为“小四”，行距设置为“1.5 倍行距”，使目录更加美观。

6. 目录样式的自定义调整

1）自定义目录格式

WPS 允许用户对目录的格式进行自定义，以满足毕业论文的排版要求。

（1）修改目录字体和字号。

在“目录”对话框中，单击“修改”按钮，在弹出的“修改目录样式”对话框中，可以选择目录的级别，并修改其字体、字号、段落格式等。

（2）调整目录缩进和对齐方式。

在“修改目录样式”对话框中，可以通过“制表符前导符”选项设置目录的缩进和对齐方式。

例如，将制表符前导符设置为“点”，并调整制表符位置，使目录的标题和页码之间用点连接，且对齐美观。

还可以通过“段落”设置，调整目录的左缩进和悬挂缩进，使目录的格式更加规范。

2）自定义目录页码格式

在某些情况下，可能需要对目录页码的格式进行特殊设置，例如，使用罗马数字或特殊字符。

在“目录”对话框中，单击“选项”按钮。在“目录选项”对话框中，可以设置页码格式。例如，选择“罗马数字”作为页码格式，或者输入特殊字符作为页码分隔符。

设置完成后，单击“确定”按钮并更新目录，即可看到目录页码的格式发生了变化。

7. 参考文献格式设置

1）参考文献的插入

在文档末尾，单击“引用”选项卡中的“插入尾注”按钮，在弹出的对话框中选择“文档结尾”，并输入参考文献的详细信息。

按照毕业论文的要求，参考文献的格式通常包括作者、书名或文章标题、出版单位、出版年份等信息。

2）参考文献格式调整

（1）统一格式。

在插入参考文献后，可以使用“开始”选项卡中的工具统一调整字体、字号和段落格式。例如，将参考文献字体设置为“宋体”，字号为“小四”，行距为“1.5 倍行距”。

（2）排序和编号。

参考文献通常按照引用顺序编号，也可以根据作者姓氏的字母顺序排序。

在“引用”选项卡中，可以对参考文献进行排序和重新编号。

项目操作

请将项目六 - 毕业论文素材（人工智能在医疗领域的应用与发展）按照以下要求调整格式：

1. 论文题目格式设置

（1）打开素材文档，选中论文题目“人工智能在医疗领域的应用与发展”。在“开始”选项卡单击“字体”对话框启动器按钮，打开“字体”对话框。在“字体”选项卡中，将字体设置为“黑体”，字号选择“小二”号，如图 6-7 所示。

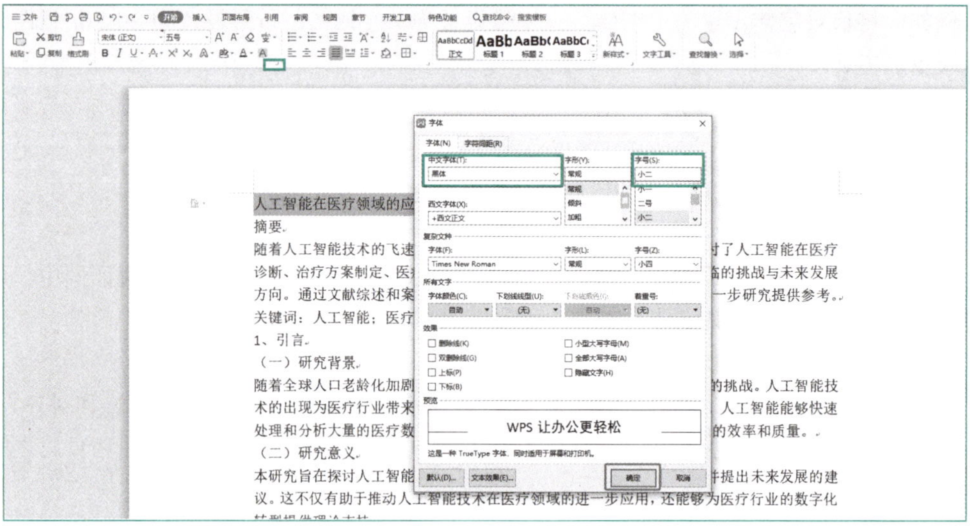

图 6-7 论文标题字体修改操作

（2）单击“段落”对话框启动器按钮，打开“段落”选项卡，设置段前间、段后间距都为“12 磅”，行距选择“固定值”，并设置为“28 磅”。单击“确定”按钮，如图 6-8 所示，完成论文题目格式设置。

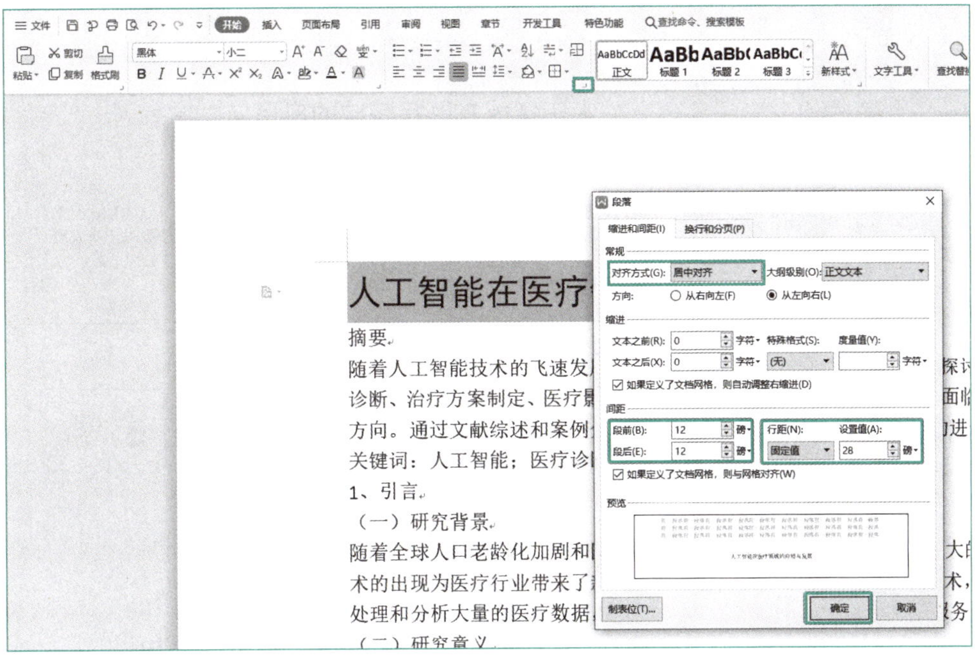

图 6-8 论文标题段落修改操作

论文标题格式设置效果如图 6-9 所示。

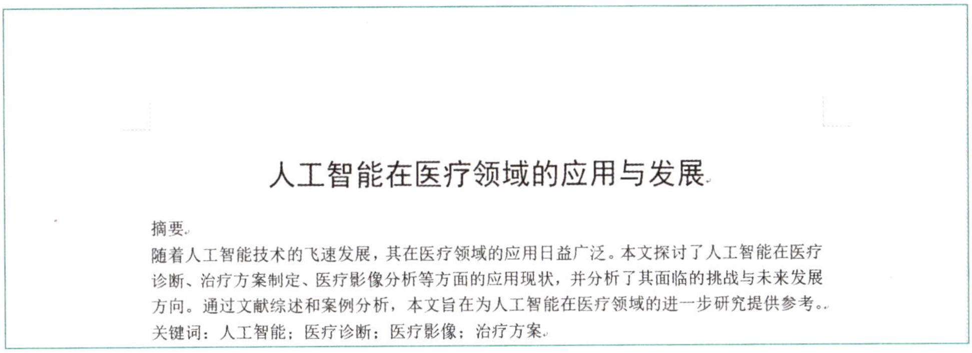
人工智能在医疗领域的应用与发展

摘要

随着人工智能技术的飞速发展，其在医疗领域的应用日益广泛。本文探讨了人工智能在医疗诊断、治疗方案制定、医疗影像分析等方面的应用现状，并分析了其面临的挑战与未来发展方向。通过文献综述和案例分析，本文旨在为人工智能在医疗领域的进一步研究提供参考。

关键词：人工智能；医疗诊断；医疗影像；治疗方案

图 6-9 论文标题修改效果

2. 摘要、关键词格式设置

（1）找到“摘要”部分，选中“摘要”小标题。在“开始”选项卡中，将字体设置为“黑体”，字号选择“小三”号，如图 6-10 所示。

（2）选中摘要正文内容及关键词，将字体设置为“宋体”，字号选择“小四”号，如图 6-11 所示。

（3）在“段落”对话框中，设置摘要正文的首行缩进为“2 字符”，行距选择“固定值”，并设置为“20 磅”，如图 6-12 所示。

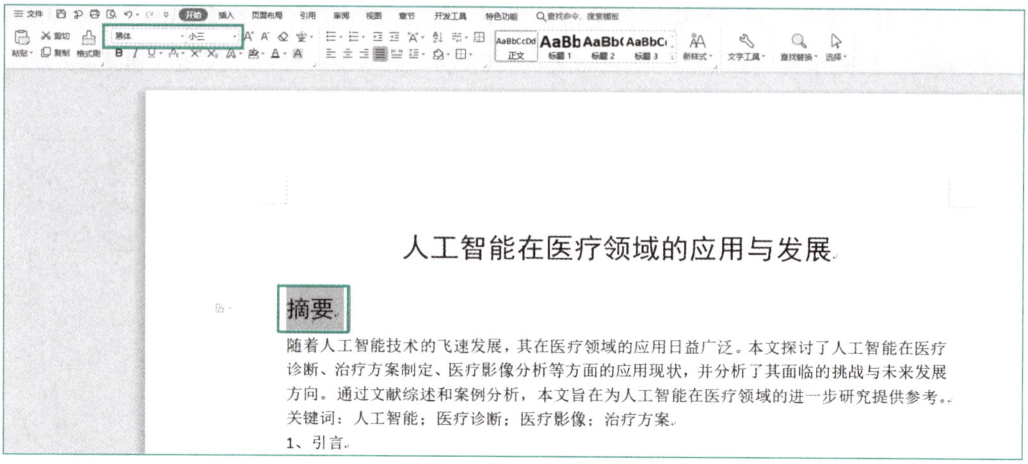

图 6-10　摘要小标题字体修改操作

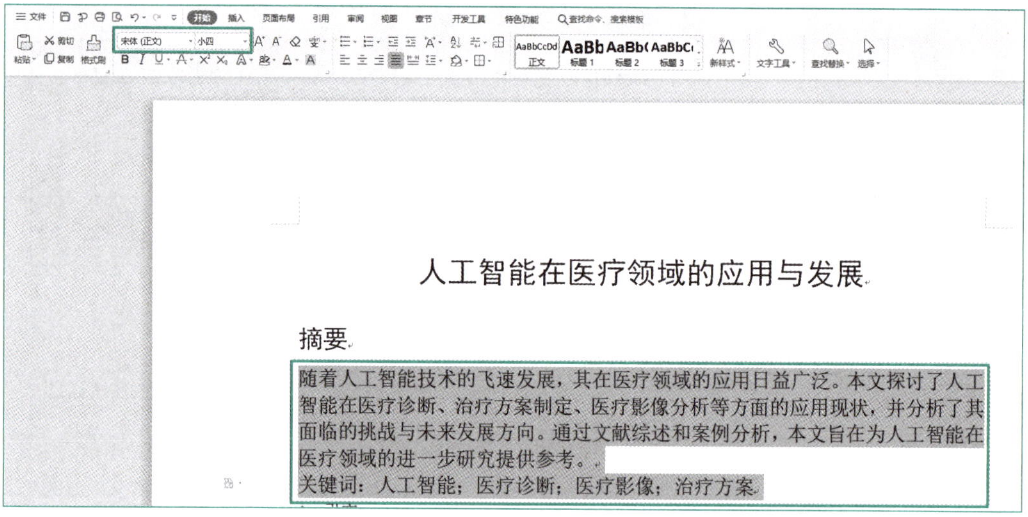

图 6-11　摘要正文内容及关键词字体修改操作

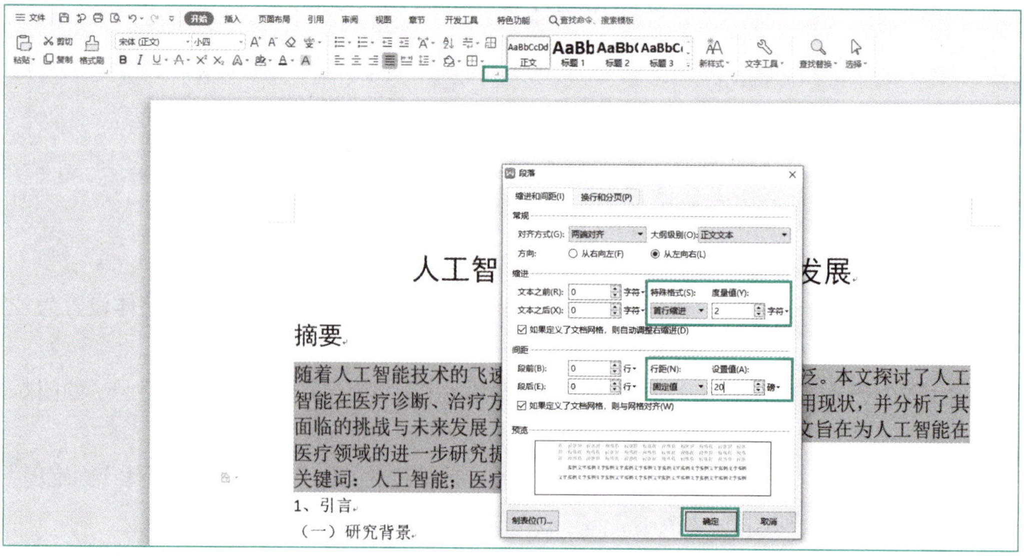

图 6-12　摘要正文内容及关键词段落修改操作

（4）关键词部分，“关键词：”用黑体，关键词之间用分号隔开，如图 6-13 所示。

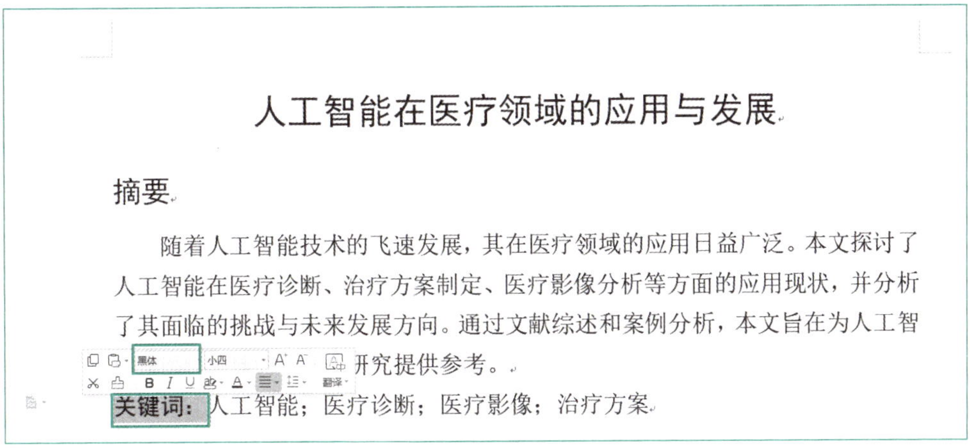

人工智能在医疗领域的应用与发展

摘要

随着人工智能技术的飞速发展，其在医疗领域的应用日益广泛。本文探讨了人工智能在医疗诊断、治疗方案制定、医疗影像分析等方面的应用现状，并分析了其面临的挑战与未来发展方向。通过文献综述和案例分析，本文旨在为人工智……研究提供参考。

关键词：人工智能；医疗诊断；医疗影像；治疗方案

图 6-13　关键词格式修改操作

论文摘要修改效果如图 6-14 所示。

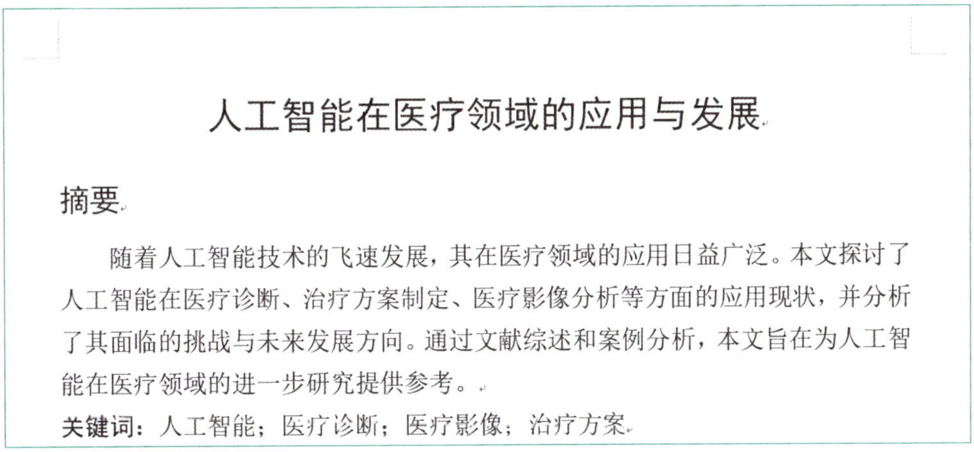

人工智能在医疗领域的应用与发展

摘要

随着人工智能技术的飞速发展，其在医疗领域的应用日益广泛。本文探讨了人工智能在医疗诊断、治疗方案制定、医疗影像分析等方面的应用现状，并分析了其面临的挑战与未来发展方向。通过文献综述和案例分析，本文旨在为人工智能在医疗领域的进一步研究提供参考。

关键词：人工智能；医疗诊断；医疗影像；治疗方案

图 6-14　论文摘要修改效果

3. 正文格式设置

一级标题格式设置方法如下：

（1）选中一级标题，如“1. 引言”，右击样式栏中的“标题 1”，选择“修改样式”命令，如图 6-15 所示。

图 6-15　修改样式操作

（2）在弹出的“修改样式”对话框中，将字体设置为“黑体”，字号选择“三号”，如图 6-16 所示。

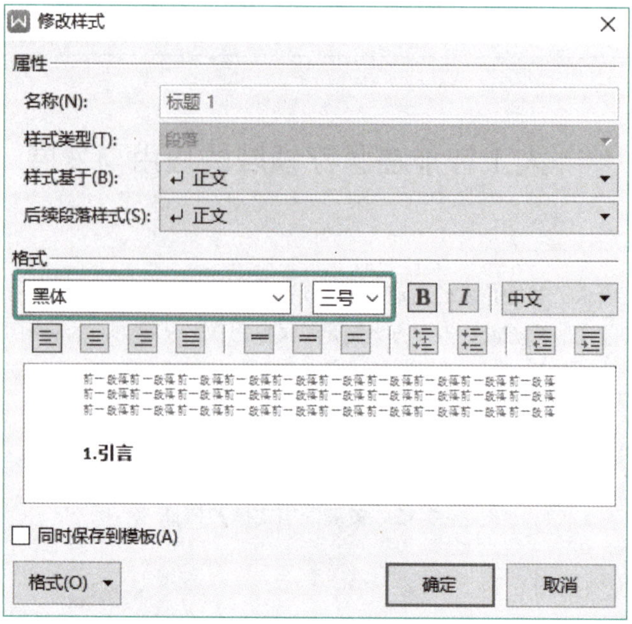

图 6-16　“修改样式”对话框

（3）单击左下角“格式”按钮，选择切换为“段落”格式，在弹出的“段落”对话框中，设置段前间距为“12 磅”，段后间距为“12 磅”，行距选择“固定值”，并设置为“28 磅”。确保一级标题顶格写，即段落的对齐方式为“左对齐”，如图 6-17 所示。

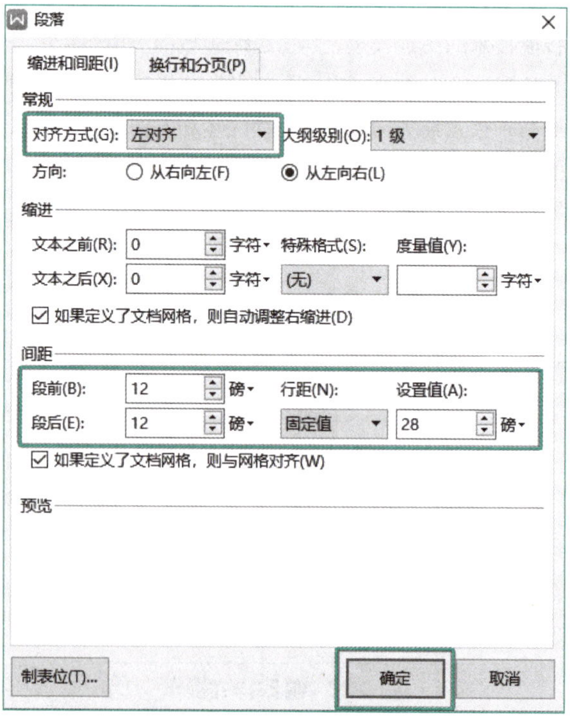

图 6-17　样式段落格式设置

论文引言应用样式效果如图 6-18 所示。

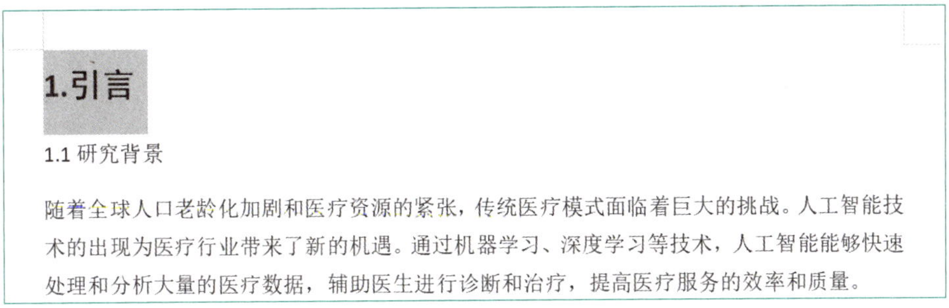

图 6-18　论文引言应用样式效果

（4）其他一级标题选中后，单击样式栏中的“标题 1”即可完成修改，将剩下所有的一级标题都对应进行格式调整。论文一级标题应用样式效果如图 6-19 所示。

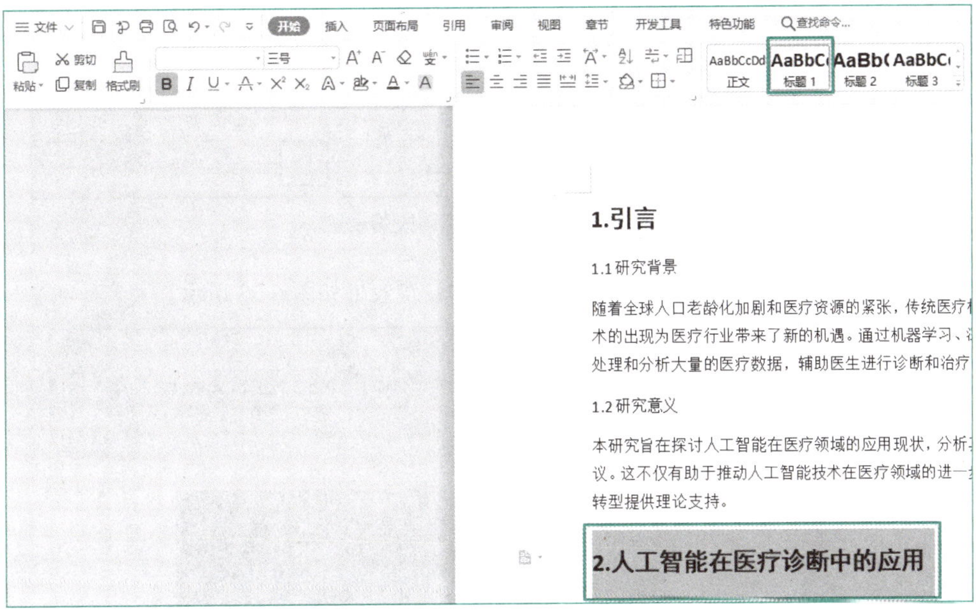

图 6-19　一级标题应用样式效果

二级标题和正文的格式设置方法同上，这里不再赘述。二级标题格式设置要求如下：黑体，小三号，段前段后各 6 磅，行距固定值 24 磅，如“1.1 研究背景”，顶格写。正文内容：宋体，小四号，首行缩进 2 字符，行距固定值 20 磅，段落间不空行。

论文研究背景应用样式效果如图 6-20 所示。

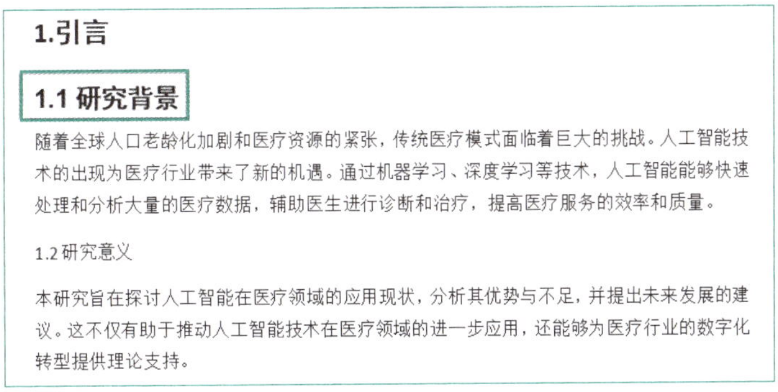

图 6-20　论文研究背景应用样式效果

论文正文应用样式效果如图 6-21 所示。

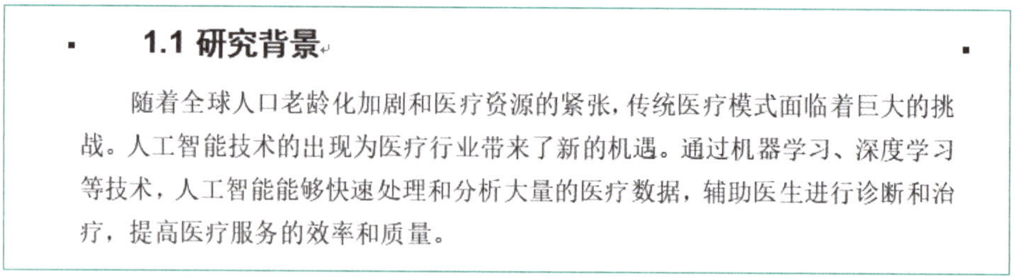

1.1 研究背景

随着全球人口老龄化加剧和医疗资源的紧张，传统医疗模式面临着巨大的挑战。人工智能技术的出现为医疗行业带来了新的机遇。通过机器学习、深度学习等技术，人工智能能够快速处理和分析大量的医疗数据，辅助医生进行诊断和治疗，提高医疗服务的效率和质量。

图 6-21　论文正文应用样式效果

4. 图片格式调整

选中图片标题，在字体功能区，将字体设置为“宋体”，字号选择“小四”号。在“段落”功能区，设置段落“居中对齐”，如图 6-22 所示。图表与正文之间保持适当间距，一般上下各空一行。

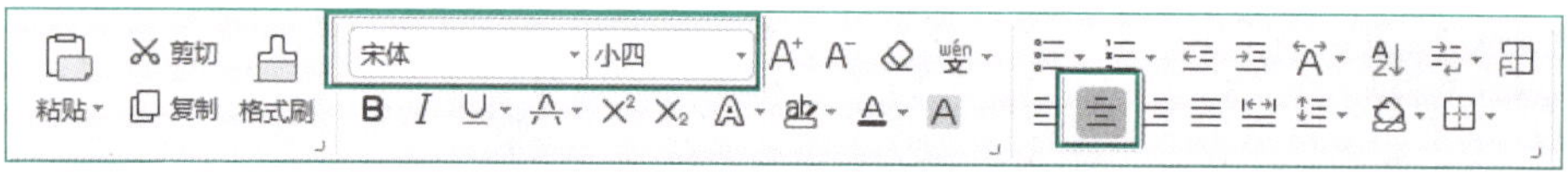

图 6-22　图片标题字体段落设置

选中图片，单击“居中对齐”按钮，图片居中设置效果如图 6-23 所示。

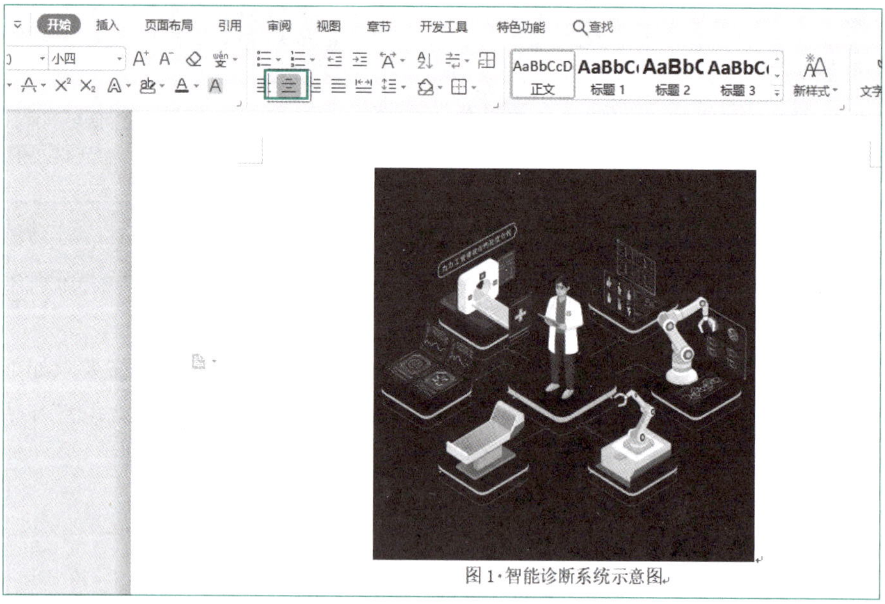

图 6-23　图片设置效果

剩余图片按相同操作进行格式调整。

5. 参考文献格式调整

选中参考文献内容，将字体设置为“宋体”，字号选择“小四”号。在“段落”对话框中，行距选择“固定值”，并设置为“20 磅”，效果如图 6-24 所示。

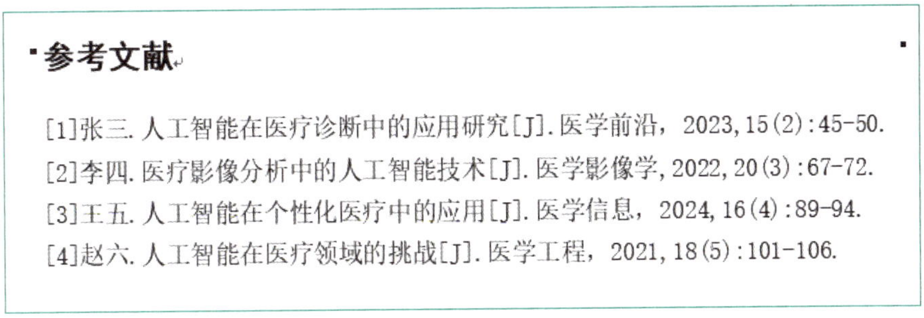

参考文献

[1]张三. 人工智能在医疗诊断中的应用研究[J]. 医学前沿，2023,15(2):45-50.
[2]李四. 医疗影像分析中的人工智能技术[J]. 医学影像学,2022,20(3):67-72.
[3]王五. 人工智能在个性化医疗中的应用[J]. 医学信息，2024,16(4):89-94.
[4]赵六. 人工智能在医疗领域的挑战[J]. 医学工程，2021,18(5):101-106.

图 6-24　参考文献格式设置效果

6. 页眉页脚格式调整

1）页眉设置

双击页面顶部进入页眉编辑模式。在“插入”选项卡中单击“页眉”→“编辑页眉”命令，删除原有页眉内容，输入论文题目“人工智能在医疗领域的应用与发展”。将字体设置为“宋体”，字号选择“小五”号，设置段落居中对齐，页眉设置效果如图 6-25 所示。

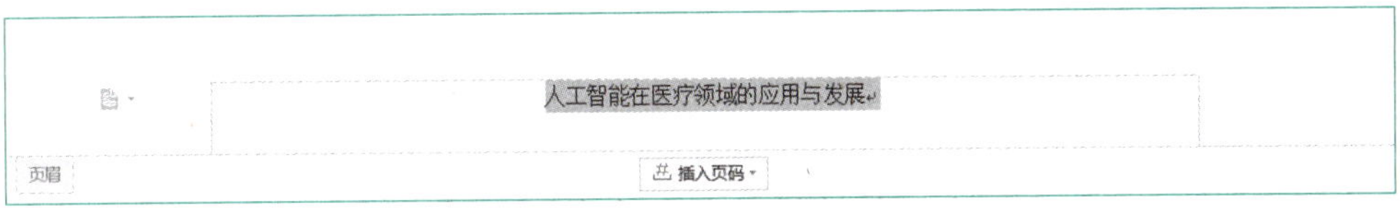

图 6-25　页眉设置效果

2）页脚设置

双击页面底部进入页脚编辑模式。单击“插入页码”选项卡，“位置”选择“居中”，应用范围选择“本页之后”，如图 6-26 所示，确保从正文开始编页码，摘要、目录不编入页码。

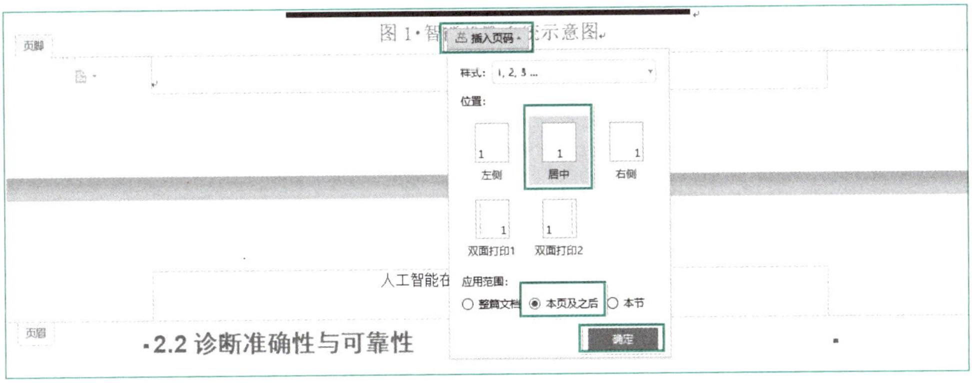

图 6-26　页脚设置效果

7. 目录格式调整

1）插入目录

在毕业论文第二页空白页处，将光标定位到文档开头，作为插入目录的位置。在“引用”选项卡中，单击“目录”按钮，选择第三种目录样式，如图 6-27 所示。

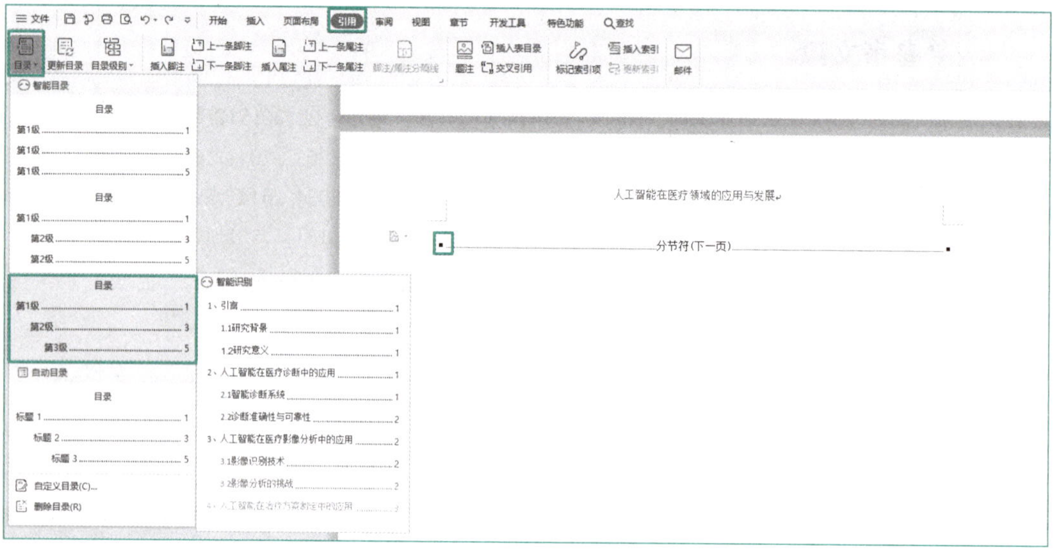

图 6-27　目录样式设置

目录生成效果如图 6-28 所示。

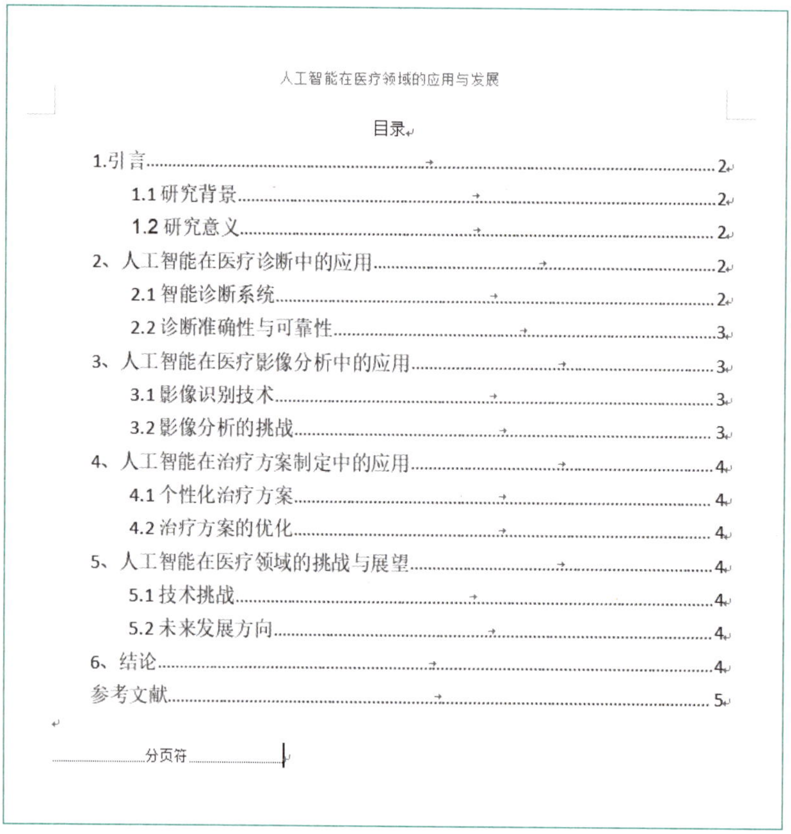

人工智能在医疗领域的应用与发展

目录

1.引言......2
1.1 研究背景......2
1.2 研究意义......2
2、人工智能在医疗诊断中的应用......2
2.1 智能诊断系统......2
2.2 诊断准确性与可靠性......3
3、人工智能在医疗影像分析中的应用......3
3.1 影像识别技术......3
3.2 影像分析的挑战......3
4、人工智能在治疗方案制定中的应用......4
4.1 个性化治疗方案......4
4.2 治疗方案的优化......4
5、人工智能在医疗领域的挑战与展望......4
5.1 技术挑战......4
5.2 未来发展方向......4
6、结论......4
参考文献......5

分页符

图 6-28　目录生成效果

2）设置目录格式

设置标题“目录”的字体为“黑体”，字号为“小二”号。选择目录内容，将字体设置为“宋体”，字号选择“小四”号，设置段落格式，行距选择“固定值”，并设置为“28磅”。单击“确定”按钮完成设置。最后将一级标题和“参考文献”字体设置为“黑体”。目录格式设置效果如图6-29所示。

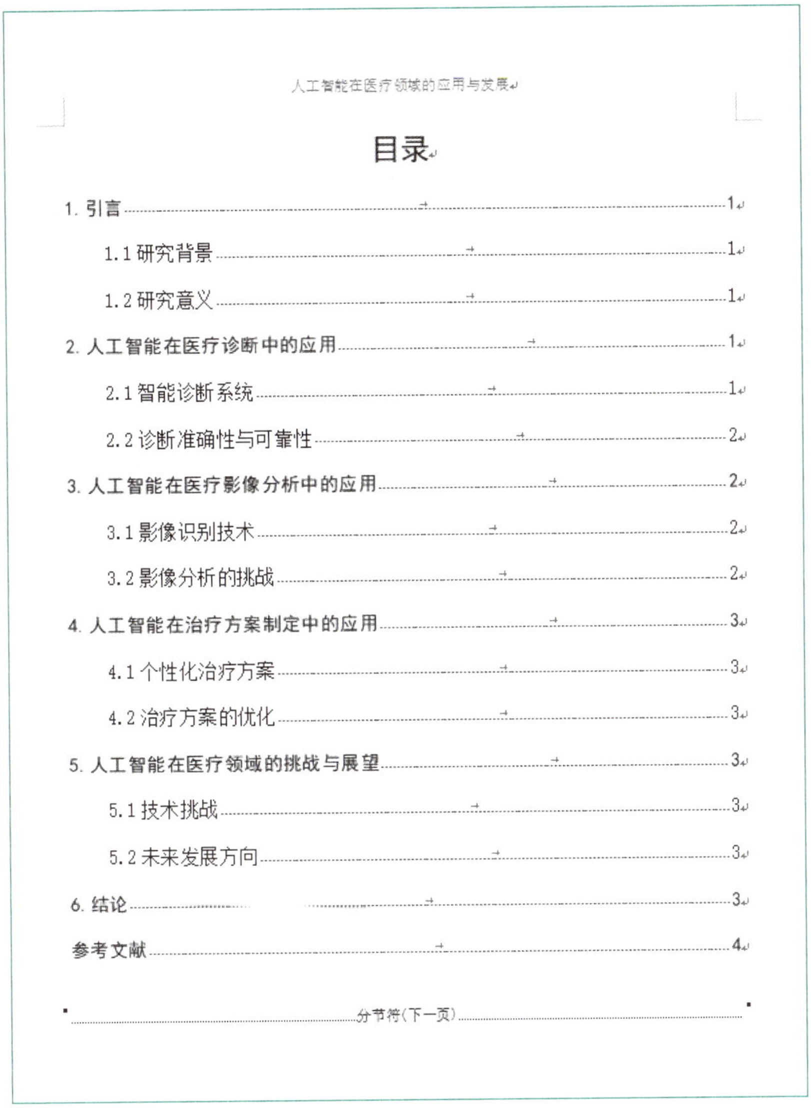
人工智能在医疗领域的应用与发展

目录

1. 引言 1
1.1 研究背景 1
1.2 研究意义 1
2. 人工智能在医疗诊断中的应用 1
2.1 智能诊断系统 1
2.2 诊断准确性与可靠性 2
3. 人工智能在医疗影像分析中的应用 2
3.1 影像识别技术 2
3.2 影像分析的挑战 2
4. 人工智能在治疗方案制定中的应用 3
4.1 个性化治疗方案 3
4.2 治疗方案的优化 3
5. 人工智能在医疗领域的挑战与展望 3
5.1 技术挑战 3
5.2 未来发展方向 3
6. 结论 3
参考文献 4

分节符(下一页)

图6-29 目录格式设置效果

实训练习

使用WPS软件，按照给定的格式要求，对自行创建的毕业论文素材文档进行格式调整。确保所有格式设置符合学术规范，文档内容完整、排版美观。

请按照以下格式要求，依次对论文题目、摘要、关键词、正文、图表、参考文献、页眉页脚和目录进行格式调整：

（1）论文题目：字体为黑体，字号为小二号。段落格式为居中，段前段后各12磅，行距固定值28磅。

（2）摘要、关键词。字体与字号：摘要小标题用黑体、小三号，摘要正文及关键词用宋体、小四号。段落格式：摘要正文首行缩进2字符，行距固定值20磅；关键词顶格写，“关键词：”用黑体，关键词之间用分号隔开。

（3）正文。一级标题：黑体，三号，段前段后各12磅，行距固定值28磅，如“1.引言”顶格写。二级标题：黑体，小三号，段前段后各6磅，行距固定值24磅，如“1.1 研究背景”顶格写。正文内容：宋体，小四号，首行缩进2字符，行距固定值20磅，段落间不空行。

（4）图表格式。字体与字号：图表标题用黑体，小四号，图表内容用宋体，小四号。段落格式：图表标题居中，图表与正文之间保持适当间距，一般上下各空一行。

（5）参考文献。字体与字号：标题“参考文献”用黑体，小三号，居中；文献内容用宋体，小四号。段落格式：首行缩进2字符，行距固定值20磅。

（6）页眉页脚。页眉：宋体，小五号，内容为论文题目，居中，距边界1.5厘米。页脚：插入页码，阿拉伯数字，宋体，小五号，居中，距边界1.5厘米，从正文开始编页码，封面、摘要、目录不编入页码。

（7）目录。字体与字号：标题“目录”用黑体、小二号，一级标题用黑体、小三号，二级标题用黑体、四号，页码用宋体、小四号。段落格式：一级标题顶格写，二级标题缩进2字符，行距固定值20磅，页码右对齐，各级标题与页码之间用点线连接。

拓展延伸

1. 样式和目录的灵活应用

在实际编辑过程中，除了毕业论文，还可以将样式和目录功能应用于其他长文档的编辑，如研究报告、项目计划书等。通过合理设置样式和目录，可以大大提高文档的编辑效率和排版质量。

2. 目录的高级定制

除了上述基本的自定义设置，还可以通过“样式”窗格中的“管理样式”功能，进一步调整目录样式的优先级和链接关系。例如，可以将目录中的某些标题样式设置为不显示在目录中，或者调整目录中标题的显示顺序。

3. 结合脚注和尾注

在学术论文中，通常会使用脚注或尾注来标注引用来源。WPS提供了便捷的脚注和尾注功能，可以在文档中插入脚注或尾注，并自动编号。在编辑目录时，需要注意脚注和尾注的编号格式与目录的协调性，确保文档整体格式的一致性。

小课堂

在撰写毕业论文的过程中，同学们不仅要注重技术上的规范和严谨，更要培养良好的学术道德和责任感。学术研究是推动社会进步的重要力量，而毕业论文则是学术生涯的重要起点。在论文撰写中，应遵循以下原则：

诚信为本：学术诚信是学术研究的生命线。在论文撰写过程中，必须杜绝抄袭、剽窃等不端行为。引用他人观点时，要注明出处，尊重他人的知识产权。

严谨治学：毕业论文是对学生学术能力的全面检验。在研究过程中，要保持严谨的学术态度，确保数据的真实性和分析的科学性。每一个观点、每一个结论都应有充分的依据和论证，避免主观臆断和片面性。

社会责任感：学术研究不仅是个人的追求，更是对社会的责任。学生的研究成果可能会对社会产生深远的影响。因此，在论文选题和研究过程中，要关注社会热点问题，结合实际需求，为解决社会问题贡献自己的智慧和力量。

项目七

WPS 文字邮件合并

在日常办公中，人们常常需要批量生成个性化的文档，如邀请函、通知单、贺卡等。手动逐一编辑这些文档不仅费时费力，还容易出错。WPS 的邮件合并功能为人们提供了一种高效、准确的解决方案。通过邮件合并，可以轻松地将客户信息从数据源文件导入到邀请函模板中，批量生成个性化的邀请函。本项目将详细介绍如何在 WPS 文字中运用邮件合并功能完成这一任务。

学习目标

◎掌握 WPS 文字中邮件合并的基本概念和应用场景。
◎理解邮件合并中主文档和数据源的关系。
◎学会如何选择和设置数据源。
◎掌握邮件合并的步骤和操作要点。
◎了解邮件合并的输出方式及格式调整。
◎能够熟练创建邮件合并的主文档。
◎能够正确连接和导入数据源文件。
◎能够在主文档中插入合并域并进行格式设置。
◎能够完成邮件合并操作并生成最终文档。
◎能够根据需要调整合并后的文档格式。

项目描述

小李是未来教育公司的行政人员，公司即将举办行业分享会，需要邀请众多客户参加。为了体现对客户的尊重和个性化服务，邀请函要包含客户的姓名、性别、公司名称等信息，且感谢部分会因客户而异。

项目分析

为了高效地完成这个项目，小李想到利用 WPS 的邮件合并功能，将客户信息从数据源文件导入到邀请函模板中，批量生成个性化的邀请函。最终生成的邀请函应包含每个客户的个性化信息，格式统一且正确。

主要步骤如下：

（1）准备主文档和数据源文件。

（2）连接数据源至主文档。

（3）在主文档中插入合并域。

（4）执行邮件合并操作生成文档。

（5）调整格式并检查合并后的文档，确保输出结果符合要求。

相关知识

1. 邮件合并的基本概念

邮件合并是一种批量生成文档的功能，它通过将主文档中的固定内容与数据源中的变量内容相结合，生成多个具有相同格式但内容不同的文档。

2. 主文档与数据源的关系

主文档是包含固定文本和合并域的文档模板，它定义了文档的基本格式和结构。本项目的主文档是邀请函的模板文档，包含固定的文本内容和需要插入客户信息的占位符位置。

数据源是包含变量内容的文件，通常是表格文件（如 WPS 表格），其中每一行代表一个记录，每一列代表一个字段。本项目中，数据源是包含客户信息的表格文件（如 WPS 表格），其中每一行代表一个客户，每一列代表客户的不同信息（如姓名、公司名称、联系方式等）。

在邮件合并过程中，主文档中的合并域会根据数据源中的字段值进行替换，从而生成个性化的文档。

3. 合并域的插入

合并域是主文档中用于插入数据源字段值的占位符，通过插入合并域可以将数据源中的信息动态地插入到主文档中。

4. 邮件合并的输出方式

邮件合并的输出结果可以是一个单独的文档，其中包含所有合并后的记录；也可以是多个单独的文档，每个记录生成一个文档。

根据实际需求选择合适的输出方式，并对输出结果进行保存和管理。

项目操作

1. 准备主文档和数据源文件

准备主文档和数据源（见项目七素材），打开 WPS 文字，查看邀请函素材文档（主文档），可以看到在需要插入客户信息的位置，暂时用占位符表示，如“[客户姓名]”“[先生 / 女士]”“[个性化感谢内容]”等，如图 7-1 所示。打开 WPS 表格，查看公司详细信息表格素材（数据源），如图 7-2 所示，表中字段名称清晰明确，每一行代表一个客户，每一列代表一个字段。

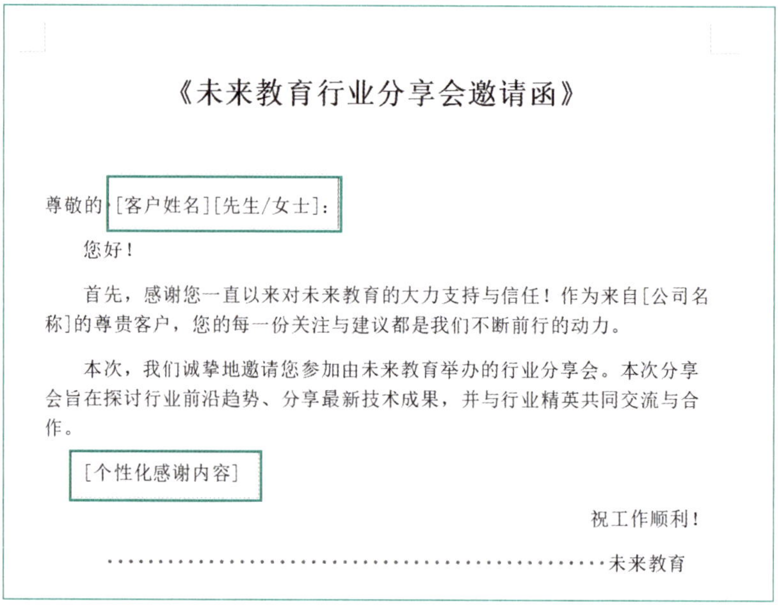

《未来教育行业分享会邀请函》

尊敬的[客户姓名][先生/女士]：

您好！

首先，感谢您一直以来对未来教育的大力支持与信任！作为来自[公司名称]的尊贵客户，您的每一份关注与建议都是我们不断前行的动力。

本次，我们诚挚地邀请您参加由未来教育举办的行业分享会。本次分享会旨在探讨行业前沿趋势、分享最新技术成果，并与行业精英共同交流与合作。

[个性化感谢内容]

祝工作顺利！

……………………………………未来教育

图 7-1 邀请函文档素材（主文档）

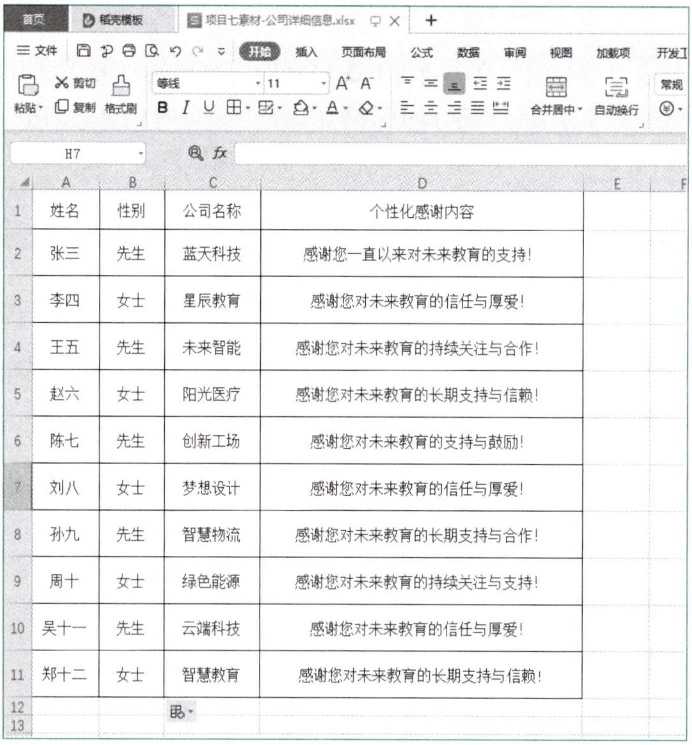

	A	B	C	D
1	姓名	性别	公司名称	个性化感谢内容
2	张三	先生	蓝天科技	感谢您一直以来对未来教育的支持！
3	李四	女士	星辰教育	感谢您对未来教育的信任与厚爱！
4	王五	先生	未来智能	感谢您对未来教育的持续关注与合作！
5	赵六	女士	阳光医疗	感谢您对未来教育的长期支持与信赖！
6	陈七	先生	创新工场	感谢您对未来教育的支持与鼓励！
7	刘八	女士	梦想设计	感谢您对未来教育的信任与厚爱！
8	孙九	先生	智慧物流	感谢您对未来教育的长期支持与合作！
9	周十	女士	绿色能源	感谢您对未来教育的持续关注与支持！
10	吴十一	先生	云端科技	感谢您对未来教育的信任与厚爱！
11	郑十二	女士	智慧教育	感谢您对未来教育的长期支持与信赖！

图 7-2 公司详细信息表格素材（数据源）

2. 连接数据源

（1）打开主文档，单击“引用”选项卡中的“邮件”按钮（见图 7-3），出现“邮件合并”选项卡，如图 7-4 所示。

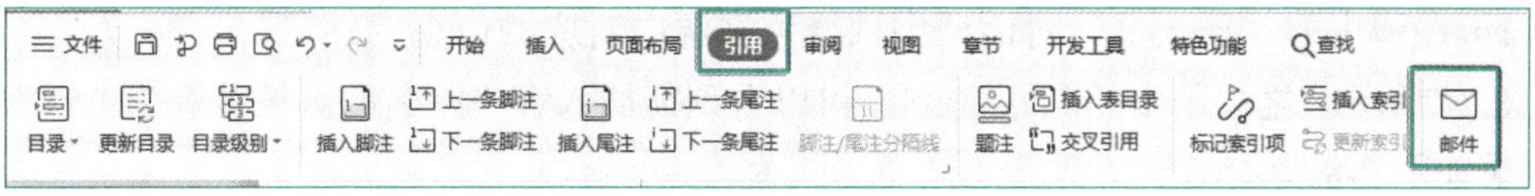

图 7-3　邮件合并功能栏

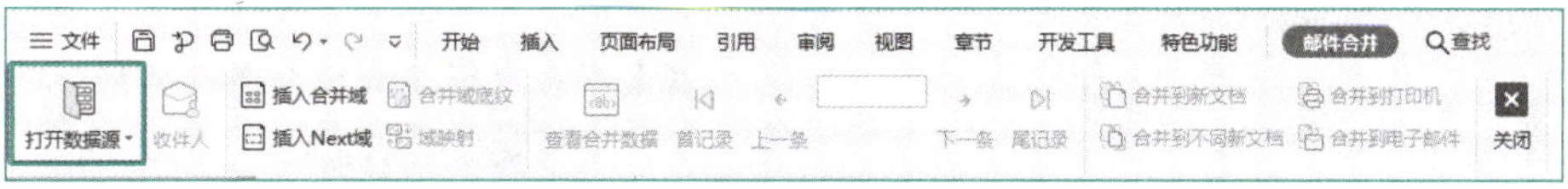

图 7-4　“打开数据源”功能栏

（2）单击“打开数据源”按钮，出现“选取数据源”对话框，在对话框中选择素材文件（项目七素材 - 公司详细信息 .xlsx）并打开，即可将 WPS 表格中数据作为数据源导入，如图 7-5 所示。

图 7-5　数据源导入操作

3. 插入合并域

（1）在主文档中选中需要添加信息的部分，单击“邮件合并”选项卡中的“插入合并域”按钮，如图 7-6 所示。

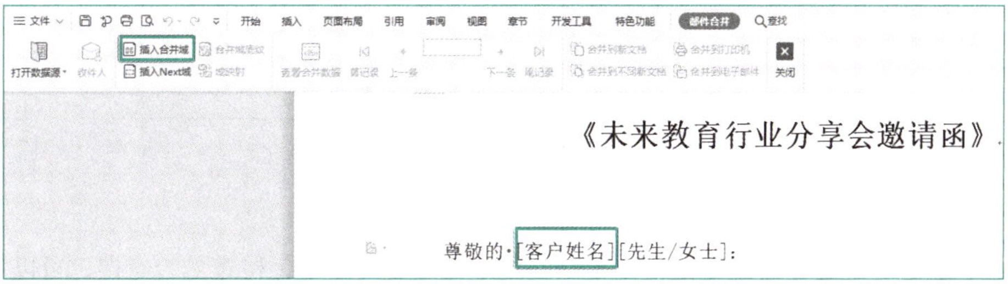

图 7-6　插入合并域

（2）在弹出的“插入域”对话框中选择数据源中对应的信息“姓名”，单击“插入”按钮，如图 7-7 所示。之后单击“关闭”按钮，可以看到需插入客户姓名的区域替换为“«姓名»”，替换效果如图 7-8 所示。

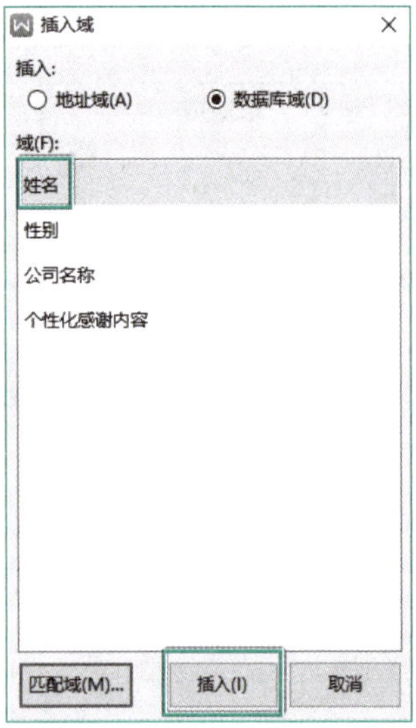

图 7-7　“客户姓名”占位符替换操作

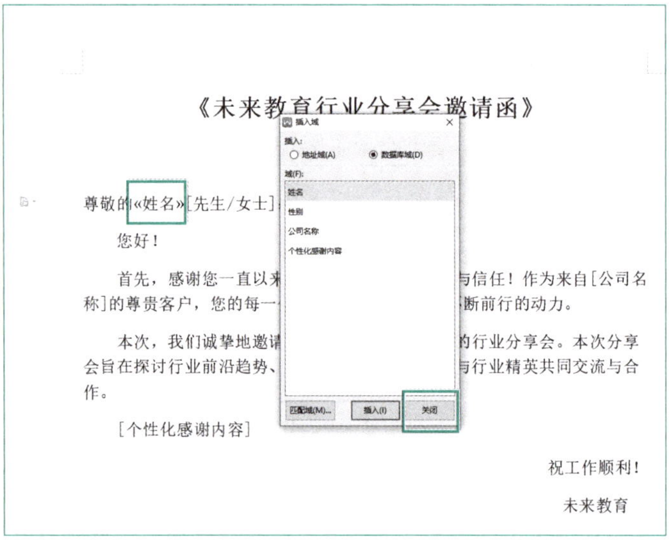

图 7-8　占位符替换效果

（3）之后依次插入合并域，替换“性别”“公司名称”“个性化感谢内容”等，如图 7-9 所示。

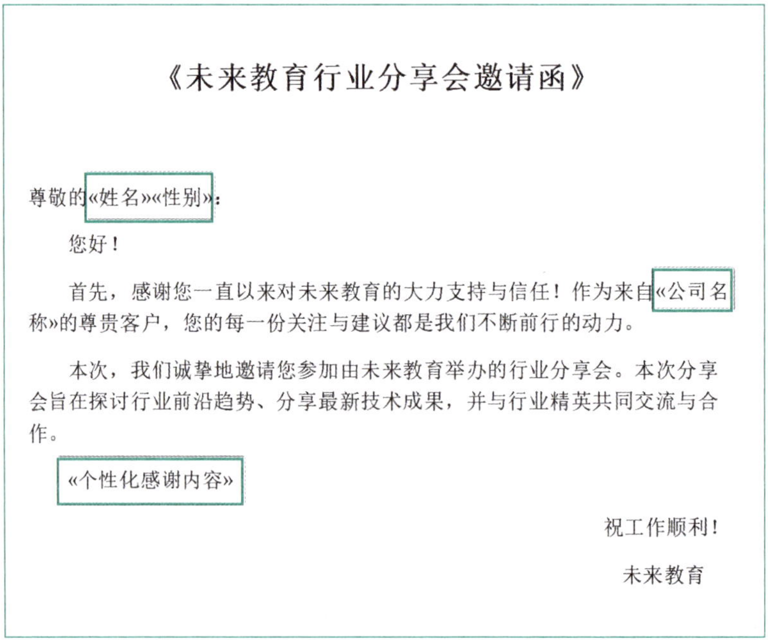

《未来教育行业分享会邀请函》

尊敬的«姓名»«性别»：

您好！

首先，感谢您一直以来对未来教育的大力支持与信任！作为来自«公司名称»的尊贵客户，您的每一份关注与建议都是我们不断前行的动力。

本次，我们诚挚地邀请您参加由未来教育举办的行业分享会。本次分享会旨在探讨行业前沿趋势、分享最新技术成果，并与行业精英共同交流与合作。

«个性化感谢内容»

祝工作顺利！

未来教育

图 7-9　剩余占位符替换效果

4. 执行邮件合并操作

（1）单击“查看合并数据”按钮可以阅览邮件合并的效果，检查是否有误，可以单击右侧功能按钮（“首记录”“上一条”“下一条”“尾记录”等），选择想要预览的邀请函进行查看，如图 7-10 所示。

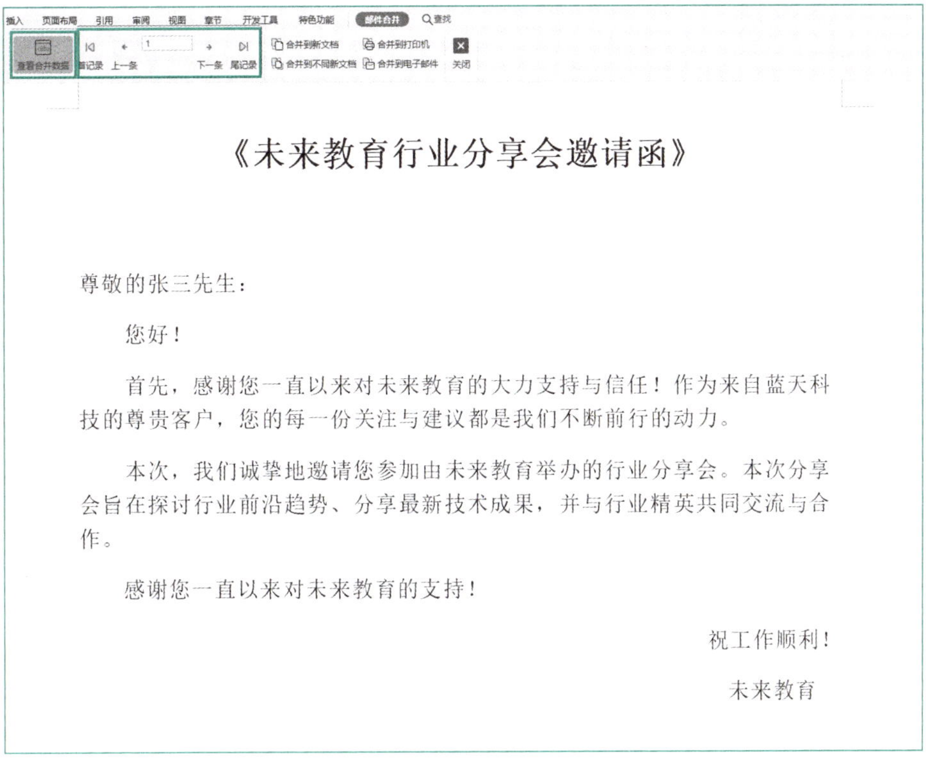

图 7-10　邀请函预览效果

（2）阅览检查无误后，单击“合并到新文档”或者“合并到不同新文档”按钮可以生成所需邀请函，如图 7-11 所示。

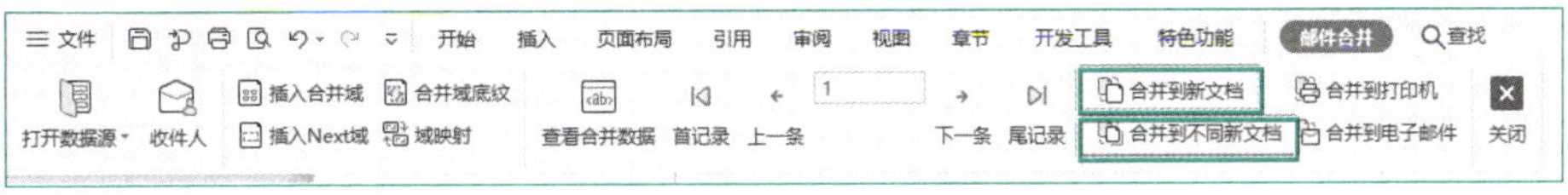

图 7-11　合并选项功能栏

单击“合并到新文档”按钮，弹出“合并到新文档”对话框，可以根据需求选择所需邀请函，此处选择“全部”记录，单击“确定”按钮，如图 7-12 所示。

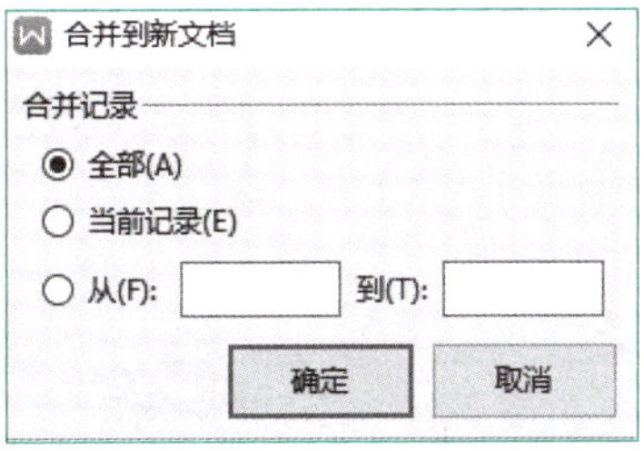

图 7-12　“合并到新文档”对话框

即生成新的文档“文字文稿 1”，显示所有邀请函，如图 7-13 所示。

图 7-13 邀请函文件

单击“文件”→“另存为”→“Word 文件”命令（见图 7-14），可以选择重命名文件并保存在指定位置，邀请函文件另存效果如图 7-15 所示。

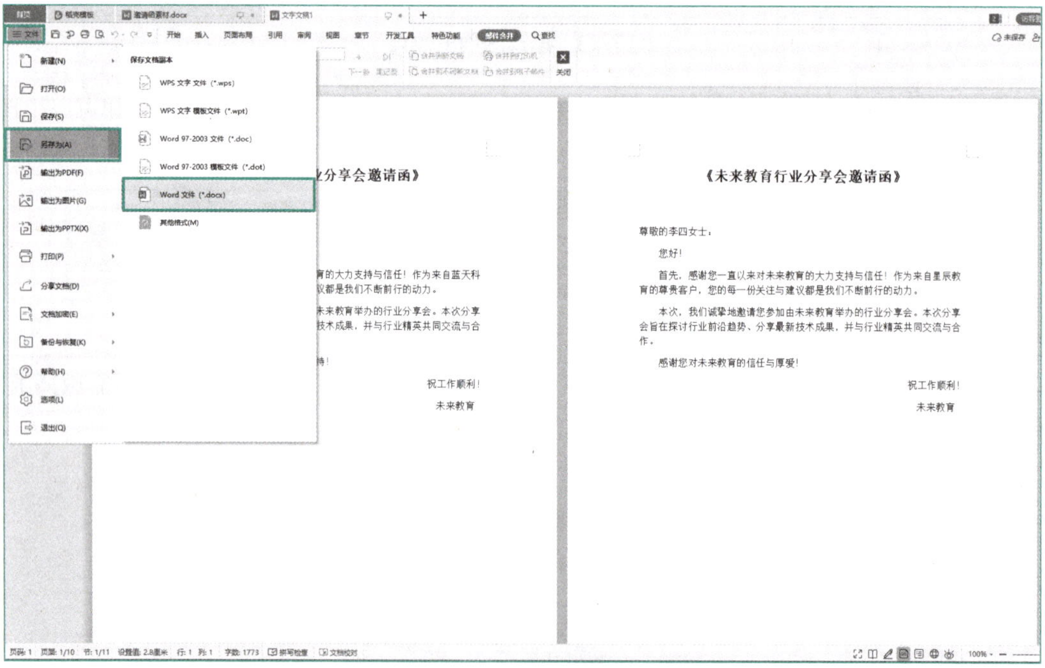

图 7-14 另存文件操作

单击“合并到不同新文档”按钮，可以将每个邀请函保存为单个文件，选择文件命名、保存类型、文件位置等，如图 7-16 所示，单个邀请函保存结果如图 7-17 所示。

图 7-15 邀请函文件另存效果

图 7-16 “合并到不同新文档”操作

图 7-17 单个邀请函保存结果

5. 格式调整和检查

在生成的新文档中，选中需要调整格式的内容，使用 WPS 文字的格式设置工具进行调整，如调整段落格式、字体格式、页面布局等，确保文档格式统一、美观。

最后，须仔细检查合并后的文档内容是否完整、准确，例如，客户的姓名是否正确无误地显示，公司名称是否有遗漏或错别字等。同时，对文档的格式进行全面检查和调整，包括段落的对齐方式是否整齐美观、字体格式是否统一、页面布局是否合理等。如果发现问题，如某个客户的公司名称因过长导致格式错乱，需及时返回主文档进行针对性的修改和调整，如增加行距或调整字体大小，然后重新执行邮件合并操作，确保最终生成的邀请函文档既内容准确又格式规范、美观，完全符合正式发送的要求。检查每个客户的邀请函内容是否正确，信息是否完整，格式是否一致。如果发现有错误或遗漏，需要及时进行修改和补充。

确认无误后，将生成的邀请函文档保存为合适的格式（如 .docx 格式），以便后续的打印或发送操作。

实训练习

（1）批量生成学生通知单。假设学校需要给学生发送一份通知单，通知单的内容包括学生姓名、班级、通知内容等信息。请利用邮件合并功能，根据提供的学生信息表（包含学生姓名、班级等字段），批量生成个性化的通知单。

操作要求：

①准备好通知单的主文档模板和学生信息的数据源文件。

②正确连接数据源，并在主文档中插入相应的合并域。

③执行邮件合并操作，生成通知单文档。

④检查生成的通知单内容是否正确，格式是否符合要求，并进行必要的调整。

（2）制作个性化生日贺卡。假设你是一家贺卡制作公司的员工，公司需要为客户制作个性化的生日贺卡。贺卡的内容包括客户姓名、生日日期、祝福语等信息。请利用邮件合并功能，根据提供的客户信息表（包含客户姓名、生日日期等字段），批量生成个性化的生日贺卡。

操作要求：

①设计一个生日贺卡的主文档模板，包括贺卡的背景图片、固定文本内容和需要插入客户信息的位置。

②准备好客户信息的数据源文件，并确保其格式正确。

③连接数据源，在主文档中插入合并域，并对合并域进行格式设置，使贺卡内容美观大方。

④执行邮件合并操作，生成生日贺卡文档。

⑤检查生成的贺卡内容是否正确，格式是否符合设计要求，并进行必要的修改。

拓展延伸

1. 合并域的高级应用

除了常见的文本型合并域，还可以运用图片型合并域，依数据源中图片路径信息，将相应图片插入文档指定位置，使文档更直观生动，如在员工证件制作中，批量插入员工照片。

2. 数据源的管理与维护

数据源文件是邮件合并的关键，要注意其管理和维护。要定期更新数据源信息，确保数据准确完整；要对数据源进行备份，防止数据丢失损坏；还可对数据源进行筛选排序，以便按需使用特定数据，提高工作效率。

3. 邮件合并与其他功能的结合

邮件合并可与其他办公软件功能结合，如将生成的个性化文档与打印机连接，实现自动打印；或与邮件客户端结合，批量发送个性化邮件，拓展其应用范围，提升工作效率。

小课堂

在数字化时代，科技改变生活工作方式，邮件合并功能不仅能够提高文档生成效率，还体现对个体差异的尊重，契合思政教育“以人为本”“尊重个体”的理念。

以人为本，尊重个体差异。邮件合并中插入合并域，融入客户个性化信息，体现对个体尊重，思政教育也倡导此理念，生活中要关注他人需求，构建和谐包容的社会环境。

效率与公平的平衡。邮件合并能够提高效率，同时通过个性化内容设计确保公平性和针对性，思政教育倡导在社会发展工作中平衡效率与公平，让每个人在公平环境中受益。

科技向善，助力社会发展。邮件合成功能体现科技向善，为工作带来便利，思政教育强调科技伦理和社会责任，要正确看待科技作用，使其服务人民，推动社会公平正义。

邮件合并任务可以为客户提供个性化邀请函，体现尊重关怀，契合思政“服务人民、奉献社会”的价值观。同时，数据源的准确性至关重要，提醒人们工作要有高度责任意识，确保信息数据准确无误，日常生活中也需培养责任意识，确保所提供信息数据的可靠。

项目八
WPS 表格基础操作

WPS 办公软件套件中的表格软件，即 WPS 表格，是一款功能强大且高度灵活的电子表格处理工具，专为满足各类用户的数据处理、分析及报告需求而设计。WPS 表格不仅完美呈现了 Microsoft Excel 的核心功能，更在此基础上融入了多项创新特性，旨在为用户提供更加流畅、高效的使用体验。

数据处理方面，WPS 表格支持丰富的数学运算、财务计算及统计分析函数，使用户能够轻松应对复杂的数据处理任务。无论是日常的数据录入、筛选排序，还是高级的图表绘制、数据透视表分析，WPS 表格都能提供直观易用的操作界面和强大的计算支持，助力用户精准洞察数据背后的信息。

在数据可视化上，WPS 表格提供了多样化的图表类型和自定义选项，让用户能够根据需要快速创建出既美观又富有洞察力的数据可视化作品。从基础的条形图、折线图到复杂的雷达图、散点图，甚至是交互式仪表盘，WPS 表格都能轻松实现，帮助用户更有效地传达数据故事。

此外，WPS 表格还具备出色的跨平台兼容性和便捷的云协作功能。无论是 Windows、Mac 还是 Linux 系统，用户都能无缝使用 WPS 表格，且完美兼容 Excel 文件格式，确保数据流转无障碍。通过 WPS 云文档，用户可以实现多终端同步编辑，与团队成员实时共享和协作，极大地提升了办公效率和团队协作的便捷性。

学习目标

◎认识 WPS 表格工作界面。

◎掌握工作表的基本操作方法。

◎掌握各种类型数据的输入与编辑方法。

◎掌握自动填充功能的使用方法。

◎掌握常见格式的修改。

项目描述

又是一年一度的大学新生入学，学院需要对学生的基本信息进行登记，了解学生基本信息，为此，学院需要制作学生信息表，具体要求如下：

（1）新生基本情况表包括序号、学号、学生姓名、身份证号码、性别、年龄、籍贯、是否是团员和高考分数等信息。

（2）对输入的数据进行调整，如改变字体颜色、调整字体大小、设置行高与列宽等。

项目分析

如何能快速高效地进行数据的输入，完成信息统计表？在 WPS 表格中用户不但可以在工作表中的单元格内输入数字、文本、时间与日期等，而且可以对输入的数据进行调整，如改变字体颜色、调整字体大小、设置行高与列宽等。在 WPS 表格操作中一般需要先进行数据输入，熟练掌握 WPS 表格基本的数据输入和格式设置尤为重要。

在本项目中，需要进行序号、学号、姓名、身份证号码、性别、年龄等内容的输入及相关单元格格式的调整。

相关知识

1. WPS 表格工作界面介绍

启动 WPS 表格之后，可以看到除了和 WPS 文字的工作界面拥有相同的标题栏、选项卡、功能区、快速访问工具栏、视图按钮、缩放比例按钮等元素外，WPS 表格还有自己独有元素的名称及功能，如图 8-1 和表 8-1 所示。

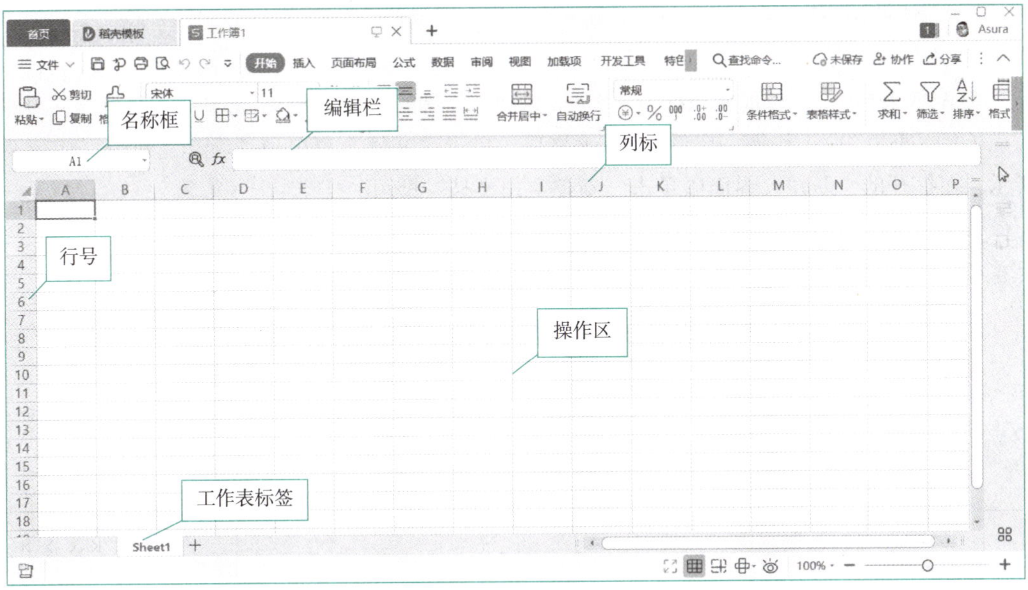

图 8-1 WPS 表格基础操作界面

表 8-1　WPS 表格基础功能

名　称	功　能
名称框	显示当前单元格或单元格区域的名称
编辑栏	用于输入和编辑当前单元格中的数据、公式等
行号	用于标识单元格的地址中所在行的位置（一般使用数字表示）
列标	用于标识单元格的地址中所在列的位置（一般使用字母表示）
操作区	编辑内容的区域（由单元格组成）
工作表标签	用于显示工作表名称（可进行表格相关操作）

1）名称框

名称框也称为活动单元格地址框，用来显示当前活动单元格的位置。如果显示名称为 A1，即表示 A1 为当前活动单元格，单元格的名称由列标和行号组成。

2）编辑栏

编辑栏用来显示和编辑活动单元格中的数据和公式。选中某单元格后，可在编辑框中输入或编辑数据、公式、函数等。

3）行号

标识所在行名称，行号由阿拉伯数字组成。

4）列标

标识所在列名称，列标由英文字母组成。

5）操作区

用户操作区用于显示或编辑数据内容，所有数据及相关操作都将在这个区域中进行。

6）工作表标签

工作表标签用于标识当前的工作表位置和工作表名称，WPS 表格默认显示 1 个工作表标签，默认名称为 Sheet1、Sheet2……当工作表数量较多时，可以使用其左侧的浏览按钮进行查看。

2. 工作簿基本操作

1）工作簿的创建

在 WPS 表格中，新建的文档称为工作簿。创建工作簿的方法有很多，常见的主要有以下两种：

（1）创建空白工作簿。启动 WPS 表格后，单击“文件”菜单→“新建”命令，如图 8-2 所示，在打开的“新建”界面中单击“新建空白文档”即可。

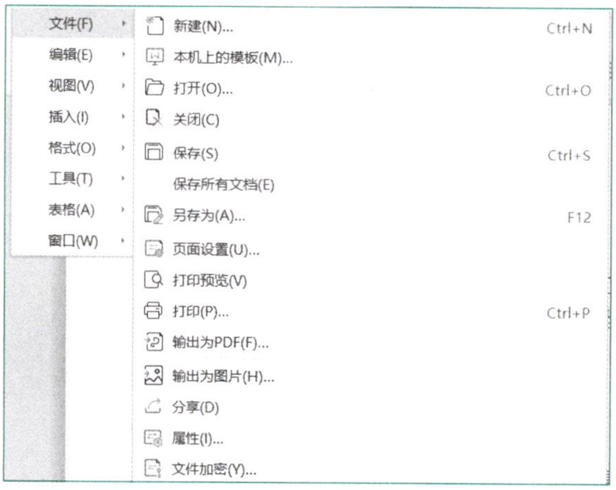

图 8-2　WPS 表格“文件”菜单

（2）利用模板创建工作簿。利用模板创建工作簿和创建空白工作簿的方法类似，启动 WPS 表格后，单击“文件”菜单→“新建”命令，在打开的“新建”界面中根据需要选择右侧空白工作簿后面的模板即可，如图 8-3 所示。

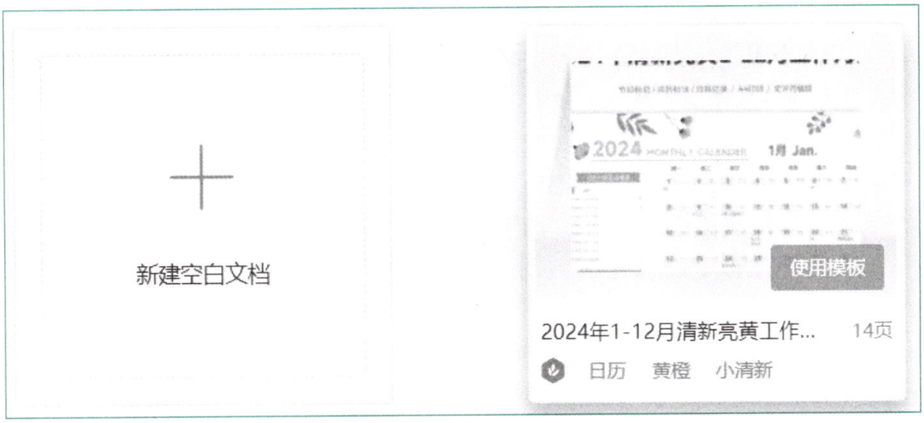

图 8-3 “新建”界面

2）工作簿的打开

进入 WPS 表格工作界面后，选择“文件”菜单→“打开”命令，会弹出图 8-4 所示的对话框。用户可以打开最近打开的文件，或单击“此电脑”选择文件所在位置，然后单击选中要打开的文件，再单击“打开”按钮，即可打开文件。

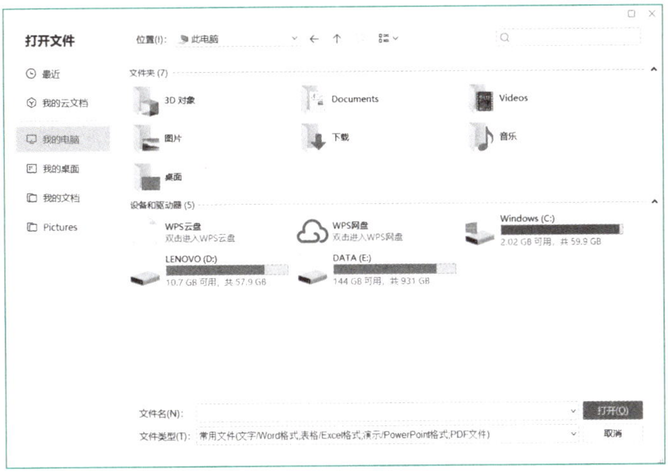

图 8-4 “打开文件”对话框

3）工作簿的保存

编辑完工作簿的内容后，选择“文件”菜单→“另存为”命令，在弹出的“另存为”对话框可以选择保存工作簿的路径。第一次新建的文件单击“保存”或“另存为”都会弹出“另存为”对话框。

3. 工作表基本操作

在默认情况下，新建的一张工作簿只有一张工作表，名称是 Sheet1，用户可以根据自己的情况添加，还可以对工作表进行删除、重命名、移动、复制、隐藏等操作。

1）工作表的添加

工作表的添加有以下两种方法：

（1）单击工作表标签“Sheet1”后面的“+”按钮，这时候会出现第二张工作表Sheet2，再次单击会出现第三张工作表Sheet3，依此可以添加多张工作表。

（2）选中并右击工作表标签，在弹出的快捷菜单中选择“插入”命令，这时会弹出对话框，选择“工作表”并单击“确定”按钮即可。

2）工作表的删除

如果需要删除多余的工作表，可右击工作表标签，在弹出的快捷菜单中选择“删除”命令，如图8-5所示。这时后面的工作表会自动向前移动，取代所删除的工作表的位置。

也可以选中工作表，然后按【Delete】键，也可以完成工作表的删除。

3）工作表的重命名

双击工作表标签进行重命名或右击工作表标签，在弹出的快捷菜单中选择“重命名”命令，这时光标在工作表标签内闪烁，可以按照文件或文件夹的命名规则进行重新命名，待命名完毕后按【Enter】键即可。

4）工作表的移动和复制

WPS表格允许将某个工作表在同一个或多个工作簿中进行移动或复制。

如果在同一个工作簿中移动或复制，则只需单击要移动或复制的工作表，按住鼠标左键将它拖动到目标位置即可。如果在拖动时按住【Ctrl】键即可完成复制操作，并且自动为副本命名。如Sheet1的副本的默认名是Sheet1（2）。

此外，也可以利用快捷菜单完成上述操作，右击要移动或复制的工作表，在弹出的快捷菜单中选择“移动或复制工作表”选项，打开“移动或复制工作表”对话框，如图8-6所示，在“工作簿”下拉列表中选择目标工作簿位置，如果进行复制操作，需要选中“建立副本”复选框。

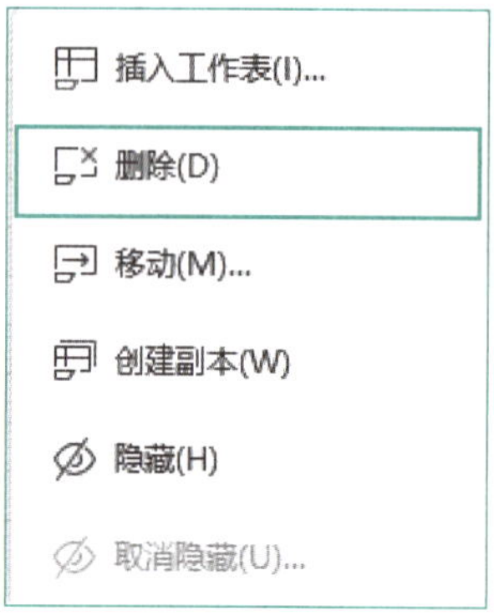

图8-5　工作表属性菜单

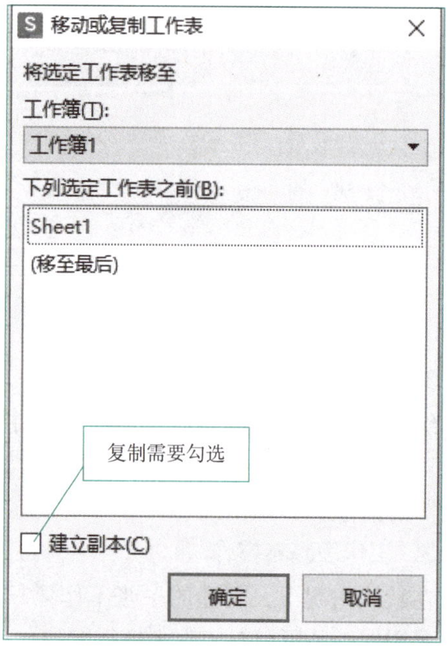

图8-6　“移动或复制工作表”对话框

5）工作表的隐藏

右击需要隐藏的工作表标签，在弹出的快捷菜单中选择“隐藏”选项，后面的工作表自动前移，遮盖住隐藏的工作表。

如果想要取消隐藏，可以在任意工作表标签处右击，这时候会弹出“取消隐藏”对话框，如图 8-7 所示，选择取消隐藏工作表的名称，单击“确定”按钮即可。

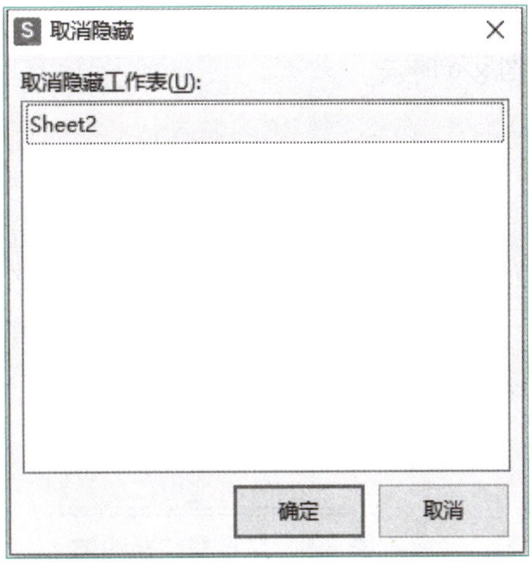

图 8-7 “取消隐藏”对话框

4. 数据的输入

在 WPS 表格单元格中输入数据通常有以下三种方法：

（1）单击单元格，该单元格处于选中状态，即可在单元格输入数据。

（2）双击单元格，光标形状变为 I 型时，就可以进行数据的输入。

（3）单击单元格，在编辑栏内进行数据输入。

1）数值型数据的输入

一个数值型数据只能由正号（＋）、负号（－）、小数点（.）、百分号（%）、千位分隔符（，）、数字 0~9 等字符组成，数值常量默认的对齐方式是右对齐。

2）文本的输入

文本数据包含汉字、大小写英文字母、数字、特殊字符等，文本数据默认的对齐方式是左对齐。数值型数据作为文本数据输入时有以下两种方式：

（1）选中需要输入的单元格，右击选择“设置单元格格式”选项，在弹出的“单元格格式”对话框中选择“数字”选项卡中的“文本”格式，如图 8-8 所示。

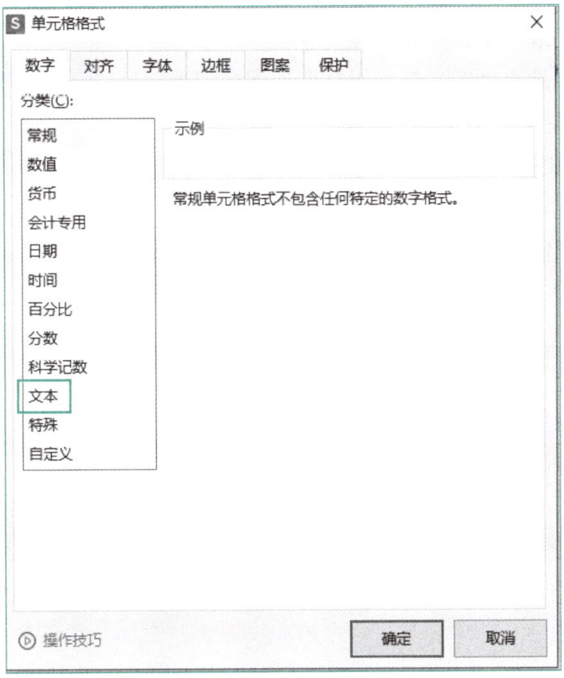

图 8-8 “单元格格式”对话框

（2）选中需要输入的单元格，在单元格处输入英文单引号，然后进行数值输入即可，如图 8-9 所示。

3）分数型数据的输入

分数型数据输入时有以下两种方式：

（1）选中需要输入的单元格，右击选择“设置单元格格式”选项，在弹出的“单元格格式”对话框中选择“数字”选项卡中的“分数”格式。

（2）选中需要输入的单元格，在单元格处输入 0 加空格，然后进行数值输入即可，如图 8-10 所示。

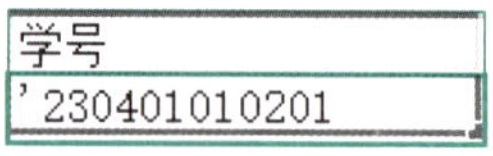

图 8-9　文本型数据的输入

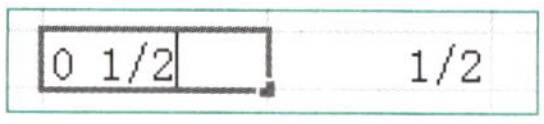

图 8-10　分数型数据的输入

4）日期与时间的输入

在 WPS 表格中常用的日期输入格式有两种：如“24-1-11”“24/1/11”，其中“24-1-11”为默认格式。时间型数据的输入格式有“9：25”“8：30PM”等。

按【Ctrl+；】组合键可以输入当前计算机的日期。

按【Ctrl+Shift+；】组合键可以输入当前的时间。

5）数据填充

利用 WPS 表格提供的自动填充功能，可以向表格中若干连续单元格快速填充一组有规律的数据，以减少用户的录入工作量。使用填充句柄实现数据填充操作。

步骤一　在需要输入数据的单元格或单元格区域输入要填充的数据内容。

步骤二　选中已输入内容的单元格或单元格区域，此时区域边框的右下角出现一个黑点，即填充柄。

步骤三　鼠标指向填充柄时，鼠标指针变成黑色“+”形状，此时按住鼠标左键并拖动填充柄经过相邻单元格，就会将选中区域的数据按照某种规律填充到这些单元格中，填充操作完成后，在区域框右下角出现一个下拉列表标志，单击下拉箭头，会弹出填充功能的几项选择功能：“复制单元格”“以序列方式填充”“仅填充格式”“不带格式填充”“智能填充”，可以根据填充格式的需要选择，如图 8-11 所示。

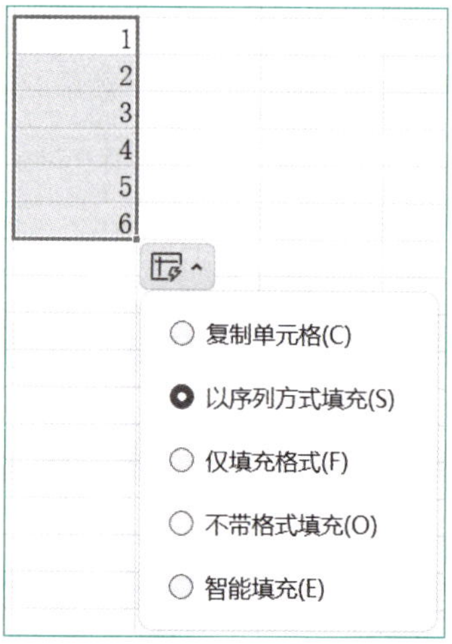

图 8-11　数据的自动填充

常见数据填充序列如图 8-12 所示。

6）单元格格式修改

在 WPS 表格中，不但可以输入数据，还可以对输入的数据进行一些格式的调整。

（1）选中需要调整的单元格并右击，在弹出的右键快捷菜单中选择“设置单元格格式”选项即可进入“单元格格式”对话框，对话框由数字、对齐、字体、边框、图案和保护选项卡构成。

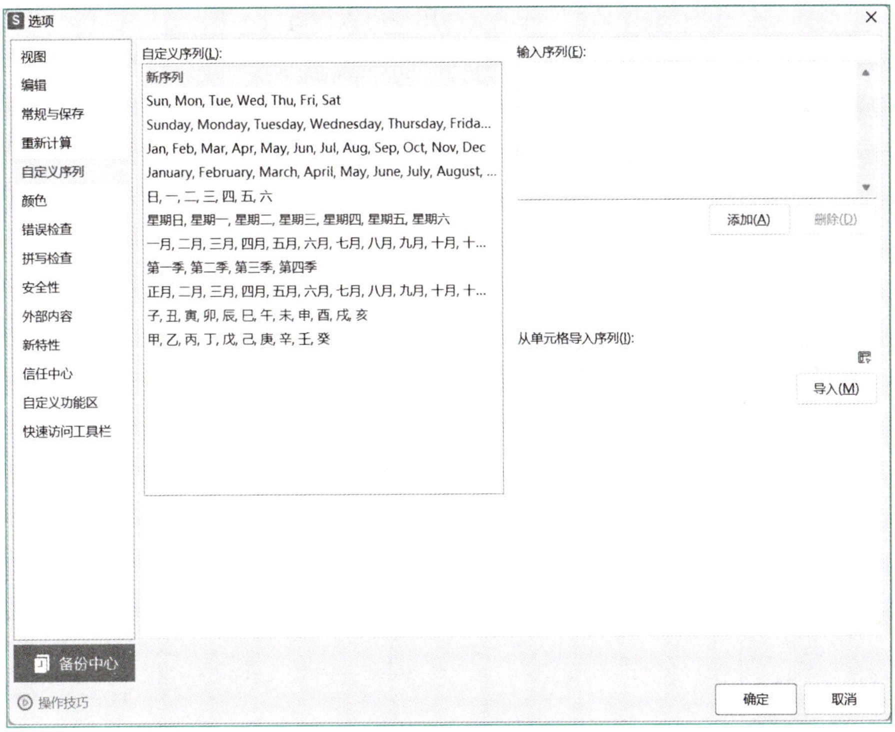

图 8-12 自定义序列

“数字”选项卡主要调整单元格数据的类型如图 8-13 所示。包含数值、货币、会计专用、日期、时间、百分比、分数、科学计数、文本、特殊及自定义。

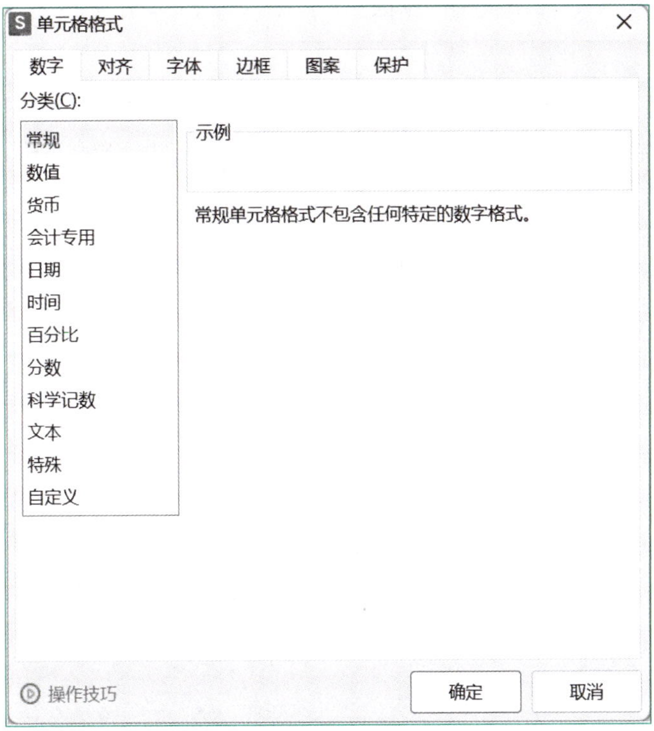

图 8-13 “数字”选项卡

（2）“对齐”选项卡：在“对齐”选项卡中用户可以设置“水平对齐”方式与“垂直对齐”方式，还可以调整单元格中文本的角度。

在文本控制部分，能够进行“自动换行”、“缩小字体填充”及“合并单元格”操作，如图 8-14 所示。

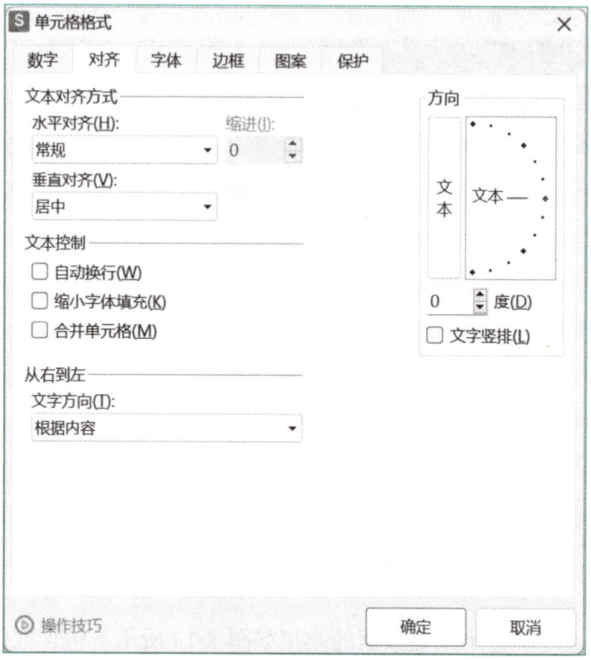

图 8-14　“对齐”选项卡

（3）“字体”选项卡：可以设置“字体”“字形”“字号”“下划线”“颜色”等相关属性，如图 8-15 所示。

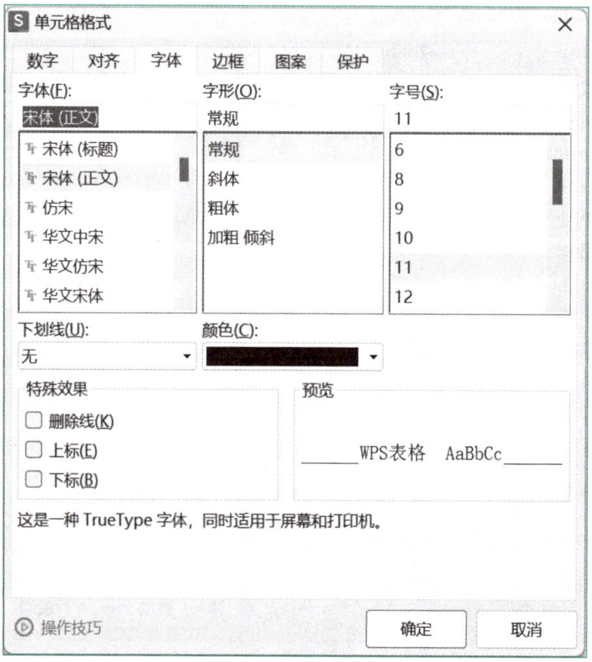

图 8-15　“字体”选项卡

（4）“边框”选项卡：在“线条”框中选择适合的线条样式，通过“预置”效果或者自己添加“边框”即可完成边框的设置，如图 8-16 所示。

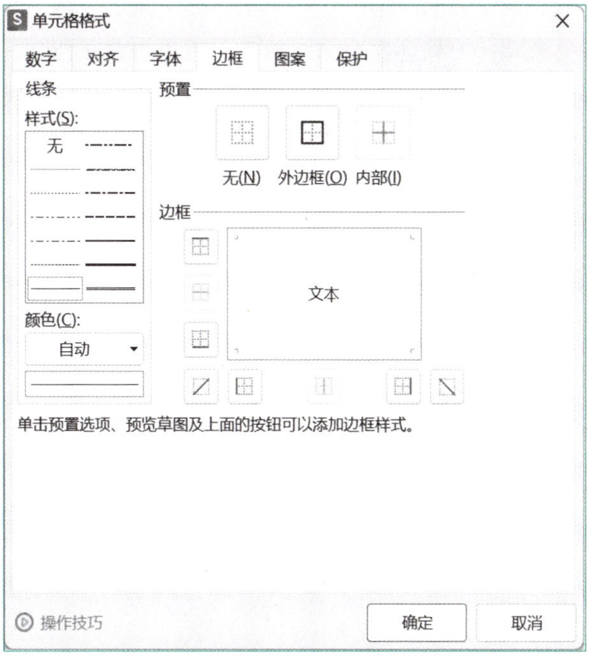

图 8-16　“边框”选项卡

（5）“图案”选项卡：设置填充颜色和图案颜色（见图 8-17），用户如果对填充的颜色和图案不满意，也可以单击“填充效果”按钮，弹出“填充效果”对话框，在此对话框中，用户可以对渐变的颜色以及底纹样式进行设置。

图 8-17　“图案”选项卡

项目操作

1. 新建工作簿文件，重命名 Sheet1 工作表为“新生基本信息表”

（1）选择“文件”菜单→“新建”命令，单击“新建空白文档”，新建一个空白工作簿文件，如图 8-18 所示。

（2）修改工作表名称为“新生基本信息表”，如图 8-19 所示。

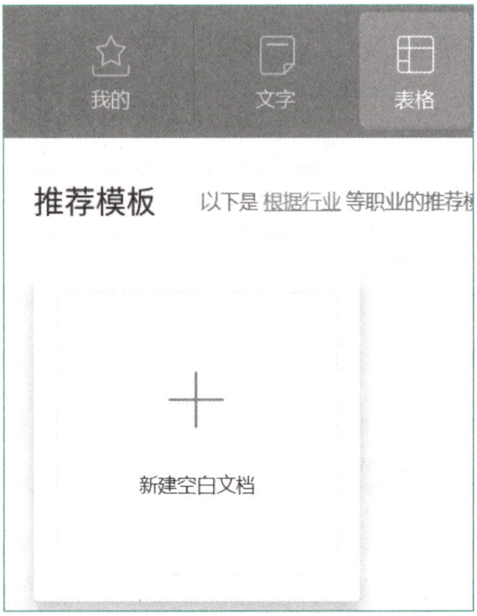

图 8-18　新建空白文档

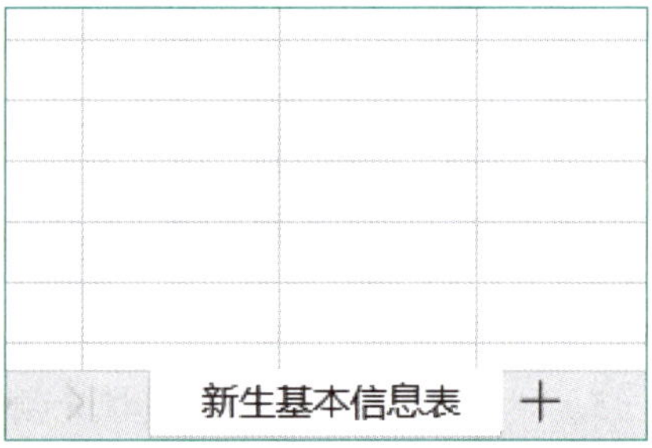

图 8-19　修改工作表名称

2. 按要输入学生数据

（1）第一行输入序号、学号、学生姓名、身份证号码、性别、年龄、籍贯、是否是团员和高考分数，如图 8-20 所示。

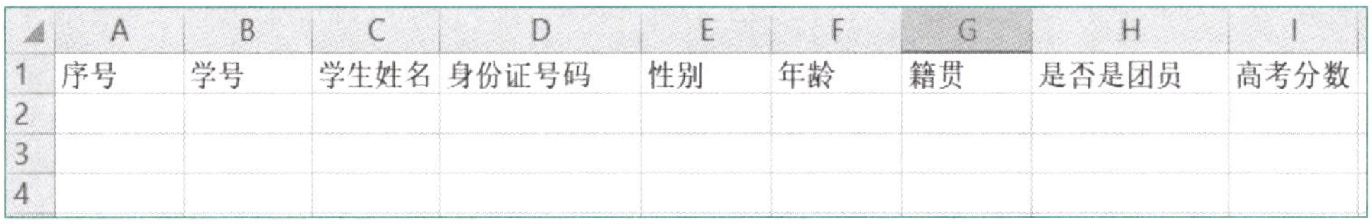

图 8-20　输入列标字段

（2）序号列采用序列填充的方法进行数据填充。在第一个单元格输入数值 1，利用填充句柄拖动到单元格 A11，完成序号输入，如图 8-21 所示。并使用相同方法完成学号列的输入。

（3）按要求完成学生姓名输入。

（4）身份证号码列修改单元格格式，将数据格式改为文本型单元格，然后输入身份证号码，如图 8-22 所示。

序号	学号
1	250401010201
2	250401010202
3	250401010203
4	250401010204
5	250401010205
6	250401010206
7	250401010207
8	250401010208
9	250401010209
10	250401010210
11	250401010211
12	250401010212
13	250401010213

图 8-21　自动填充学号

序号	学号	姓名	身份证号码
1	250401010201	金翔	4301XXXXXXXXXX2316
2	250401010202	张磊	3201XXXXXXXXXX4536
3	250401010203	王力	5101XXXXXXXXXX3459
4	250401010204	孙英	4201XXXXXXXXXX6782
5	250401010205	郝心怡	1101XXXXXXXXXX1264
6	250401010206	张在旭	2101XXXXXXXXXX3456
7	250401010207	周杰	3301XXXXXXXXXX5678
8	250401010208	林琳	4401XXXXXXXXXX2345
9	250401010209	邵飞	3701XXXXXXXXXX4557
10	250401010210	刘君	4101XXXXXXXXXX7890
11	250401010211	章舒	3601XXXXXXXXXX3466
12	250401010212	含笑	5001XXXXXXXXXX6789
13	250401010213	温馨	2201XXXXXXXXXX2345

图 8-22　身份证号码输入

（5）完成其余列的数据输入，如图 8-23 所示，并保存文件。

序号	学号	姓名	身份证号码	性别	年龄	籍贯	是否是团员	高考分数
1	250401010201	金翔	4301XXXXXXXXXX2316	男	19	湖南长沙	是	580
2	250401010202	张磊	3201XXXXXXXXXX4536	男	19	江苏南京	否	565
3	250401010203	王力	5101XXXXXXXXXX3459	男	19	四川成都	是	572
4	250401010204	孙英	4201XXXXXXXXXX6782	女	19	湖北武汉	是	590
5	250401010205	郝心怡	1101XXXXXXXXXX1264	女	19	北京	否	585
6	250401010206	张在旭	2101XXXXXXXXXX3456	男	19	辽宁沈阳	是	578
7	250401010207	周杰	3301XXXXXXXXXX5678	男	19	浙江杭州	否	568
8	250401010208	林琳	4401XXXXXXXXXX2345	女	19	广东广州	是	595
9	250401010209	邵飞	3701XXXXXXXXXX4557	男	19	山东济南	是	575
10	250401010210	刘君	4101XXXXXXXXXX7890	男	19	河南郑州	否	560
11	250401010211	章舒	3601XXXXXXXXXX3466	女	19	江西南昌	是	588
12	250401010212	含笑	5001XXXXXXXXXX6789	女	19	重庆	否	570
13	250401010213	温馨	2201XXXXXXXXXX2345	女	19	吉林长春	是	592

图 8-23　数据表完整数据

实训练习

新建一个 WPS 表格文档，按要求制作学生成绩表。

（1）确定表格结构。

标题：“学生成绩表”，合并居中，黑体 16 号加粗。

表头字段：学号、姓名、身份证号码、性别、高数、英语、语文，宋体 12 号、加粗居中。

格式设置。

全表字体：宋体 12 号，文本居左，数字居右。行高 18，列宽自适应。数据区域（A2:G15）添加实线边框。

（2）输入表格内容。按照表头字段输入学生信息（学号、姓名、身份证号码、性别、高数、英语、语文），成绩为整数，身份证列设为“文本”格式，避免科学记数法。

（3）设置条件格式。

成绩< 60 分：红色填充，白色文字。

成绩≥ 90 分：绿色填充，加粗。

（4）设置数据验证，学号防重复。

数据验证公式：=COUNTIF($A$3:$A$15,A3)=1，错误提示“学号重复！”。

（5）保护与保存文档。

锁定成绩区域（E3:G15），设置密码保护。

保存为“学生成绩表 - 班级名称 .xlsx”。

制作结果如图 8-24 所示。

学生成绩表						
学号	姓名	身份证号码	性别	高数	英语	语文
250401010201	金翔	4301XXXXXXXXXX2316	女	89	87	75
250401010202	张磊	3201XXXXXXXXXX4536	女	58	83	85
250401010203	王力	5101XXXXXXXXXX3459	女	78	85	75
250401010204	孙英	4201XXXXXXXXXX6782	男	86	55	82
250401010205	郝心怡	1101XXXXXXXXXX1264	男	85	**91**	65
250401010206	张在旭	2101XXXXXXXXXX3456	女	86	68	85
250401010207	周杰	3301XXXXXXXXXX5678	女	78	88	76
250401010208	林琳	4401XXXXXXXXXX2345	男	86	87	76
250401010209	邵飞	3701XXXXXXXXXX4557	女	86	80	59
250401010210	刘君	4101XXXXXXXXXX7890	女	82	76	81
250401010211	章舒	3601XXXXXXXXXX3466	男	83	78	82
250401010212	含笑	5001XXXXXXXXXX6789	男	84	80	76
250401010213	温馨	2201XXXXXXXXXX2345	男	85	60	84

图 8-24　学生成绩表制作效果

拓展延伸

在 WPS 表格中，条件格式就如同一位“数据侦探”，能够快速帮助用户定位和标记关键数据。当用户面对一张包含上千条销售记录的表格，想要一眼找出销售额超标的数据、即将到期的合同日期，或是异常的负数数据时，手动查找既麻烦又容易遗漏。而条件格式功能允许用户提前设定“侦探线索”，例如，设置规则为当销售额大于 5 000 元时，自动将单元格填充为醒目的橙色；当库存数量低于 10 时，字体变为红色加粗。设置完成后，表格会自动扫描数据，瞬间将符合条件的数据以指定格式呈现，让关键信息一目了然。更贴心的是，用户还能创建多个条件规则，实现数据的分层可视化，比如，对不同区间的销售额设置不同的颜色梯度，让数据趋势清晰可辨。

数据有效性则像是“数据守门员”，从源头把控输入数据的质量。在制作员工信息表时，若想确保入职日期格式统一、部门名称填写规范，或是限制工号只能输入 8 位数字，防止错误数据混入，数据有效性功能就能派上用场。用户可以为单元格设置输入条件，比如，限定日期必须在某个区间内、设置下拉菜单供用户选择固定的部门名称选项，甚至自定义公式来控制数据格式。当用户输入不符合规则的数据时，系统会立即弹出提示窗口，拒绝“违规”数据进入表格。通过数据有效性功能，不仅能减少人工核对数据的工作量，还能显著提升表格数据的准确性和规范性，让后续的数据统计与分析更加可靠。

小课堂

中国 GDP 发展历程充分展现了国家经济的强劲韧性与蓬勃活力。改革开放以来，中国经济持续快速增长，GDP 总量从 1978 年的 3 679 亿元跃升至 2023 年的 126.06 万亿元（约 17.96 万亿美元），年均增速超过 8%，创造了世界经济发展史上的奇迹。党的十八大以来，中国经济进入高质量发展阶段，GDP 总量连续突破 70 万亿、80 万亿、90 万亿、100 万亿、120 万亿大关，对世界经济增长的年均贡献率始终保持在 30% 左右，具体见表 8-2。

表 8-2　中国 GDP 发展里程碑（1978—2023 年）

年　份	GDP 总量（人民币）	全球排名	年增长率	数据来源
1978	3 679 亿元	第 11 位	11.7%	国家统计局
2000	10.03 万亿元	第 6 位	8.5%	国家统计局
2010	41.21 万亿元	第 2 位	10.6%	国家统计局
2020	101.36 万亿元	第 2 位	2.2%*	国家统计局
2023	126.06 万亿元	第 2 位	5.2%	国家统计局

注：
数据来源：中国国家统计局。
按可比价格计算，2023 年的 GDP 较 1978 年增长约 40 倍。

项目九

WPS 表格公式和函数的应用

公式和函数是数据处理的核心工具，它们在数据分析、计算和自动化处理中发挥着至关重要的作用。公式通过简单的数学运算符（如加、减、乘、除）和单元格引用，能够快速实现数据的计算和动态更新，确保数据的实时性和准确性。函数则提供了更强大的功能，涵盖了从基础数学计算到复杂的统计分析、逻辑判断、文本处理、查找引用，以及日期时间操作等多个方面。例如，SUM() 函数可以快速求和，AVERAGE() 函数用于计算平均值，IF() 函数可实现条件判断，VLOOKUP() 函数用于查找和引用数据。这些功能使得用户能够高效地处理大量数据，进行复杂的数据分析，自动化重复性任务，并生成准确的报告，极大地提升了工作效率和数据分析的深度与广度。无论是简单的数据整理还是复杂的财务分析、项目管理或科学研究，WPS 表格的公式和函数都能为用户提供强大的支持，是现代办公和数据分析中不可或缺的工具。

学习目标

◎了解公式的概念。

◎掌握插入函数的方法。

◎熟悉单元格引用方法。

◎掌握常见函数的用法。

项目描述

小雅现需要协助班主任利用 WPS 表格对班级学生的考试成绩做相应的数据分析，班主任需要通过原始数据了解同学的总分、平均分，最高分、最低分、成绩排名及成绩等级划分等。

项目分析

想要高效快捷地完成工作，需要使用 WPS 表格中的公式和函数。根据班主任的要求，在 WPS 表格中，需要通过函数实现成绩数据的动态计算与分类统计：

（1）使用 IF() 和 MOD() 函数结合身份证号判断性别；

（2）使用 SUM() 函数计算学生三科总分，使用 AVERAGE() 函数求平均分，使用 RANK() 函数进行班级排名，使用 IF() 函数划分成绩等级（80 分以上为“优秀”）。

相关知识

1. 公式的概念

公式是利用单元格的引用地址对存放在其中的数值进行计算的等式，在 WPS 表格中要正确地创建一个公式，就要将等式中参与运算的每个运算数和运算符正确地书写出来。

公式由三部分组成：等号、运算数和运算符。

（1）运算数可以是数值常量、单元格或单元格区域，甚至是 WPS 表格提供的函数。

（2）运算符包括算数运算符、比较运算符、引用运算符。常用的运算符包括：“+”“−”“*”“/”“%”“<=”“>=”“>”“<”“=”等。

引用运算符主要包括三类：单元格引用运算符、联合运算符和交叉运算符。

（1）单元格引用运算符（冒号）：用于合并多个单元格区域。

（2）联合运算符（逗号）：将多个引用合并为一个引用。

（3）交叉运算符（空格）：产生同时属于两个引用的单元格区域的引用。

创建公式步骤如下：

（1）选中输入公式的单元格。

（2）输入等号“=”。

（3）在单元格或者编辑框中输入公式。

（4）按【Enter】键，完成公式的创建。

2. 单元格引用

单元格地址通常是由该单元格位置所在的行号和列号组合得到的，即该单元格在工作表中的地址，如 A1、C5 等。在 WPS 表格中，根据地址划分公式中单元格的引用方式，主要有相对引用、绝对引用和混合引用三种。

1）相对引用单元格

WPS 表格中一般用相对引用来引用单元格的位置，例如，在单元格 H3 中输入公式“=E3+F3+G3”，如图 9-1 所示，该公式中对单元格的引用采用了相对引用的方式，当用序列向下填充公式时，公式中引用的单元格的地址会发生相应的变化（但保持相对位置不变）。

学号	姓名	身份证号码	性别	高数	英语	语文	总分
250401010201	金翔	4301XXXXXXXXXX2316	女	89	87	75	251
250401010202	张磊	3201XXXXXXXXXX4536	女	58	83	85	226
250401010203	王力	5101XXXXXXXXXX3459	女	78	85	75	238
250401010204	孙英	4201XXXXXXXXXX6782	男	86	55	82	223
250401010205	郝心怡	1101XXXXXXXXXX1264	男	85	91	65	241
250401010206	张在旭	2101XXXXXXXXXX3456	女	86	68	85	239
250401010207	周杰	3301XXXXXXXXXX5678	女	78	88	76	242
250401010208	林琳	4401XXXXXXXXXX2345	男	86	87	76	249
250401010209	邵飞	3701XXXXXXXXXX4557	女	86	80	59	225
250401010210	刘君	4101XXXXXXXXXX7890	女	82	76	81	239
250401010211	章舒	3601XXXXXXXXXX3466	男	83	78	82	243
250401010212	含笑	5001XXXXXXXXXX6789	男	84	80	76	240
250401010213	温馨	2201XXXXXXXXXX2345	男	85	60	84	229

图 9-1 总分公式的输入

2）绝对引用单元格

在单元格列或行标志前加一美元符号，如＄G ＄2，即表示绝对引用单元格 G 2，包括绝对引用单元格的公式，无论将其复制到什么位置，总是引用特定的单元格（绝对位置保持不变）。如图 9-2 所示，当分数都需要乘以同一难度系数，对该难度系数单元格进行绝对引用后，该单元格在进行公式复制的过程中不发生变化。

学号	姓名	高数	最终分数
250401010201	金翔	89	=C2*$C$17
250401010202	张磊	58	
250401010203	王力	78	
250401010204	孙英	86	
250401010205	郝心怡	85	
250401010206	张在旭	86	
250401010207	周杰	78	
250401010208	林琳	86	
250401010209	邵飞	86	
250401010210	刘君	82	
250401010211	章舒	83	
250401010212	含笑	84	
250401010213	温馨	85	
250401010214	李醒尘	86	
	难度系数	1.2	

图 9-2　单元格的绝对引用

3）混合引用单元格

如图 9-3 所示，在九九乘法表的制作中，需要使用第一行单元格的数据乘以第一列单元格的数据，因此，公式中使用混合引用进行计算。在 B2 单元格中输入公式“= ＄A2*B ＄1”。

	A	B	C	D	E	F	G	H	I	J
1		1	2	3	4	5	6	7	8	9
2	1	=$A2*B$1		3	4	5	6	7	8	9
3	2	2	4	6	8	10	12	14	16	18
4	3	3	6	9	12	15	18	21	24	27
5	4	4	8	12	16	20	24	28	32	36
6	5	5	10	15	20	25	30	35	40	45
7	6	6	12	18	24	30	36	42	48	54
8	7	7	14	21	28	35	42	49	56	63
9	8	8	16	24	32	40	48	56	64	72
10	9	9	18	27	36	45	54	63	72	81

图 9-3　单元格的混合引用

3. 函数的使用

1）选择函数：手动输入或使用函数向导

方法 1：手动输入函数（适合熟悉语法的用户）。

（1）在目标单元格输入“=”（WPS 表格中的函数必须以等号开头）。

（2）输入函数名称（如 SUM），按【Tab】键自动补全（避免拼写错误）。

（3）输入左括号“(”，开始填写参数。

方法 2：使用函数向导（适合新手或复杂函数）。

（1）选中目标单元格，单击“公式”选项卡→“插入函数”按钮（或【Shift+F3】组合键），弹出“插入函数”对话框，如图 9-4 所示。

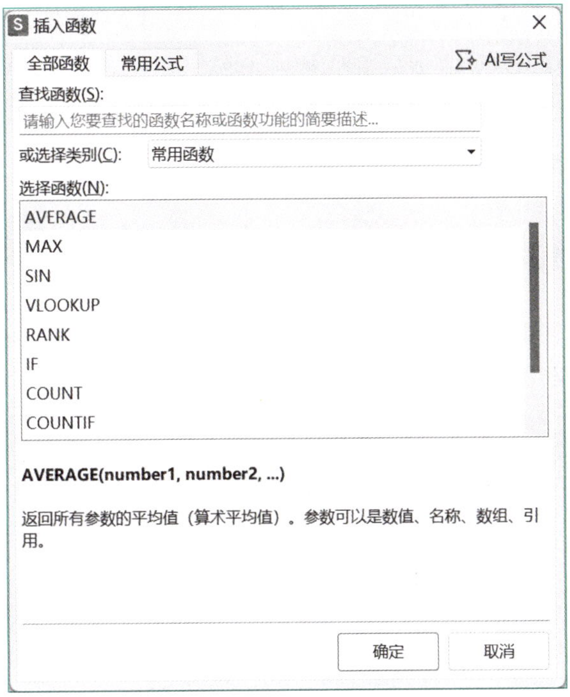

图 9-4　“插入函数”对话框

（2）在“查找函数”框输入关键词（如“求和”），或在“类别”中选择函数（如“统计”→ SUMIF）。

（3）单击“确定”按钮，弹出“函数参数”对话框，如图 9-5 所示，按提示填写参数（支持单击单元格选择区域）。

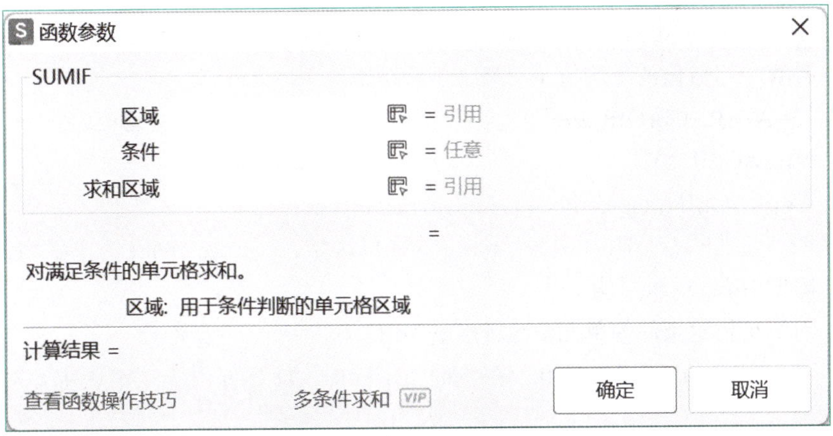

图 9-5　“函数参数”对话框

2）填写参数

按语法规则输入参数见表 9-1。

表 9-1 常见函数参数表

参数类型	说 明	示例（以 SUMIF 为例）
数值 / 文本	直接输入（文本需加英文引号）	criteria 填“>50”或“苹果”
单元格引用	单个单元格（如 A1）或区域（如 A1:A10，冒号表示连续区域）	range 填 A1:A10，sum_range 填 B1:B10
数组 / 区域	多个不连续区域用逗号分隔（如 A1:A10,C1:C10）	SUM 中多个区域求和
逻辑值	TRUE 或 FALSE（常用于 IF 函数的条件判断）	IF(A1>60,TRUE,FALSE)

3）常见函数及参数

（1）SUM 函数。

语法：SUM(number1,[number2],...)。

参数说明：

① number1：必需参数，要相加的第一个数值、单元格引用或单元格区域。

② [number2]：可选参数，后续需要相加的数值、单元格引用或区域（最多可添加 255 个参数）。

功能：计算一组数值的总和。

示例：“=SUM(A1:A10)”计算 A1 到 A10 单元格中数值的和。

（2）SUMIF 函数

语法：SUMIF(range,criteria,[sum_range])。

参数说明：

① range：必需参数，用于条件判断的单元格区域。

② criteria：必需参数，条件表达式（如“>50”、“苹果”或单元格引用）。

③ [sum_range]：可选参数，需要求和的实际单元格区域（若省略，则对 range 自身求和）。

功能：对满足指定条件的单元格区域求和。

示例：“=SUMIF(A1:A10,">60",B1:B10)”计算 A1:A10 中大于 60 对应的 B 列数值之和。

（3）AVERAGE 函数。

语法：AVERAGE(number1,[number2],...)。

参数说明：参数同 SUM() 函数，支持数值、单元格引用或区域。

功能：计算一组数值的平均值（忽略文本和逻辑值）。

示例：“=AVERAGE(C1:C20)”计算 C1 到 C20 单元格中数值的平均值。

（4）AVERAGEIF 函数。

语法：AVERAGEIF(range,criteria,[average_range])。

参数说明：参数同 SUMIF() 函数，range 为条件区域，average_range 为求平均的实际区域（可选，省略时对 range 求平均）。

功能：对满足指定条件的单元格区域求平均值。

示例：“=AVERAGEIF(D1:D50," 销售部 ",E1:E50)”计算部门为“销售部”对应的 E 列数值的平均值。

（5）COUNT 函数。

语法：COUNT(value1,[value2],...)。

参数说明：

① value1：必需参数，要计数的第一个单元格或区域（仅统计包含数字的单元格）。

② [value2]：可选参数，后续单元格或区域。

功能：计算指定区域中包含数字的单元格数量（忽略文本、空值和逻辑值）。

示例：“=COUNT(F1:F100) 统计 F1:F100”中数值型数据的单元格个数。

（6）COUNTIF 函数。

语法：COUNTIF(range,criteria)。

参数说明：

① range：必需参数，要检查条件的单元格区域。

② criteria：必需参数，条件表达式。

功能：计算指定区域中满足条件的单元格数量。

示例：“=COUNTIF(G1:G50,">=80")”统计 G1:G50 中大于等于 80 的单元格个数。

（7）IF 函数。

语法：IF(logical_test,value_if_true,[value_if_false])。

参数说明：

① logical_test：必需参数，逻辑判断表达式（如 A1>100）。

② value_if_true：必需参数，条件为真时返回的值（可以是数值、文本、公式或另一个 IF 函数）。

③ [value_if_false]：可选参数，条件为假时返回的值（省略时默认返回 FALSE）。

功能：根据逻辑条件返回不同结果，支持嵌套使用（最多 64 层嵌套）。

示例：“=IF(H1>=60," 及格 "," 不及格 ")”根据 H1 的值判断是否及格。

（8）RANK() 函数（WPS 中为 RANK.EQ）。

语法：RANK.EQ(number,ref,[order])。

参数说明：

① number：必需参数，要排名的数值。

② ref：必需参数，数值所在的单元格区域（需绝对引用，如 $I$1:$I$20）。

③ [order]：可选参数，排名方式（0 或省略：降序排名，1：升序排名）。

功能：返回某数值在指定区域中的排名（相同数值排名相同，后续排名顺延）。

示例：“=RANK.EQ(J1,$J$1:$J$50,0)”计算 J1 在 J1:J50 中的降序排名。

（9）VLOOKUP() 函数。

语法：VLOOKUP(lookup_value,table_array,col_index_num,[range_lookup])。

参数说明：

① lookup_value：必需参数，为要在表格或区域第一列中查找的值。此值可以是具体的数值、文本字符串，也可以是对包含查找值单元格的引用。例如，在员工信息表中查找特定员工编号，lookup_value 可以是直接输入的“007”这样的文本，或者引用存放该编号的单元格，如 A3 单元格。

② table_array：必需参数，是要在其中执行查找操作的表格或单元格区域。它可以是工作表中的一个单元格范围，如 Sheet1!A1:D50，表示在 Sheet1 工作表的 A1 到 D50 单元格区域内进行查找；也可以引用多个工作表中的单元格区域，但这种情况较为少见。此区域必须包含

查找值所在的第一列，以及要返回结果对应的列。

③ col_index_num：必需参数，指定要返回的匹配值在 table_array 中的列号。从 table_array 的第一列开始计数，第一列对应值为 1，第二列对应值为 2，依此类推。例如，若要从员工信息表中返回员工的部门信息，而部门信息在 table_array 的第三列，则 col_index_num 应设为 3。

④ [range_lookup]：可选参数，用于指定查找类型。取值为 0 或 FALSE 时，表示精确匹配，即仅当 lookup_value 与 table_array 第一列中的某个值完全一致时，才返回对应结果；取值为 1 或 TRUE 时，表示近似匹配（要求 table_array 的第一列按升序排序），函数会返回小于或等于 lookup_value 的最大值对应的行中的结果。在大多数实际应用场景中，如查找唯一标识的产品编号、客户 ID 等，会使用精确匹配，即设置为 0 或 FALSE。

功能：VLOOKUP() 函数主要用于在表格或区域的第一列查找指定值，并从同一行中返回指定列号所对应的数值。常用于数据匹配、数据整合，以及从大型数据集中提取特定信息等场景。例如，在销售数据统计中，有一个包含产品编号及对应销售数量的表格，通过 VLOOKUP() 函数，可依据输入的产品编号，快速获取相应产品的销售数量，避免了在大量数据中手动查找，极大地提高了数据处理效率。

示例：=VLOOKUP(" 产品 A",Sheet1!A1:B100,2,0)，该公式表示在 Sheet1 工作表的 A1 到 B100 单元格区域内，查找“产品 A”，并返回该区域第二列（即 B 列）对应行的数值。这里使用精确匹配（最后一个参数为 0），只有当 A 列中存在完全等于“产品 A”的单元格时，才会返回对应的 B 列数值。

常见函数功能及其参数见表 9-2。

表 9-2 常见函数

函　数	功　能	核心参数	条件支持
SUM()	求和	数值 / 区域	无
SUMIF()	条件求和	条件区域、条件、求和区域	有
AVERAGE()	求平均值	数值 / 区域	无
AVERAGEIF()	条件求平均值	条件区域、条件、求平均区域	有
COUNT()	统计数字单元格数量	数值 / 区域	无
COUNTIF()	条件统计单元格数量	条件区域、条件	有
IF()	条件判断返回结果	逻辑条件、真结果、假结果	有
RANK.EQ()	数值排名	数值、排名区域、排序方式	无
LOOKUP()	在表格或区域首列查找指定值，并返回同一行中指定列的值	查找值（lookup_value）、查找区域（table_array）、返回列号（col_index_num）、匹配方式（range_lookup）	有（精确匹配或近似匹配条件）

项目操作

本项目在项目八完成的表格中继续进行操作。

1. 判断性别

项目八中已经手动录入了性别，本项目将学习使用公式快速录入性别的方法。

（1）选中单元格：单击要计算性别的第一个单元格（单击 D3 单元格，对应金翔同学的性别等级单元格）。

（2）输入公式：在公式编辑栏中准确输入 =IF(MOD(NUMBERVALUE(MID(C3,17,1)),2)=0," 女 "," 男 ")。这里的 C3 表示要从该行 C 列（身份证号码列）中提取信息，公式整体逻辑是：

① MID(C3,17,1)：使用 MID 函数从 C3 单元格（身份证号码）中提取第 17 位字符。

② NUMBERVALUE(MID(C3,17,1))：用 NUMBERVALUE() 函数将提取出的文本格式的字符转换为数值，以便后续进行数学运算。

③ MOD(NUMBERVALUE(MID(C3,17,1)),2)：通过 MOD() 函数对转换后的数值进行除以 2 的求余运算。

IF(MOD(NUMBERVALUE(MID(C3,17,1)),2)=0," 女 "," 男 ")：利用 IF() 函数进行判断，如果求余结果为 0（即第十七位数字是偶数），则返回“女”，否则返回“男”。

（3）确认公式：按【Enter】键得到该同学性别。

（4）填充公式：拖动该单元格右下角填充柄向下填充，算出其他同学性别，如图 9-6 所示。

学生成绩表										
学号	姓名	身份证号码	性别	高数	英语	语文	总分	平均分	班级排名	成绩等级
250401010201	=IF(MOD(NUMBERVALUE(MID(C3,17,1)),2)=0,"男","女")								1	优秀
250401010202	张磊	3201**********4536	女	58	83	85	226	75	11	良好
250401010203	王力	5101**********3459	女	78	85	75	238	79	9	良好

图 9-6　学生成绩表性别计算

2. 计算总分

（1）选中单元格：选中要存放总分的第一个单元格（单击 H3 单元格，对应金翔同学的总分单元格）。

（2）输入公式：在公式编辑栏中输入 =SUM(E3:G3)，这里的 E3:G3 表示从高数（E 列）到语文（G 列）这三科成绩所在的单元格区域。

（3）确认公式：按【Enter】键，即可得到该同学的总分。

（4）填充公式：将鼠标指针移到该单元格右下角，当指针变为黑色“+”字时，按住鼠标左键向下拖动，即可自动计算出其他同学的总分，如图 9-7 所示。

学生成绩表										
学号	姓名	身份证号码	性别	高数	英语	语文	总分	平均分	班级排名	成绩等级
250401010201	金翔	4301**********2316		89	87	SUM(E3:G3)				
250401010202	张磊	3201**********4536		58	83	85	SUM（数值1, ...）			
250401010203	王力	5101**********3459		78	85	75				

图 9-7　学生成绩表总分计算

3. 计算平均分

（1）选中单元格：选中要存放平均分的第一个单元格（单击 I3 单元格，对应金翔同学的平均分单元格）。

（2）输入公式：在公式编辑栏中输入 =AVERAGE(E3:G3)，E3:G3 同样是三科成绩所在单元格区域。

（3）确认公式：按【Enter】键得到该同学平均分。

（4）填充公式：用鼠标拖动该单元格右下角的填充柄向下填充，算出其他同学平均分。如图 9-8 所示。

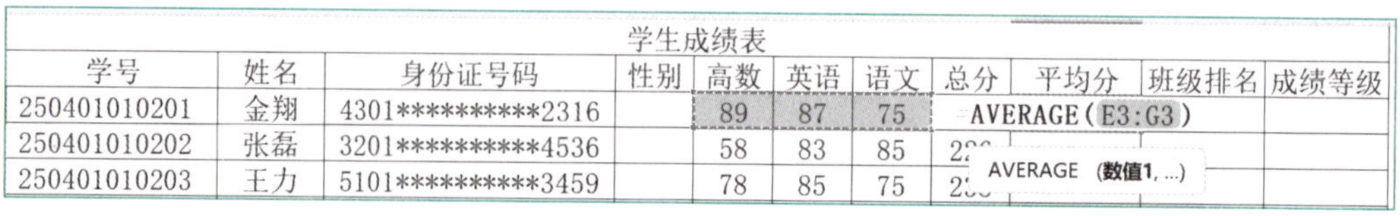

学生成绩表										
学号	姓名	身份证号码	性别	高数	英语	语文	总分	平均分	班级排名	成绩等级
250401010201	金翔	4301**********2316		89	87	75	=AVERAGE(E3:G3)			
250401010202	张磊	3201**********4536		58	83	85	22			
250401010203	王力	5101**********3459		78	85	75	2			

图 9-8　学生成绩表平均分计算

4. 计算班级排名

（1）选中单元格：选中要存放班级排名的第一个单元格（假设是 J3，对应金翔同学的班级排名单元格）。

（2）输入公式：在公式编辑栏中输入 =RANK(I3,$I$3:$I$16,0)，其中 I3 是当前要排名同学的平均分单元格，$I$3:$I$16 是所有同学总分所在的单元格区域（这里假设数据到第 16 行，实际使用时根据数据行数调整），0 表示降序排名（从高到低）。

（3）确认公式：按【Enter】键得到该同学班级排名。

（4）填充公式：拖动该单元格右下角填充柄向下填充，得到其他同学排名，如图 9-9 所示。

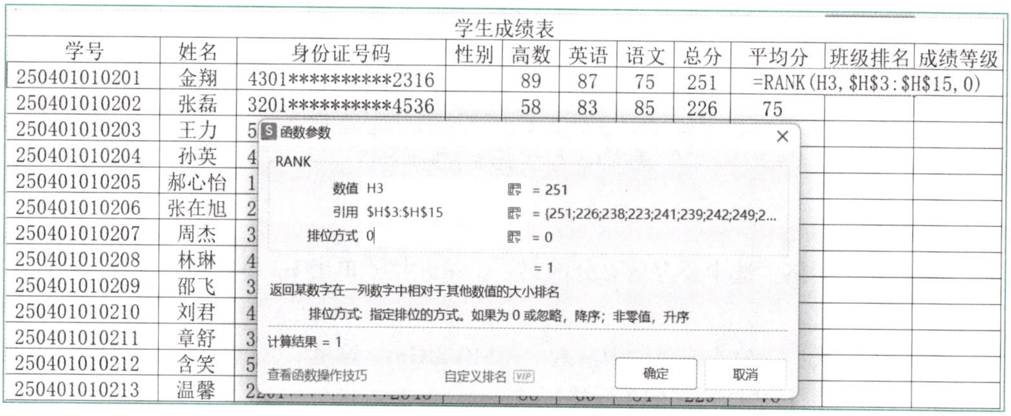

学生成绩表										
学号	姓名	身份证号码	性别	高数	英语	语文	总分	平均分	班级排名	成绩等级
250401010201	金翔	4301**********2316		89	87	75	251	=RANK(H3, $H$3:$H$15, 0)		
250401010202	张磊	3201**********4536		58	83	85	226	75		
250401010203	王力	5								
250401010204	孙英	4								
250401010205	郝心怡	1								
250401010206	张在旭	2								
250401010207	周杰	3								
250401010208	林琳	4								
250401010209	邵飞	3								
250401010210	刘君	4								
250401010211	章舒	3								
250401010212	含笑	5								
250401010213	温馨	2								

图 9-9　学生成绩表班级排名计算

5. 计算成绩等级

（1）选中单元格：选中要存放成绩等级的第一个单元格（单击 K3 单元格，对应金翔同学的成绩等级单元格）。

（2）输入公式：在公式编辑栏中输入 =IF(I3>=80," 优秀 "," 良好 ")，这里 I3 是该同学平均分单元格，公式含义是如果平均分大于 80 则显示“优秀”，否则显示“良好”。

（3）确认公式：按【Enter】键得到该同学成绩等级。

（4）填充公式：拖动该单元格右下角填充柄向下填充，算出其他同学成绩等级，如图 9-10 所示。

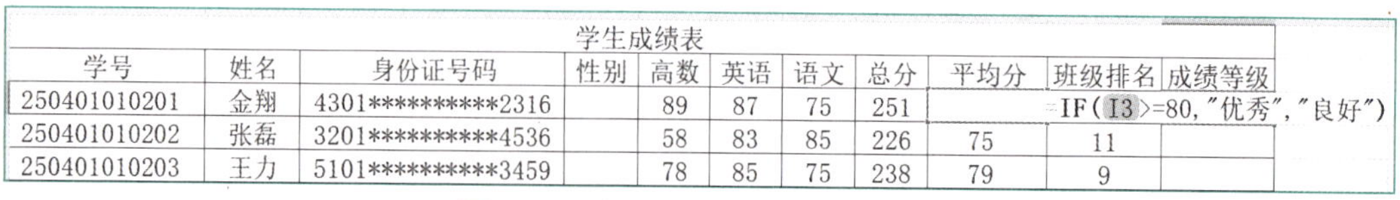

学生成绩表										
学号	姓名	身份证号码	性别	高数	英语	语文	总分	平均分	班级排名	成绩等级
250401010201	金翔	4301**********2316		89	87	75	251		=IF(I3>=80,"优秀","良好")	
250401010202	张磊	3201**********4536		58	83	85	226	75	11	
250401010203	王力	5101**********3459		78	85	75	238	79	9	

图 9-10　学生成绩表成绩等级计算

按上述步骤进行操作，最终得到图 9-11 所示数据表，并保存文件。

学生成绩表										
学号	姓名	身份证号码	性别	高数	英语	语文	总分	平均分	班级排名	成绩等级
250401010201	金翔	4301**********2316	女	89	87	75	251	84	1	优秀
250401010202	张磊	3201**********4536	女	58	83	85	226	75	11	良好
250401010203	王力	5101**********3459	女	78	85	75	238	79	9	良好
250401010204	孙英	4201**********6782	男	86	55	82	223	74	13	良好
250401010205	郝心怡	1101**********1264	男	85	91	65	241	80	5	优秀
250401010206	张在旭	2101**********3456	女	86	68	85	239	80	7	良好
250401010207	周杰	3301**********5678	女	78	88	76	242	81	4	优秀
250401010208	林琳	4401**********2345	男	86	87	76	249	83	2	优秀
250401010209	邵飞	3701**********4557	女	86	80	59	225	75	12	良好
250401010210	刘君	4101**********7890	女	82	76	81	239	80	7	良好
250401010211	章舒	3601**********3466	男	83	78	82	243	81	3	优秀
250401010212	含笑	5001**********6789	男	84	80	76	240	80	6	优秀
250401010213	温馨	2201**********2345	男	85	60	84	229	76	10	良好

图 9-11 学生成绩表

实训练习

在已经完成的学生成绩表中进行后续操作，对学生成绩表进行各项数据统计，如图 9-12 所示。

学生成绩统计信息		
	使用函数	统计结果
总人数	count	
男生人数	countif	
女生人数	countif	
男生总分求和	sumif	
女生总分求和	sumif	
男生总分平均分	averageif	
女生总分平均分	averageif	

图 9-12 学生成绩统计信息

具体要求如下：

（1）使用 COUNT() 函数计算总人数。

（2）使用 COUNTIF() 函数计算男女生人数。

（3）使用 SUMIF() 函数对男女生总分求和。

（4）使用 AVERAGEIF() 函数计算男女生总分平均分。

对完成结果如图 9-13 所示。

学生成绩统计信息		
	使用函数	统计结果
总人数	count	13
男生人数	countif	6
女生人数	countif	7
男生总分求和	sumif	1425
女生总分求和	sumif	1660
男生总分平均分	averageif	237.5
女生总分平均分	averageif	237

图 9-13 统计结果图

提示：

除了可使用函数（如 =SUM(E3:G3)）计算总分，还能使用公式进行计算，但使用函数能使得计算更加简化。在使用函数的过程中要确保函数引用范围正确（如 H3:H15），避免遗漏数据。

拓展延伸

1. 函数嵌套的概念

函数嵌套是指在一个函数内部调用另一个函数作为其参数或计算过程的一部分。在 Excel 中，函数嵌套很常见，它允许将多个函数组合使用，以实现更复杂的计算和数据处理需求。如图 9-14 所示，为了完成成绩的五个等级的划分，前面所学的 IF() 函数不能直接实现，则可以使用函数嵌套来完成。

序号	学号	姓名	英语	成绩等级
1	250401010201	金翔	90	优秀
2	250401010202	张磊	78	中等
3	250401010203	王力	86	良好
4	250401010204	孙英	75	中等
5	250401010205	郝心怡	50	不及格
6	250401010206	张在旭	89	良好
7	250401010207	周杰	69	及格
8	250401010208	林琳	77	中等
9	250401010209	邵飞	60	及格
10	250401010210	刘君	88	良好
11	250401010211	章舒	85	良好
12	250401010212	含笑	78	中等
13	250401010213	温馨	80	良好

大于等于90“优秀”
80-90“良好”
70-80“中等”
60-70“及格”
小于60“不及格”

图 9-14 学生成绩分等

2. 函数嵌套的基本语法

WPS 表格中函数嵌套的基本语法是：= 外层函数 (内层函数 (参数), 其他参数)。

例如，在学生成绩分等表中使用的嵌套 IF 函数：=IF(D2>=90," 优秀 ",IF(D2>=80," 良好 ",IF(D2>=70," 中等 ",IF(D2>=60," 及格 "," 不及格 ")))), 如图 9-15 所示。

E2 =IF(D2>=90,"优秀",IF(D2>=80,"良好",IF(D2>=70,"中等",IF(D2>=60,"及格","不及格"))))

A	B	C	D	E
序号	学号	姓名	英语	成绩等级
1	250401010201	金翔	90	优秀
2	250401010202	张磊	78	中等
3	250401010203	王力	86	良好
4	250401010204	孙英	75	中等
5	250401010205	郝心怡	50	不及格
6	250401010206	张在旭	89	良好
7	250401010207	周杰	69	及格
8	250401010208	林琳	77	中等
9	250401010209	邵飞	60	及格
10	250401010210	刘君	88	良好
11	250401010211	章舒	85	良好
12	250401010212	含笑	78	中等
13	250401010213	温馨	80	良好

大于等于90“优秀”
80-90“良好”
70-80“中等”
60-70“及格”
小于60“不及格”

图 9-15 嵌套 IF 函数

这个嵌套函数的执行逻辑是：

（1）首先判断成绩是否≥ 90，如果是则返回“优秀”；

（2）如果不是，判断是否≥ 80，如果是则返回“良好”；

（3）如果不是，判断是否≥ 70，如果是则返回“中等”；

（4）如果不是，判断是否≥ 60，如果是则返回“及格”；

（5）如果以上条件都不满足，返回“不及格”。

除了以上写法，达成同样的结果还可以由不及格开始进行第一次判断，具体函数嵌套为：=IF(D2<60," 不及格 ",IF(D2<70," 及格 ",IF(D2<80," 中等 ",IF(D2<90," 良好 "," 优秀 "))))。

3. 函数嵌套的使用规范

（1）括号匹配：确保每个打开的括号都有对应的闭合括号。Excel 会用不同颜色标记匹配的括号对。

（2）层次清晰：虽然 Excel 允许最多 64 层嵌套，但建议不要超过 7~8 层，否则难以维护。

（3）合理缩进：编写复杂嵌套时可以采用缩进格式提高可读性，举例如下：

```
=IF(D2>=90,"优秀",
    IF(D2>=80,"良好",
        IF(D2>=70,"中等",
            IF(D2>=60,"及格","不及格")
        )
    )
)
```

（4）注释说明：对于复杂嵌套，可以在单元格旁边添加注释说明逻辑。

小课堂

个人所得税是国家对个人（自然人）取得的各项应税所得征收的一种直接税。它是中国税收体系的重要组成部分，直接影响居民收入分配和社会公平。

个人所得税计算公式为：

应纳税所得额 = 年收入总额 − 6 万元（基本减除费用）−
专项扣除（社保公积金等）− 专项附加扣除（子女教育等）−
其他依法扣除

应纳税额 = 应纳税所得额 × 税率 − 速算扣除数

税率表（综合所得适用）见表 9-3。

表 9-3　税率表（综合所得适用）

级　数	全年应纳税所得额 / 元	税　率 /%	速算扣除数 / 元
1	≤ 36 000	3	0
2	36 000~144 000	10	2 520
3	144 000~300 000	20	16 920
4	300 000~420 000	25	31 920
5	420 000~660 000	30	52 920
6	660 000~960 000	35	85 920
7	>960 000	45	181 920

多档的税率计算方法，其实在 WPS 表格中对应使用自编公式及 IF() 语句进行多分支条件嵌套，再结合其他函数即可实现税率的快速计算，完成个人所得税的计算。

《中华人民共和国个人所得税法》第三条规定，明确了综合所得适用百分之三至百分之四十五的超额累进税率，并附有相应税率表。

《个人所得税综合所得汇算清缴管理办法》中专项附加扣除项目，该办法由国家税务总局于 2025 年 2 月 26 日公布并施行：

• 子女教育：纳税人的子女接受全日制学历教育的相关支出，按照每个子女每月 2 000 元的标准定额扣除。

• 继续教育：在规定条件和期间期限内，按照定额 3 600 元 / 年或 400 元 / 每月定额扣除。

• 大病医疗：纳税人在纳税年度内，扣除医保报销后自负医药费超过 1.5 万元部分，可在年度汇算清缴时，在 8 万元限额内据实扣除。

• 住房贷款利息：在规定条件和期限内，纳税人本人或配偶单独或共同发生首套住房实际贷款利息支出，可按每月 1 000 元标准定额扣除。

• 住房租金：根据纳税人承租住房所在城市的不同，按每月定额扣除 800 元、1 100 元、1 500 元不等。

• 赡养老人：纳税人赡养年满 60 岁（含）以上父母或者子女均已去世年满 60 岁的祖父母、外祖父母。纳税人与兄弟姐妹分摊每月 3 000 元的扣除额度，每人分摊的额度不能超过 1 500 元 / 月（定额扣除）。

• 3 岁以下婴幼儿照护：纳税人照护 3 岁以下婴幼儿子女的相关支出，按照每个婴幼儿每月 2 000 元的标准定额扣除。扣除方式可以选择由父母一方按照标准的 100% 税前扣除，也可以选择由父母双方分别按照标准的 50% 扣除。

中国个人所得税制度自 1980 年首次立法（起征点 800 元）以来经历了多次重要改革：1986 年区分城乡个体户和居民征税，1993 年统一税制；2006 年、2008 年和 2011 年三次上调起征点至 3 500 元；2018 年实施里程碑式改革，建立“综合与分类相结合”的税制，将起征点提高至 5 000 元 / 月（6 万元 / 年），并首次引入子女教育等 6 项专项附加扣除；2022 年新增 3 岁以下婴幼儿照护专项附加扣除，2023 年延续年终奖单独计税优惠政策至 2027 年底，形成了现行较为完善的个税体系。

中国个人所得税的历次调整始终围绕三大核心目标：一是促进社会公平，通过提高起征点、扩大低税率级距和引入专项附加扣除等举措，重点减轻中低收入群体税负，如 2018 年改革使月收入 1 万元以下纳税人税负平均下降 50% 以上；二是优化收入分配，通过累进税率设计（最高 45%）调节高收入群体税负，缩小贫富差距；三是适应经济社会发展需求，包括应对居民生活成本上升、鼓励生育（新增婴幼儿照护扣除）和激励创新人才（如科研奖金税收优惠），最终构建更加公平、高效的现代个税体系。

项目十
WPS 表格数据分析表

在信息时代，数据分析是挖掘数据价值的关键技能，而 WPS 表格提供了强大的工具帮助用户高效处理和分析数据。本项目将学习 WPS 表格中的核心数据分析功能，包括数据排序、筛选、分类汇总和数据透视表。通过数据排序，可以按特定条件整理数据；通过数据筛选，能够提取符合条件的关键信息；通过分类汇总，可以对数据进行分组统计；而数据透视表则支持多维度动态分析，生成直观的可视化报告。掌握这些技能，人们将能够从海量数据中提取有价值的信息，解决实际问题，并为决策提供科学依据。

学习目标

◎掌握 WPS 表格中数据排序的基本操作。
◎熟练使用数据筛选功能。
◎理解分类汇总的原理，能够对数据进行分组统计。
◎学会创建和配置数据透视表，能够通过拖动字段实现多维度数据分析。

项目描述

一家连锁零售店在 10 月 1 日至 3 日进行了一次全门店的促销活动。现在，需要利用 WPS 表格对活动期间的销售数据进行分析，以评估活动效果，并为未来决策提供依据。具体任务包括：整理销售数据、分析各门店的销售表现、找出畅销商品、统计不同商品类别的销售额。

项目分析

为了完成本次销售数据分析任务，需要按照以下步骤进行：

（1）创建促销活动期间的销售数据表，确保数据完整无误。

（2）通过排序功能按销售额或日期排列数据，识别畅销商品和销售趋势。

（3）使用筛选功能提取特定时间段或门店的销售数据，聚焦关键信息。

（4）利用分类汇总功能按商品类别或门店统计销售额，分析各类别和各门店的表现。

（5）创建数据透视表进行多维度分析，为未来决策提供数据支持。

相关知识

1. 数据排序

数据排序的功能区如图 10-1 所示。

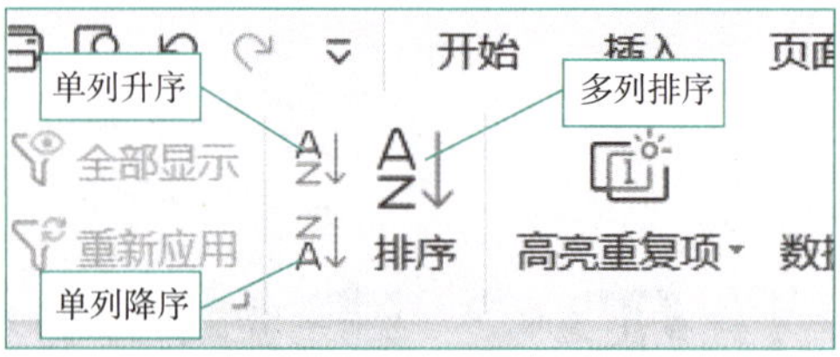

图 10-1　数据排序功能区

1）单列排序

（1）选中需要排序的数据列中的任意单元格。

（2）单击“数据”选项卡。

（3）单击“升序”（A → Z）或“降序”（Z → A）按钮。

如图 10-2 所示，根据“商品类别”进行了降序排列。

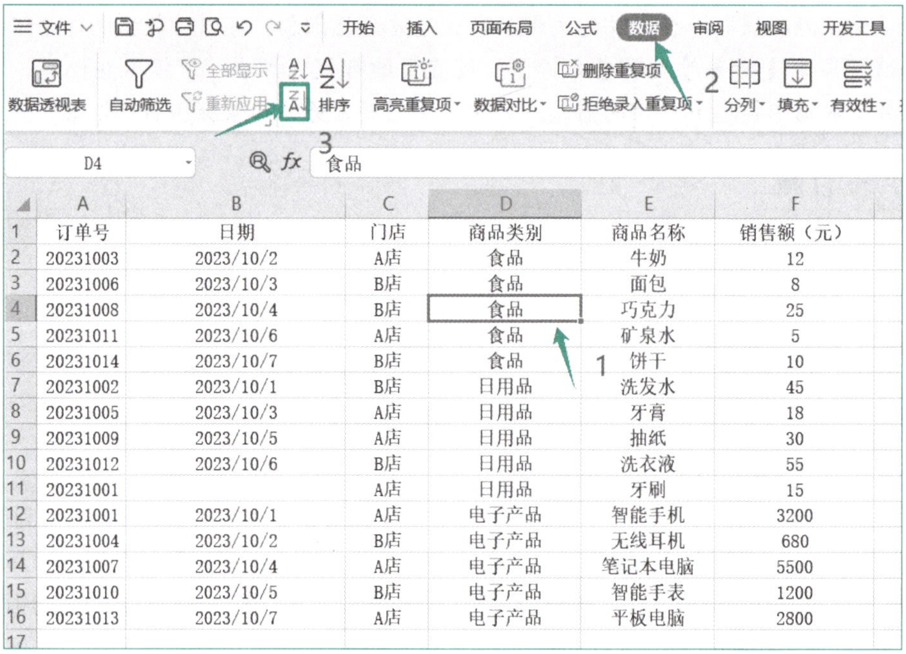

	A	B	C	D	E	F
1	订单号	日期	门店	商品类别	商品名称	销售额（元）
2	20231003	2023/10/2	A店	食品	牛奶	12
3	20231006	2023/10/3	B店	食品	面包	8
4	20231008	2023/10/4	B店	食品	巧克力	25
5	20231011	2023/10/6	A店	食品	矿泉水	5
6	20231014	2023/10/7	B店	食品	饼干	10
7	20231002	2023/10/1	B店	日用品	洗发水	45
8	20231005	2023/10/3	A店	日用品	牙膏	18
9	20231009	2023/10/5	A店	日用品	抽纸	30
10	20231012	2023/10/6	B店	日用品	洗衣液	55
11	20231001		A店	日用品	牙刷	15
12	20231001	2023/10/1	A店	电子产品	智能手机	3200
13	20231004	2023/10/2	B店	电子产品	无线耳机	680
14	20231007	2023/10/4	A店	电子产品	笔记本电脑	5500
15	20231010	2023/10/5	B店	电子产品	智能手表	1200
16	20231013	2023/10/7	A店	电子产品	平板电脑	2800
17						

图 10-2　数据单列排序

2）多列排序

（1）选中整个数据区域（包含标题行）。

（2）单击“数据”选项卡下的“排序”按钮，打开“排序”对话框。在对话框中添加排序条件（如第一关键字为“销售额 - 升序”，第二关键字为“日期 - 降序”），如图 10-3 所示。

（3）单击“确定”按钮完成排序，结果如图 10-4 所示。

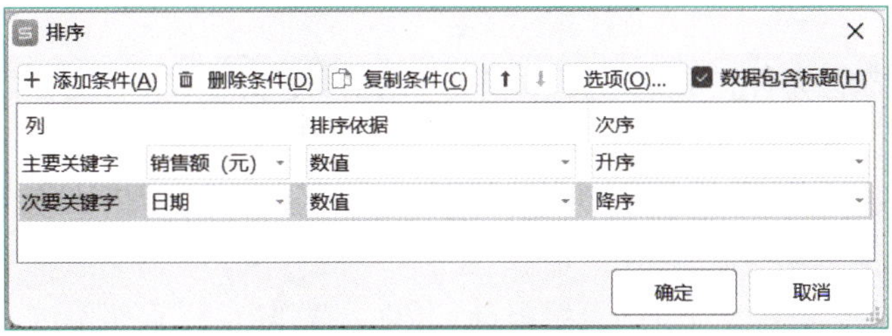

图 10-3　多列排序

订单号	日期	门店	商品类别	商品名称	销售额（元）
20231011	2023/10/6	A店	食品	矿泉水	5
20231006	2023/10/3	B店	食品	面包	8
20231014	2023/10/7	B店	食品	饼干	10
20231003	2023/10/2	A店	食品	牛奶	12
20231001	2023/10/3	A店	日用品	牙刷	15
20231005	2023/10/3	A店	日用品	牙膏	18
20231008	2023/10/4	B店	食品	巧克力	25
20231009	2023/10/5	A店	日用品	抽纸	30
20231002	2023/10/1	B店	日用品	洗发水	45
20231012	2023/10/6	B店	日用品	洗衣液	55
20231004	2023/10/2	B店	电子产品	无线耳机	680
20231010	2023/10/5	B店	电子产品	智能手表	1200
20231013	2023/10/7	A店	电子产品	平板电脑	2800
20231001	2023/10/1	A店	电子产品	智能手机	3200
20231007	2023/10/4	A店	电子产品	笔记本电脑	5500

图 10-4　多列排序结果

2. 数据筛选

1）自动筛选

（1）选中数据区域，单击“数据”选项卡下的“自动筛选”按钮，此时每列标题处都会出现。

（2）单击列标题的下拉箭头，勾选或输入筛选条件（如日期范围、文本筛选），如图 10-5 所示。

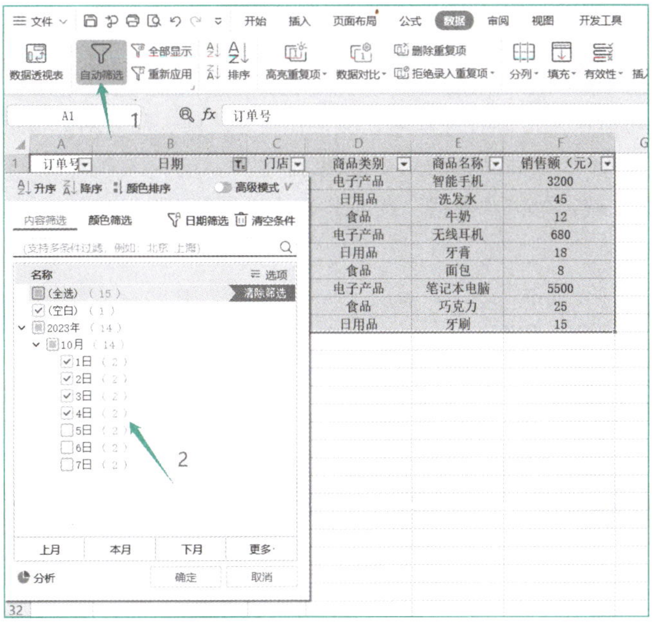

图 10-5　自动筛选

2）高级筛选

如果要执行复杂的条件，可以执行高级筛选。高级筛选需要在一个空白区域放置筛选条件，若条件是并列关系，则放在同一行，若条件是或者关系，则分两行来写。

（1）在工作表中单独设置条件区域（例如：A1:B3 输入条件，如“销售额（元）>1 000”和“门店 =A 店”）。

（2）单击“数据”选项卡下的“高级筛选”按钮，在弹出的“高级筛选”对话框中选择“列表区域”和“条件区域”，单击“确定”按钮，如图 10-6 所示。

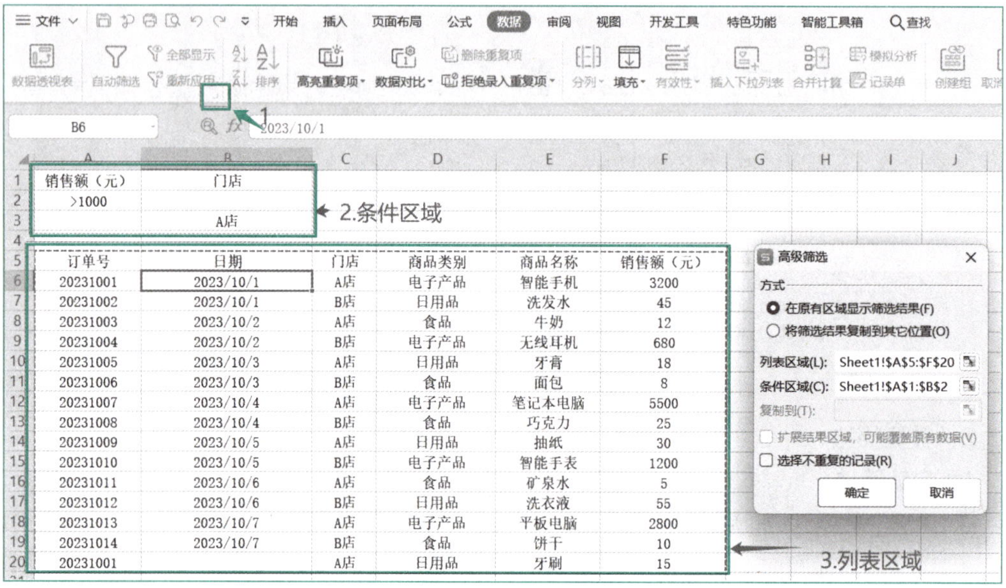

图 10-6　高级筛选

3. 分类汇总

分类汇总功能可以快速汇总各种数据，但是在汇总之前，需要对数据进行排序。

（1）按分类字段（如“商品类别”）对数据排序。

（2）选中数据区域，单击“数据”选项卡下的“分类汇总”按钮。

（3）设置参数：

①分类字段：选择“商品类别”。

②汇总方式：选择“求和”。

③选定汇总项：勾选“销售额”。

④单击“确定”按钮生成汇总结果。

具体操作过程如图 10-7 所示。

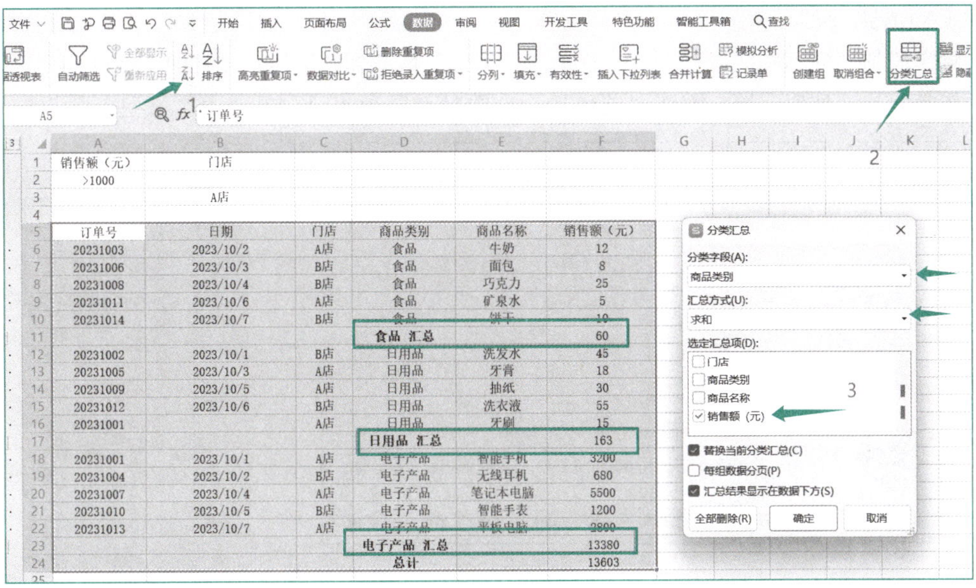

图 10-7　分类汇总

4．数据透视表

数据透视表是一种交互的、交叉制表的WPS表格报表，用于对多种来源的数据汇总和分析，对于汇总、分析、浏览和呈现数据非常有用，下面介绍创建数据透视表的步骤：

（1）选中数据区域，单击“插入”选项卡下的“数据透视表”按钮，打开“创建数据透视表”对话框。

（2）在对话框中选择放置位置（新工作表或现有位置），单击“确定”按钮，如图 10-8 所示。

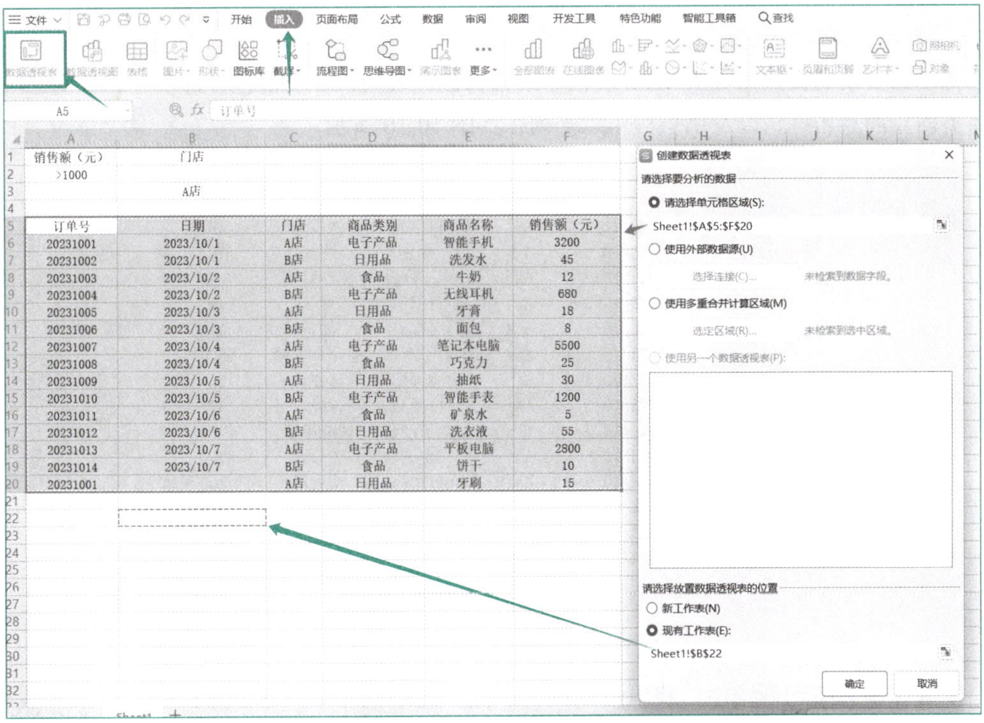

图 10-8　创建数据透视表

（3）配置字段。

将字段拖动到不同区域：例如，将“商品类别”拖动到行区域；“日期”拖动到列区域；“销售额”拖动到值区域，默认“求和”，如图 10-9 所示。

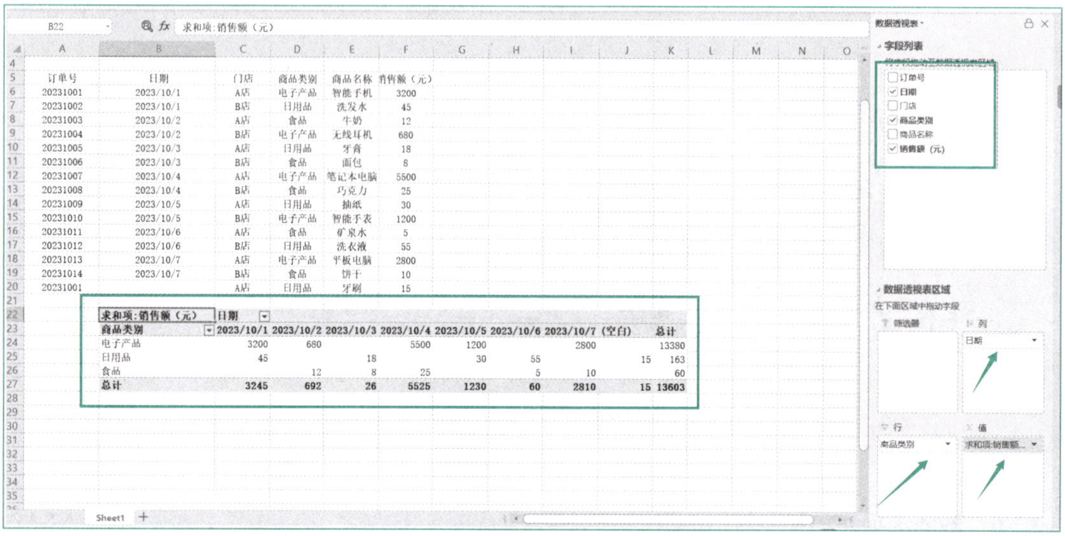

图 10-9　配置数据透视表字段

单击值字段，选择“值字段设置”命令，在弹出的“值字段设置”对话框中可以修改计算方式，如平均值、计数等。

项目操作

1. 数据表创建

将促销活动销售数据导入 WPS 表格（或自行创建表格），表格包含订单号、日期、门店、商品类别、商品名称，以及销售额（元）列，如图 10-10 所示。

订单号	日期	门店	商品类别	商品名称	销售额（元）
20231001	2023/10/1	A店	电子产品	智能手机	3200
20231002	2023/10/1	B店	日用品	洗发水	45
20231003	2023/10/2	A店	食品	牛奶	12
20231004	2023/10/2	B店	电子产品	无线耳机	680
20231005	2023/10/3	A店	日用品	牙膏	18
20231006	2023/10/3	B店	食品	面包	8
20231007	2023/10/4	A店	电子产品	笔记本电脑	5500
20231008	2023/10/4	B店	食品	巧克力	25
20231009	2023/10/5	A店	日用品	抽纸	30
20231010	2023/10/5	B店	电子产品	智能手表	1200
20231011	2023/10/6	A店	食品	矿泉水	5
20231012	2023/10/6	B店	日用品	洗衣液	55
20231013	2023/10/7	A店	电子产品	平板电脑	2800
20231014	2023/10/7	B店	食品	饼干	10
20231001	2023/10/3	A店	日用品	牙刷	15

图 10-10　促销活动销售数据

2. 数据排序

按销售额从高到低排序，找出最畅销的商品。选中销售额列任意单元格，单击“数据”选项卡下的“降序”按钮，如图 10-11 所示。

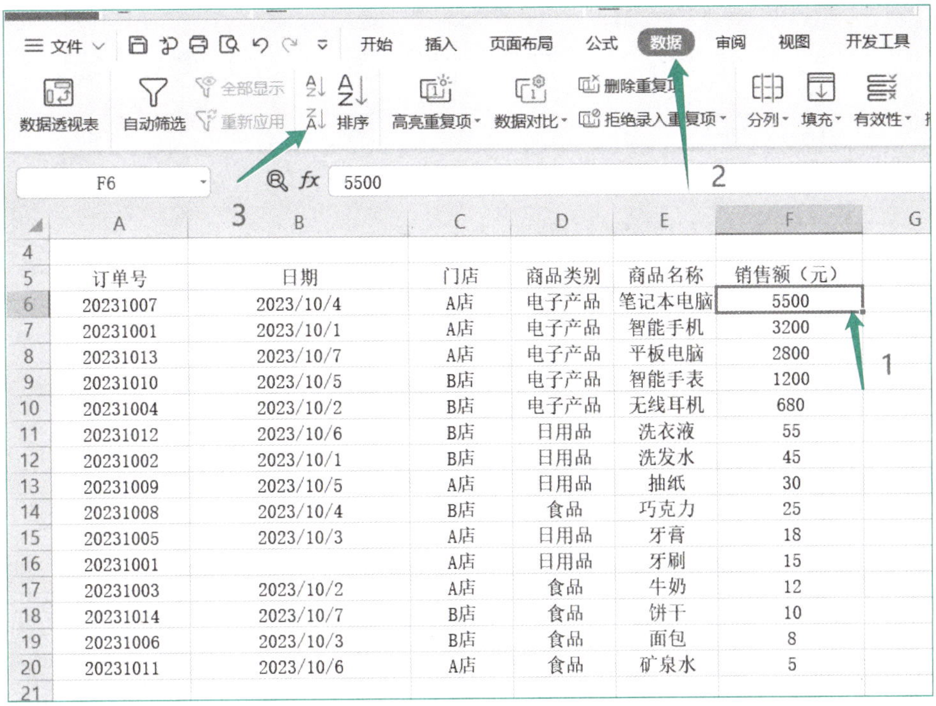

	A	B	C	D	E	F
4						
5	订单号	日期	门店	商品类别	商品名称	销售额（元）
6	20231007	2023/10/4	A店	电子产品	笔记本电脑	5500
7	20231001	2023/10/1	A店	电子产品	智能手机	3200
8	20231013	2023/10/7	A店	电子产品	平板电脑	2800
9	20231010	2023/10/5	B店	电子产品	智能手表	1200
10	20231004	2023/10/2	B店	电子产品	无线耳机	680
11	20231012	2023/10/6	B店	日用品	洗衣液	55
12	20231002	2023/10/1	B店	日用品	洗发水	45
13	20231009	2023/10/5	A店	日用品	抽纸	30
14	20231008	2023/10/4	B店	食品	巧克力	25
15	20231005	2023/10/3	A店	日用品	牙膏	18
16	20231001		A店	日用品	牙刷	15
17	20231003	2023/10/2	A店	食品	牛奶	12
18	20231014	2023/10/7	B店	食品	饼干	10
19	20231006	2023/10/3	B店	食品	面包	8
20	20231011	2023/10/6	A店	食品	矿泉水	5

图 10-11　根据销售额降序排序

3. 数据筛选

筛选出活动期间内（10 月 1 日至 3 日）的销售数据。选中数据区域后，单击“数据”选项卡下的“自动筛选”按钮，选择日期进行筛选，得到活动期间内的销售数据，如图 10-12 所示。

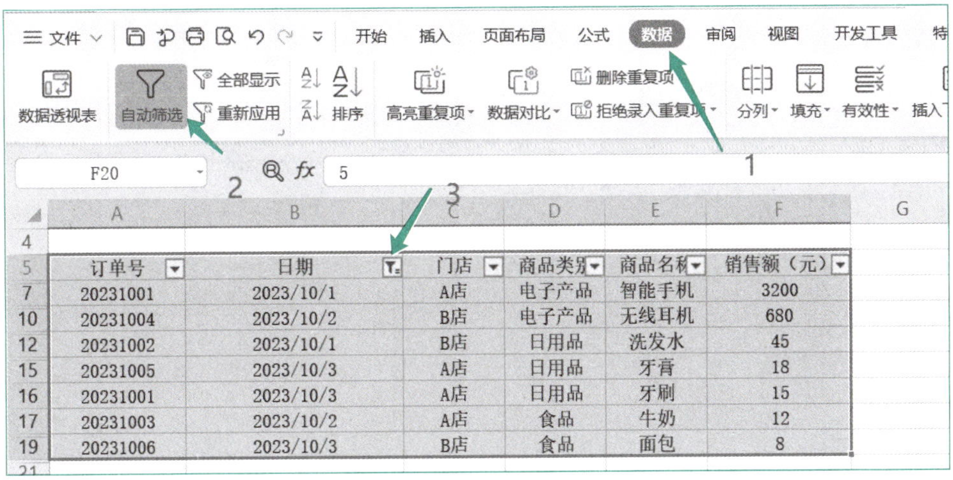

	A	B	C	D	E	F
4						
5	订单号	日期	门店	商品类别	商品名称	销售额（元）
7	20231001	2023/10/1	A店	电子产品	智能手机	3200
10	20231004	2023/10/2	B店	电子产品	无线耳机	680
12	20231002	2023/10/1	B店	日用品	洗发水	45
15	20231005	2023/10/3	A店	日用品	牙膏	18
16	20231001	2023/10/3	A店	日用品	牙刷	15
17	20231003	2023/10/2	A店	食品	牛奶	12
19	20231006	2023/10/3	B店	食品	面包	8

图 10-12　根据日期进行筛选

4. 分类汇总

按商品类别汇总销售额，分析不同类别商品的销售情况。

要对商品类别进行分类汇总，首先根据商品类别进行排序，然后单击“数据”选项卡下的“分类汇总”按钮，在弹出的“分类汇总”对话框中设置分类字段为“商品类别”，汇总方式为“求和”，汇总项为“销售额”，如图 10-13 所示。

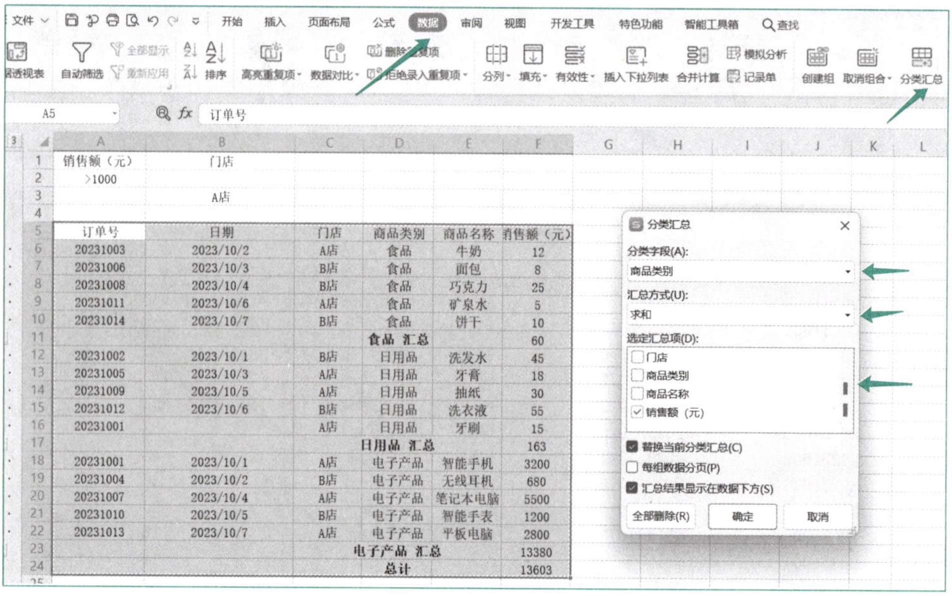

图 10-13　对商品类别进行分类汇总

5. 创建数据透视表

通过数据透视表来分析不同地区、不同时间段的销售情况。

（1）创建数据透视表，选中数据区域，单击“插入”选项卡下的“数据透视表”按钮，弹出“创建数据透视表”对话框，选择位置，如图 10-14 所示。

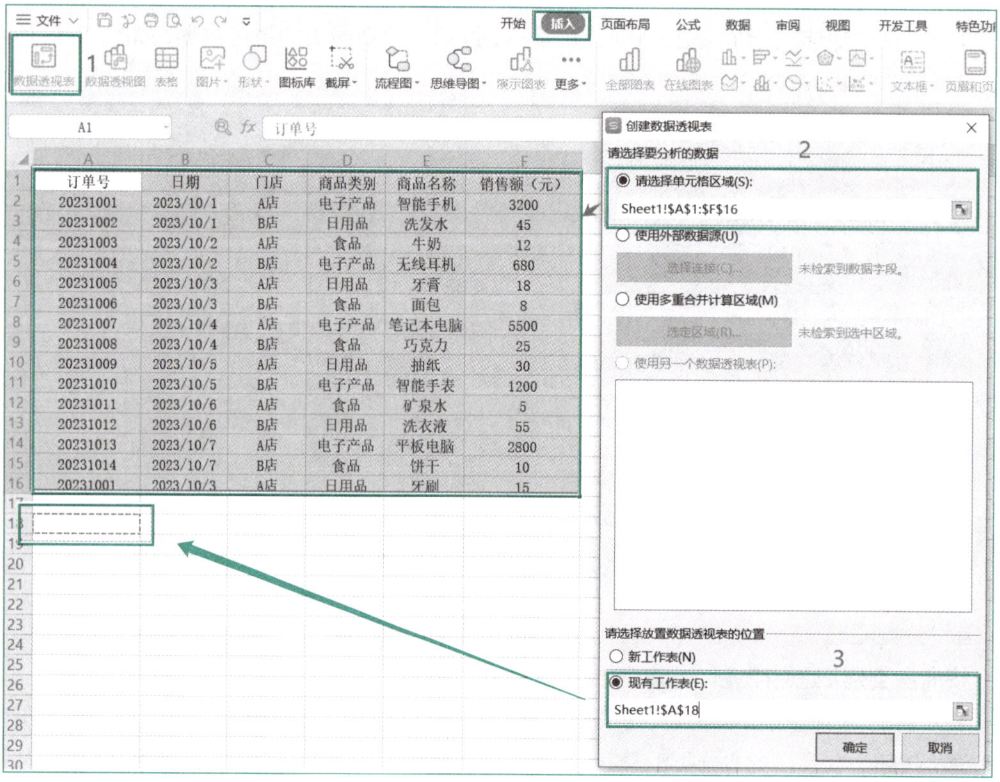

图 10-14　插入数据透视表

（2）配置数据透视表字段，行为“门店”，列为“日期”，值为“销售额”，计算方式为求和，如图 10-15 所示。

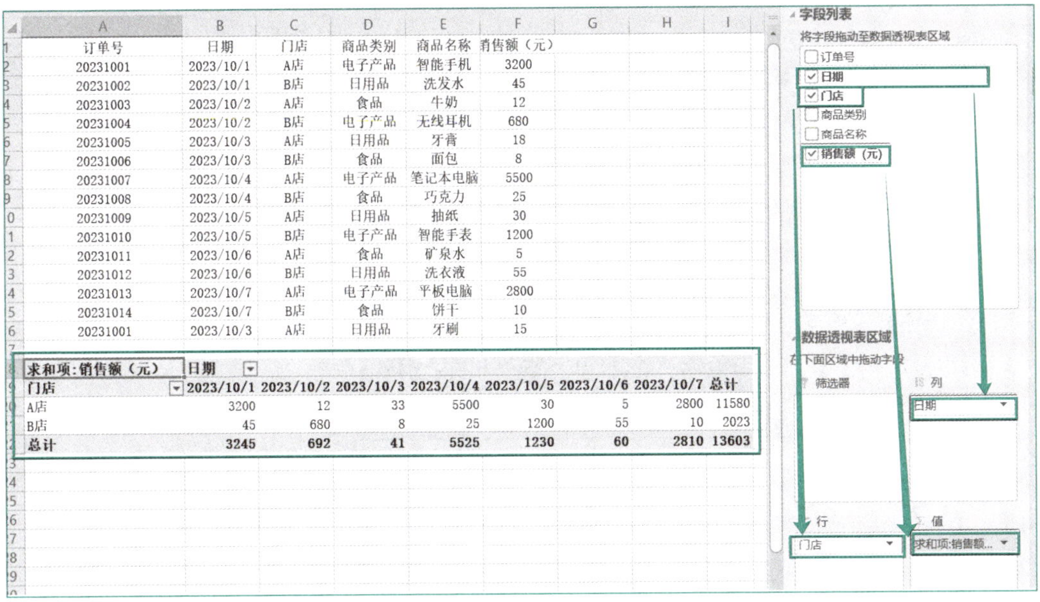

订单号	日期	门店	商品类别	商品名称	销售额（元）
20231001	2023/10/1	A店	电子产品	智能手机	3200
20231002	2023/10/1	B店	日用品	洗发水	45
20231003	2023/10/2	A店	食品	牛奶	12
20231004	2023/10/2	B店	电子产品	无线耳机	680
20231005	2023/10/3	A店	日用品	牙膏	18
20231006	2023/10/3	B店	食品	面包	8
20231007	2023/10/4	A店	电子产品	笔记本电脑	5500
20231008	2023/10/4	B店	食品	巧克力	25
20231009	2023/10/5	A店	日用品	抽纸	30
20231010	2023/10/5	B店	电子产品	智能手表	1200
20231011	2023/10/6	A店	食品	矿泉水	5
20231012	2023/10/6	B店	日用品	洗衣液	55
20231013	2023/10/7	A店	电子产品	平板电脑	2800
20231014	2023/10/7	B店	食品	饼干	10
20231001	2023/10/3	A店	日用品	牙刷	15

求和项:销售额（元）	日期							
门店	2023/10/1	2023/10/2	2023/10/3	2023/10/4	2023/10/5	2023/10/6	2023/10/7	总计
A店	3200	12	33	5500	30	5	2800	11580
B店	45	680	8	25	1200	55	10	2023
总计	3245	692	41	5525	1230	60	2810	13603

图 10-15　配置数据透视表字段

实训练习

某电商公司 2025 年第三季度销售数据（见素材）已整理完毕，需通过数据分析完成业务报告。

（1）按“销售额”从高到低排序，找出销售额最高的订单号。

（2）筛选出“产品类别”为“数码”且“地区”为“北京”的订单。

（3）按“支付方式”分类，汇总每种支付方式的总销售额。

（4）创建数据透视表，分析各“地区”和“产品类别”的销售额总和。

（5）计算每个订单的利润率，计算公式为：利润率 =（销售额 – 成本）/ 销售额。

拓展延伸

在实训练习中，可以通过手动输入公式计算每个订单的利润率，其实还可以在数据透视表中使用计算字段功能来计算订单的利润率。计算字段是基于现有数据列的公式运算生成的新字段，用于扩展数据维度或实现自定义指标。它逐行计算，结果作为静态列存储在数据源中，适用于需要预计算的场景。

使用步骤：

（1）使用实训练习中的数据表来创建数据透视表，选中数据后单击“插入”选项卡中的“数据透视表”按钮，弹出“创建数据透视表”对话框，选择数据源，以及透视表存放的位置“新工作表”，单击“确定”按钮，如图 10-16 所示。

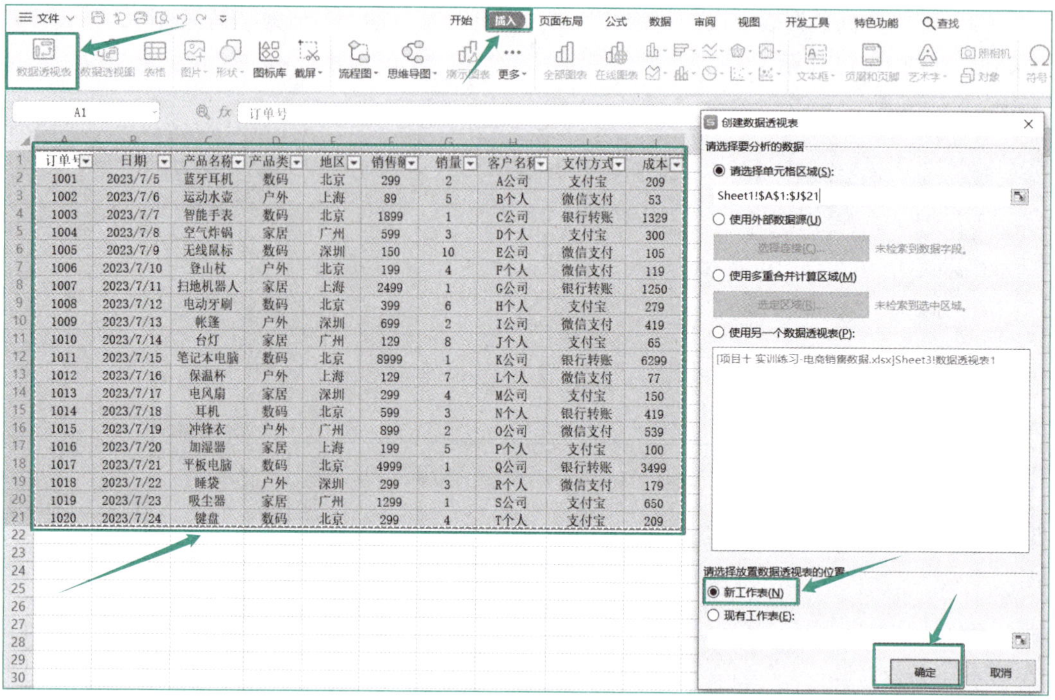

图 10-16　创建数据透视表

（2）添加计算字段：单击插入的数据透视表区域，单击“分析”选项卡，选择“字段、项目”按钮下的“计算字段”命令，弹出“插入计算字段”对话框，如图 10-17 所示。

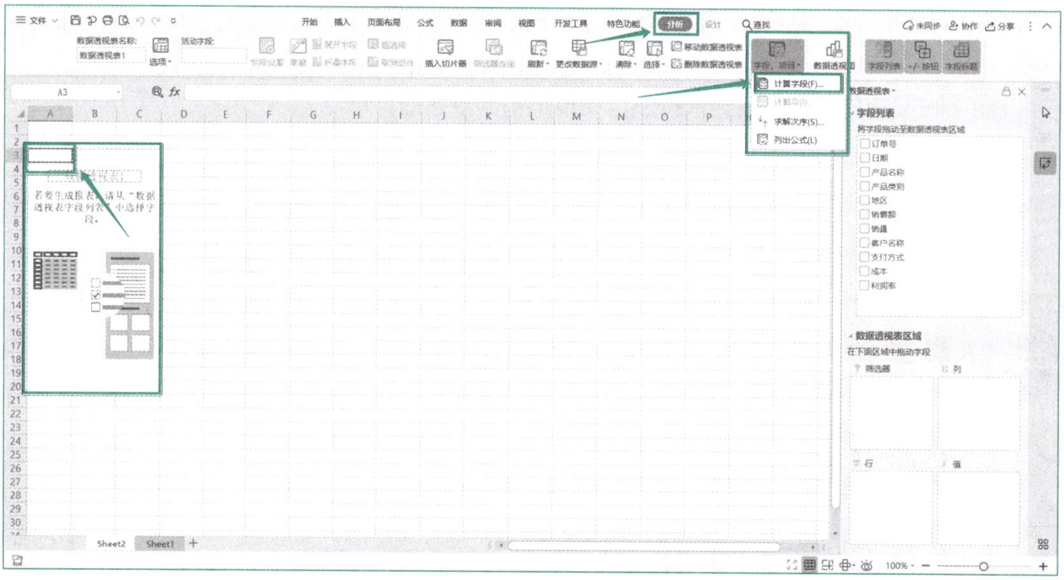

图 10-17　选择“计算字段”功能

（3）在“插入计算字段”对话框中，输入名称“利润率”及公式“=（销售额－成本）/销售额”，其中“销售额”和“成本”可以从下方的“字段”列表中双击或单击“插入字段”按钮来添加，如图 10-18 所示。添加后可在数据透视表的字段区域找到“利润率”字段，如图 10-19 所示。

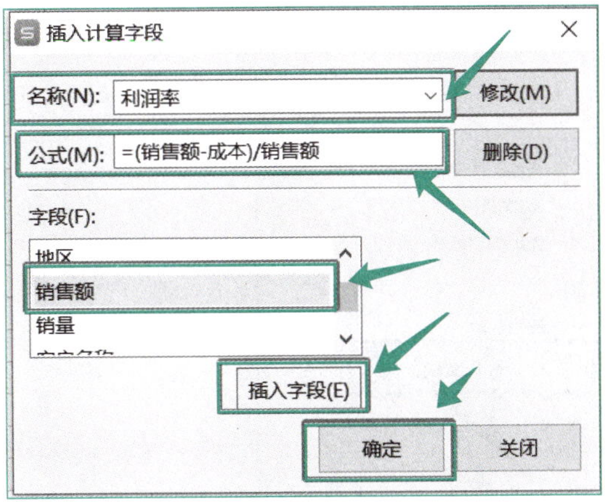

图 10-18　插入计算字段“利润率”

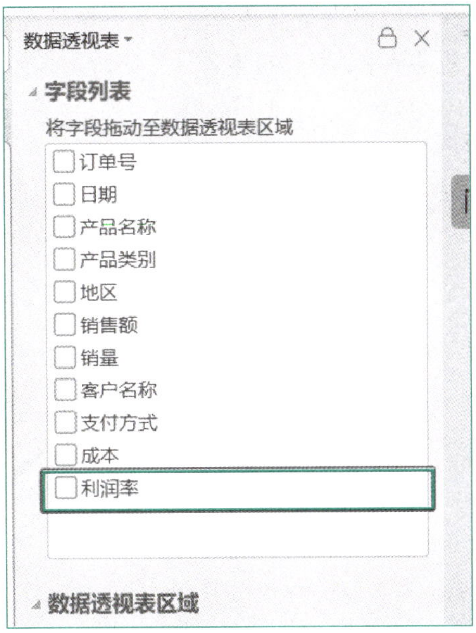

图 10-19　字段列表中的“利润率”字段

（4）选中数据透视表，将“订单号”字段拖入行区域，“利润率”字段拖入值区域，如图 10-20 所示。

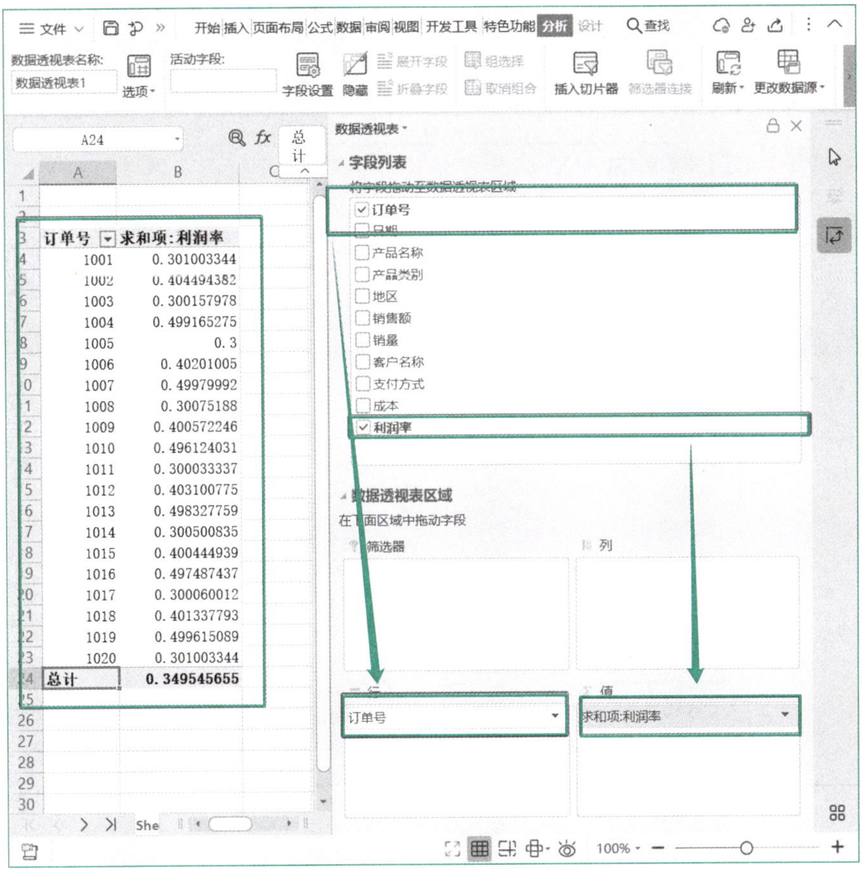

图 10-20　设置数据透视表的字段

（5）单击数据透视表区域，值区域中的“求和项：利润率”字段右侧的下拉箭头，在弹出的菜单中选择“值字段设置”功能，如图 10-21 所示。

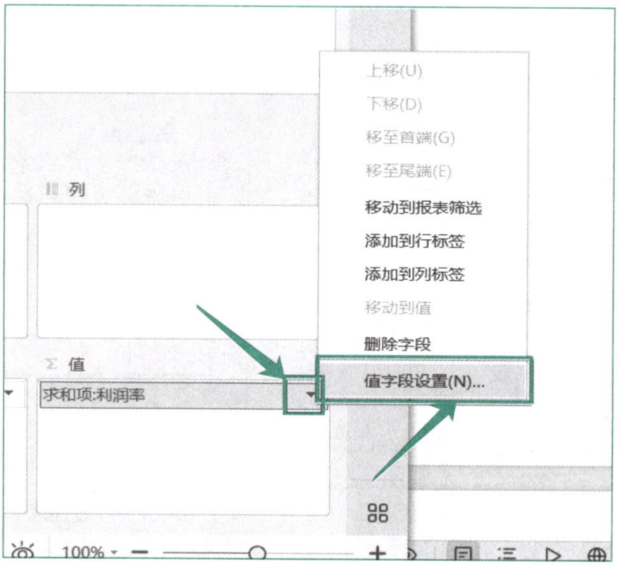

图 10-21　值字段设置

（6）在弹出的“值字段设置”对话框中，单击左下角的“数字格式”按钮，在弹出的“单元格格式”对话框中，选择“百分比”格式，小数位数为 2 位，然后单击“确定”按钮，如图 10-22 和图 10-23 所示。

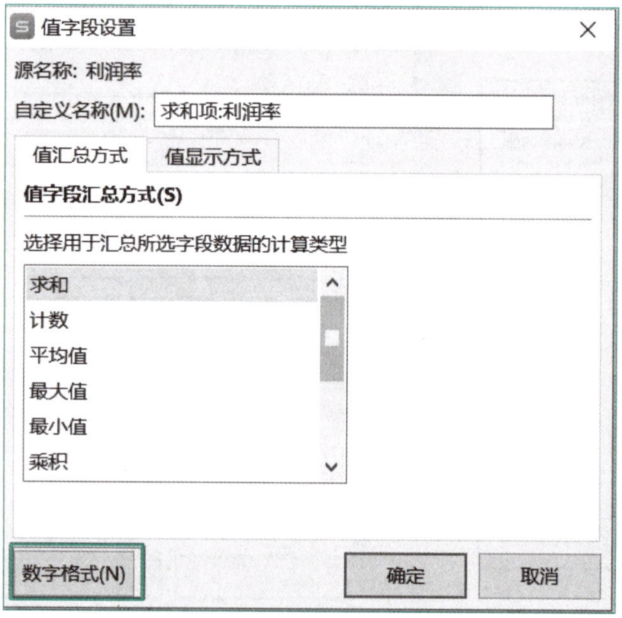

图 10-22　“数字格式”设置入口

最后得到的“利润率”结果如图 10-24 所示。

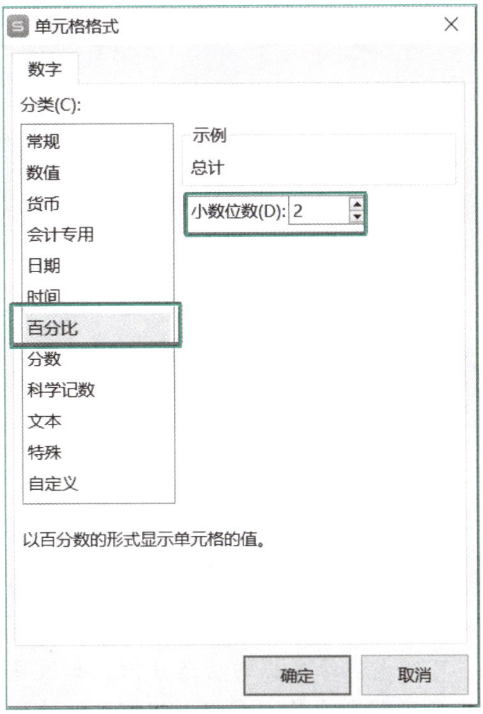

图 10-23　设置数字格式为“百分比”

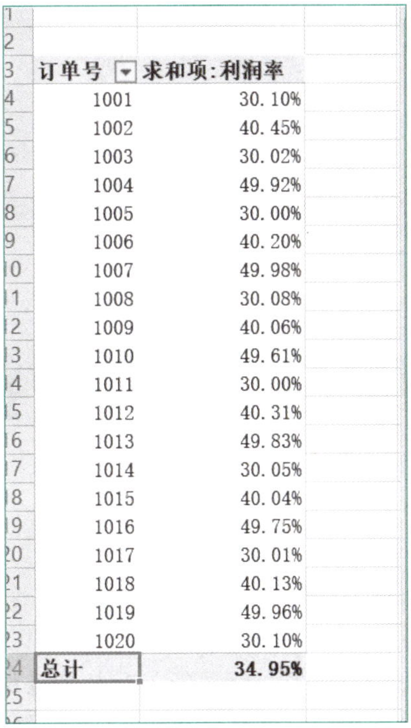

订单号	求和项:利润率
1001	30.10%
1002	40.45%
1003	30.02%
1004	49.92%
1005	30.00%
1006	40.20%
1007	49.98%
1008	30.08%
1009	40.06%
1010	49.61%
1011	30.00%
1012	40.31%
1013	49.83%
1014	30.05%
1015	40.04%
1016	49.75%
1017	30.01%
1018	40.13%
1019	49.96%
1020	30.10%
总计	34.95%

图 10-24　通过“计算字段”功能计算出的利润率

小课堂

在数据分析中，“排序”看似是一个简单的技术动作——按某列升序或降序排列数据，但其背后隐藏着深刻的价值观博弈。在电商平台中，按“利润”降序排序，则优先展示奢侈品，若按“销量”排序，热销的日用品则获得更多曝光。这种排序逻辑潜移默化地塑造了消费者的选择倾向和社会消费文化的走向。

2020 年，某知名招聘平台被曝出“薪资排序歧视”：当用户选择按薪资从高到低排序时，系统默认过滤掉女性占比高的岗位。排序算法若未经价值观校准，可能成为偏见与歧视的“帮凶”。类似问题在公共领域更为严峻：城市发展规划中，若仅按 GDP 数据排序，优先开发高产值区域，教育、医疗等民生领域的“隐性需求”将被忽视，长期如此将加剧社会矛盾。

数据冰冷，但分析者应有温度——以多元指标替代单一标准，用透明算法抵御隐性歧视，让排序从效率工具升华为社会进步的推手。技术能力与伦理意识的平衡，正是数字时代责任担当的试金石。

项目十一
WPS 表格数据可视化

数据可视化是数据分析的重要工具，能够将抽象的数据转化为直观的图表，帮助用户快速发现规律、传递信息。WPS 表格作为常用的数据处理工具，提供了丰富的图表类型（如柱状图、折线图、饼图等）和数据透视图功能，可实现多维数据的动态分析。本项目将通过实际案例，学习 WPS 表格中图表和数据透视图的操作方法，掌握数据可视化的核心技能。

学习目标

◎掌握 WPS 表格基础图表（柱状图、折线图）的创建与动态交互设计。

◎熟练使用数据透视图实现多维度动态分析。

项目描述

某公司需要分析 2023 年各区域销售数据，通过 WPS 表格完成以下任务：

（1）使用柱状图展示各区域月度销售额对比。

（2）利用数据透视图分析不同产品类别的利润分布。

项目分析

为了完成本次销售数据分析任务，需要按照以下步骤进行：

（1）通过插入图表功能生成柱状图，调整坐标轴和颜色，增强可读性。

（2）数据透视图需通过字段拖拽实现动态分析，重点关注行、列、值的合理搭配。过程中需注意数据选择的完整性，避免因遗漏数据导致分析偏差。

相关知识

1. 图表创建

1）选择数据范围

明确需要可视化的数据区域（如销售额、区域等），确保数据连续且无空行、空列。

2）插入图表

通过“插入”选项卡选择图表类型（如柱状图、折线图等），WPS 表格将自动生成初始图表。WPS 表格提供了多种图表类型，而每一种图表类型又分成了几个子图表类型，其中常见的图表类型主要有柱形图、折线图、饼图、条形图、面积图、散点图等，如图 11-1 所示。

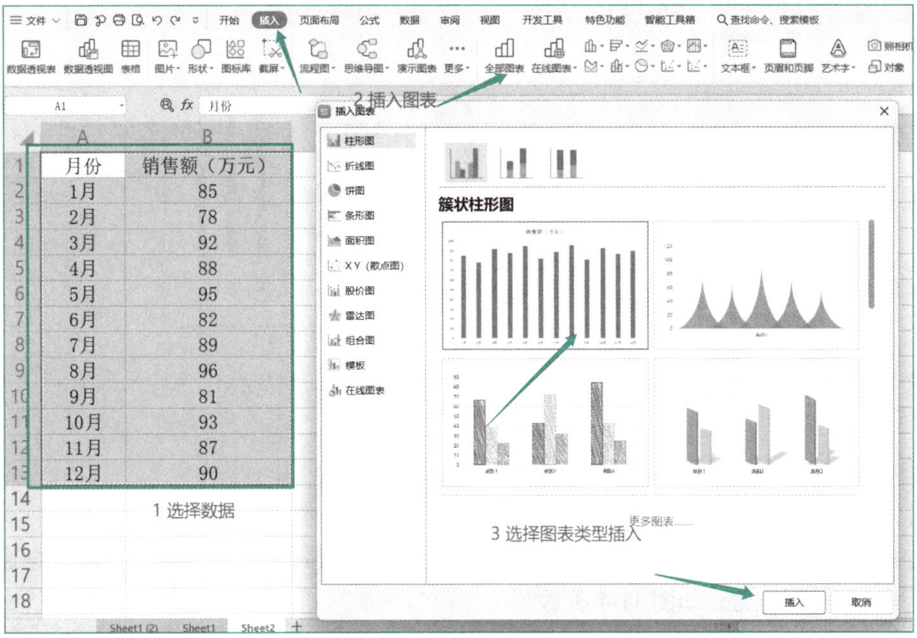

图 11-1　插入图表

3）调整数据源

右击图表选择“选择数据”命令，可增删数据系列或调整横纵轴字段，如图 11-2 所示。

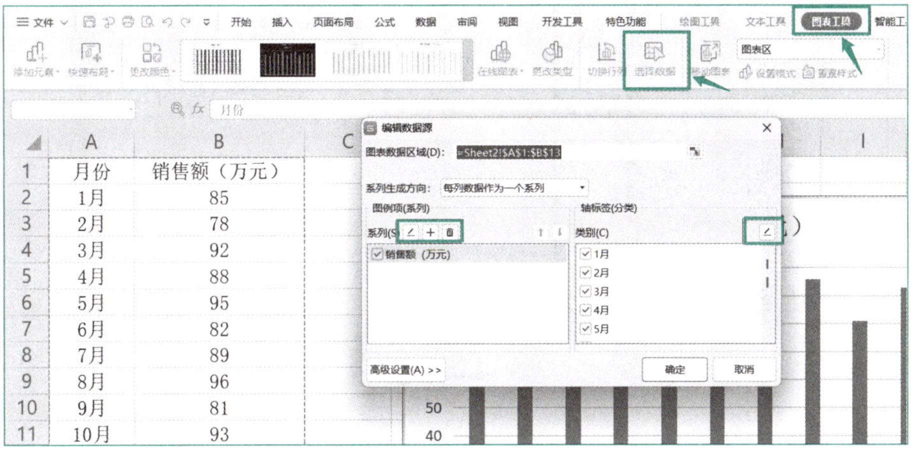

图 11-2　调整图表

4）设置图表元素

通过“图表工具”添加 / 修改标题、坐标轴标签、图例、数据标签等，提升可读性，如图 11-3 所示。

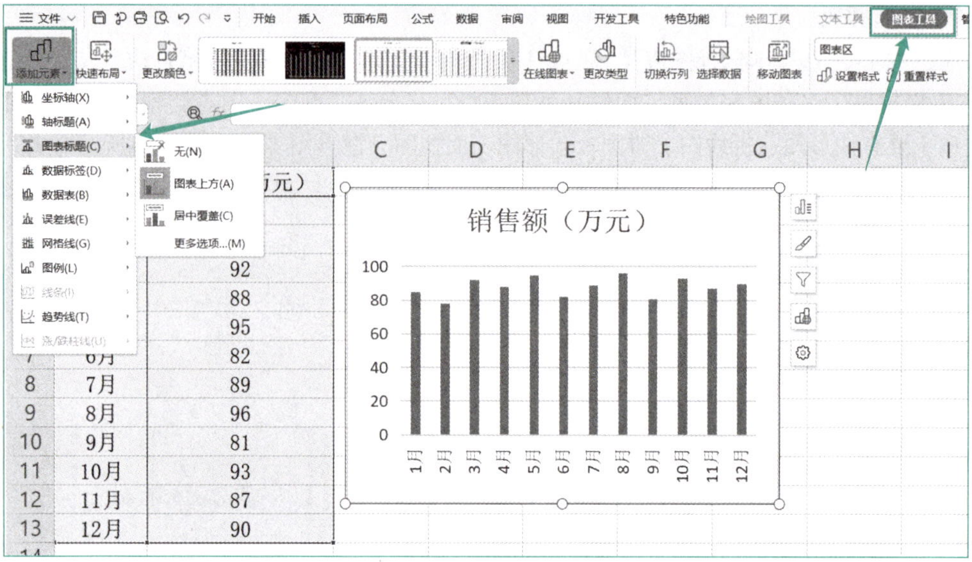

图 11-3　设置图表元素

2. 数据透视图

1）插入数据透视图

选中数据区域，单击“插入”选项卡→“数据透视图”按钮，在弹出的“创建数据透视图”对话框中选择放置位置，如图 11-4 所示。

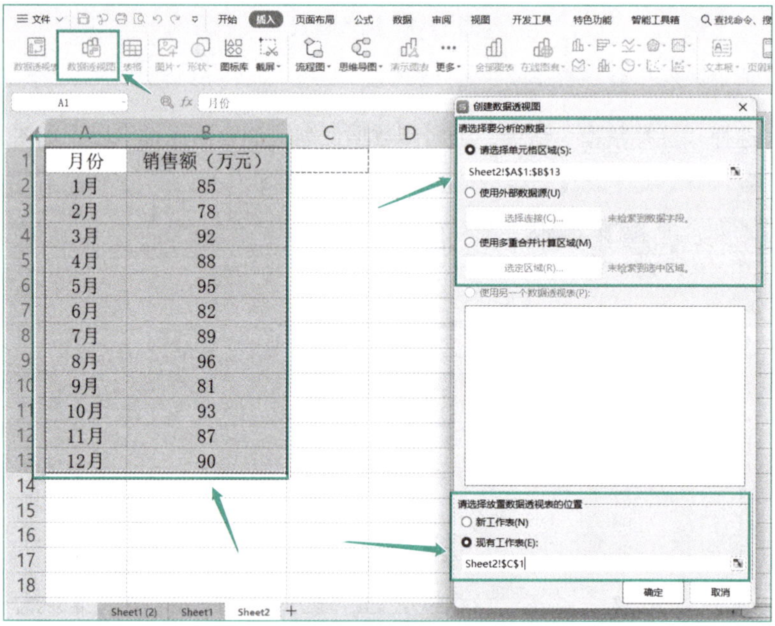

图 11-4　插入数据透视图

2）配置字段

单击数据透视图配置数据字段，如图 11-5 所示。

行 / 列字段：分类维度（如“产品类别”“区域”）。

值字段：统计指标（如“利润”“销售额”）。

筛选器：动态过滤数据（如按月份筛选）。

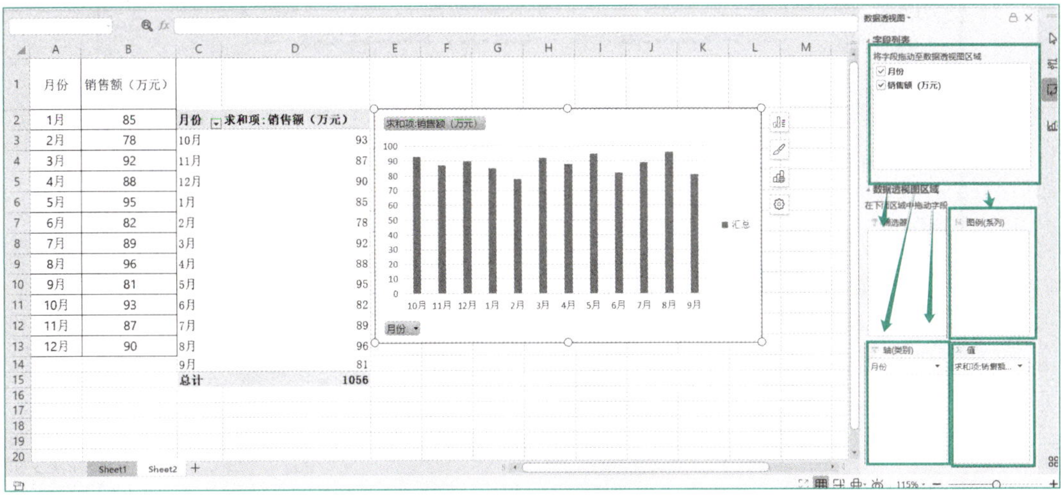

图 11-5　配置数据透视图字段

3）选择图表类型

右击数据透视图，在弹出的快捷菜单中选择“更改图标类型”命令，如图 11-6 所示。

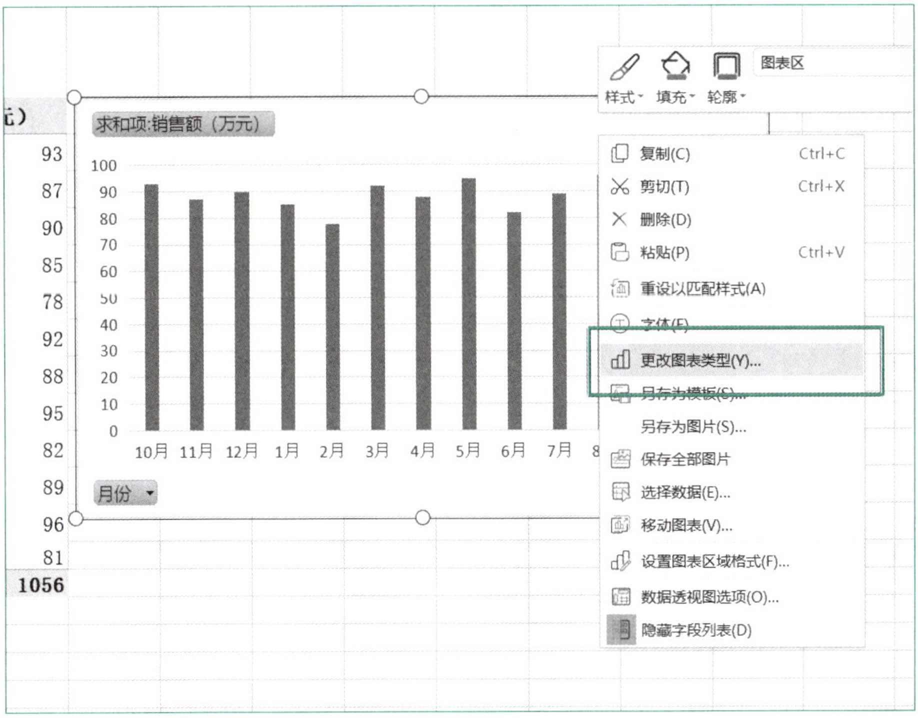

图 11-6　更改数据透视图类型

在“更改图表类型”对话框中，可以选择切换图表类型（如饼图、柱形图等），如图 11-7 所示。

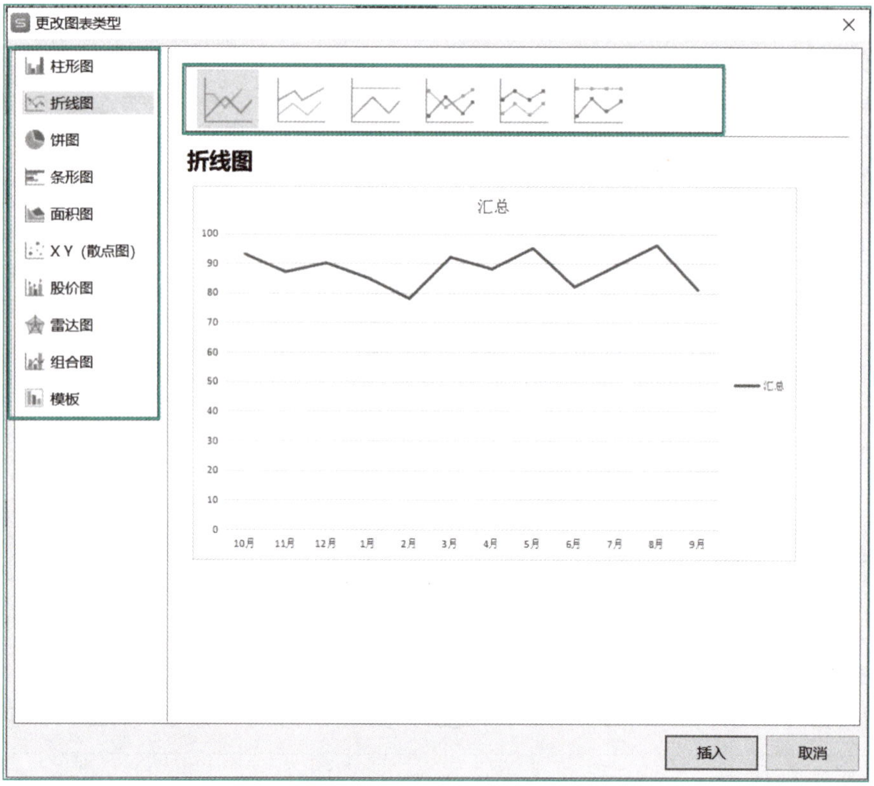

图 11-7 更改图表类型

4）交互分析

（1）单击“字段”下拉箭头筛选数据（此处字段为“月份”），如图 11-8 所示。

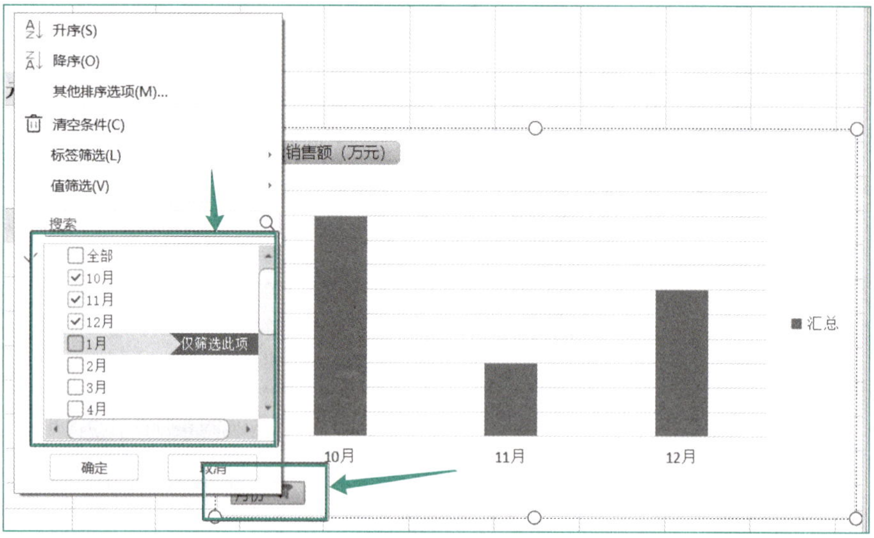

图 11-8 筛选数据

（2）双击图表元素，或者右击，选择“显示详细信息”命令，可查看明细数据，如图 11-9 和图 11-10 所示。

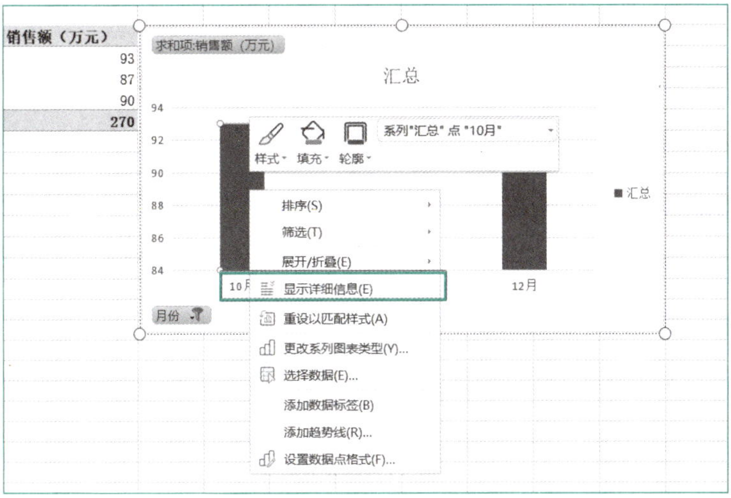

图 11-9　查看详细数据

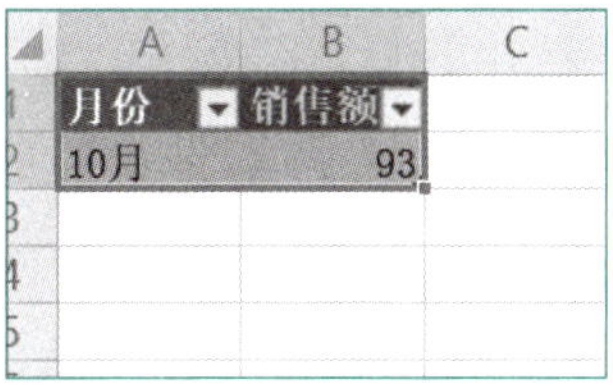

图 11-10　详细数据显示

项目操作

1. 创建柱状图，展示各区域月度销售额对比

（1）选择数据区域（A1:E37），单击“插入”→“全部图表”按钮，在弹出的“插入图表”对话框中选择“柱形图”→“簇状柱形图”，如图 11-11 所示。

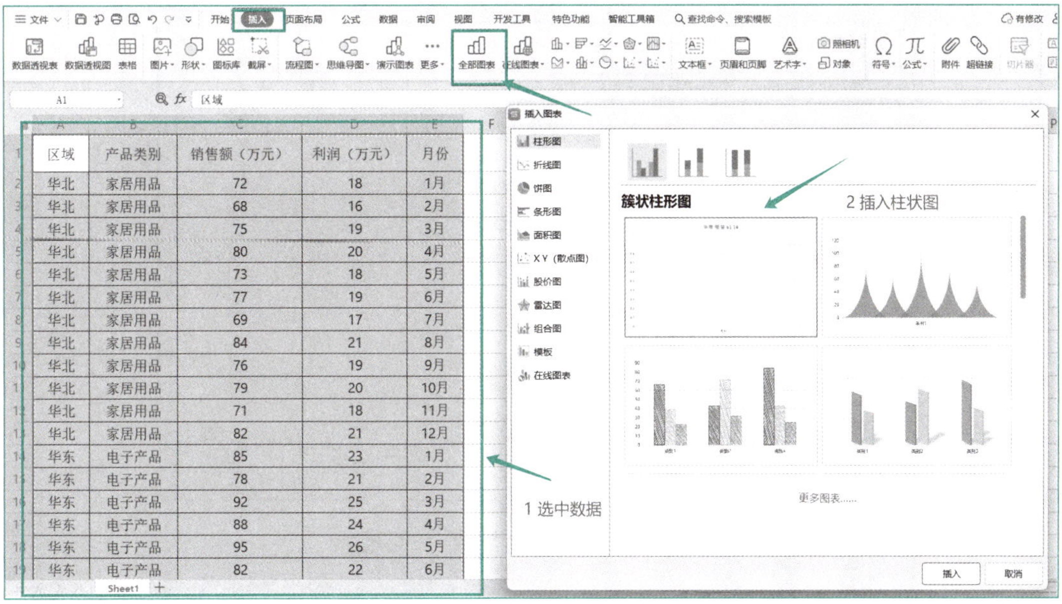

图 11-11　插入柱状图

（2）设置图表数据源。右击图表空白处，选择“选择数据”命令，弹出“编辑数据源”对话框，如图 11-12 和图 11-13 所示。

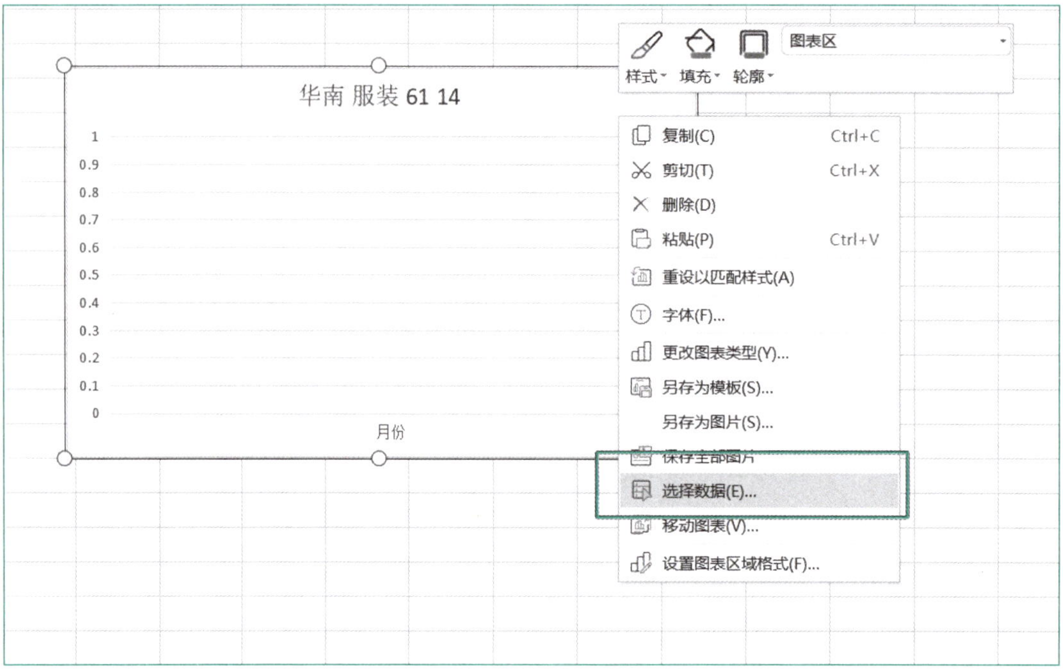

图 11-12 “选择数据”命令

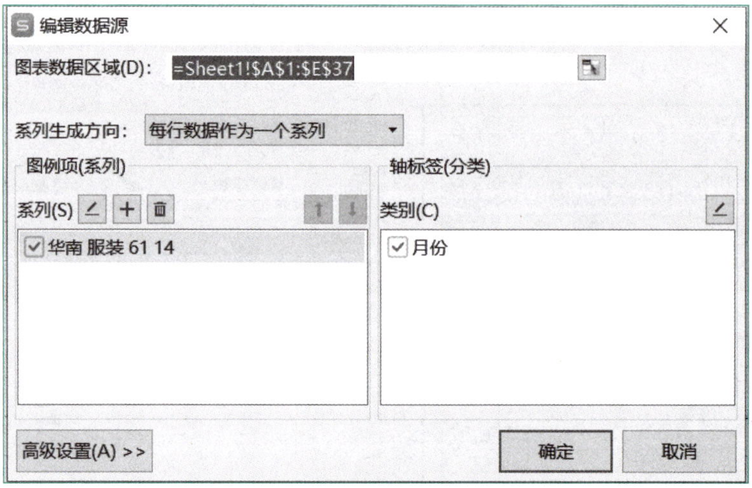

图 11-13 “编辑数据源”对话框

（3）图例项（系列）：单击“编辑”或“添加”按钮，弹出“编辑数据系列”对话框，如图 11-14 和图 11-15 所示。在“系列名称”中输入“华北”，“系列值”选择 C2:C13（销售额列），如图 11-16 所示。重复添加“华东”“华南”系列，分别对应各自区域对应的销售额（华东为 C14:C25，华南为 C26:C37），如图 11-17 所示。

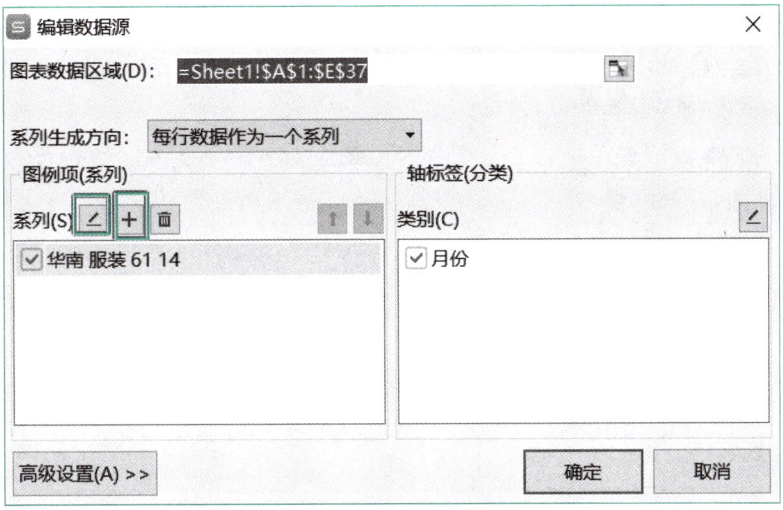

图 11-14　单击“编辑”或“添加”按钮

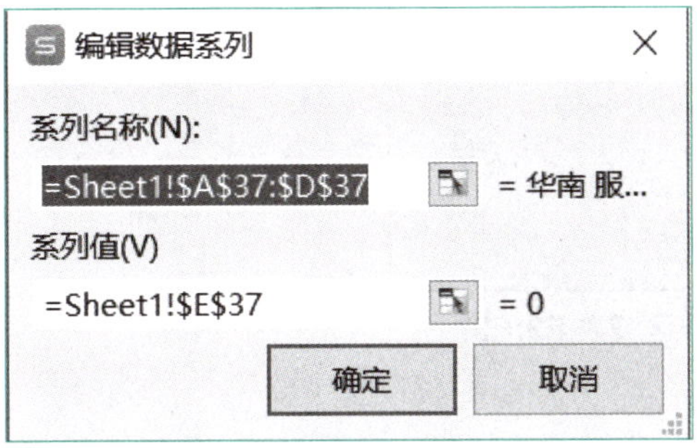

图 11-15　“编辑数据系列”对话框

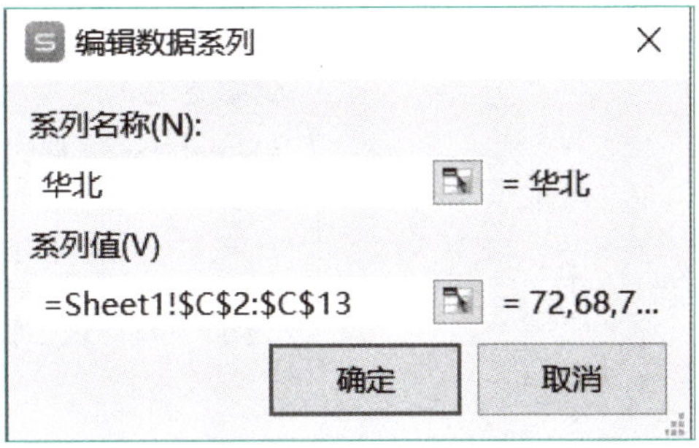

图 11-16　编辑“系列名称”和“系列值”

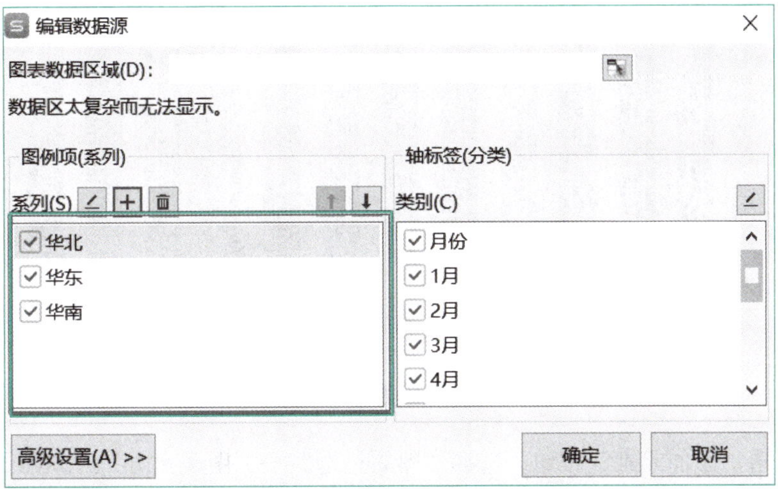

图 11-17　添加“华东”和“华南”系列

（4）轴标签（分类）：单击“编辑”按钮（见图 11-18），在弹出的“轴标签”对话框中选择 E2:E37（月份列），如图 11-19 所示。设置后的结果如图 11-20 所示。

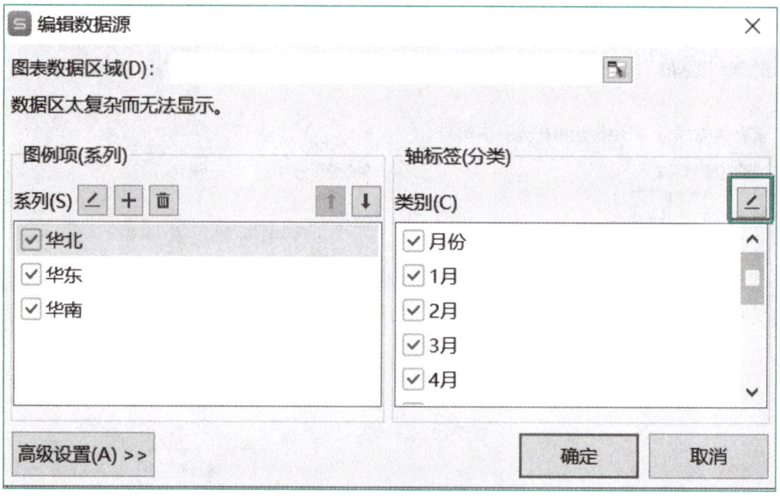

图 11-18　编辑图表轴标签

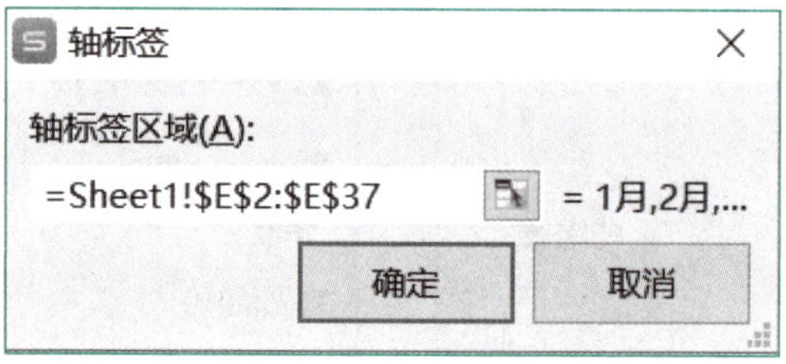

图 11-19　设置轴标签区域为 E2:E37

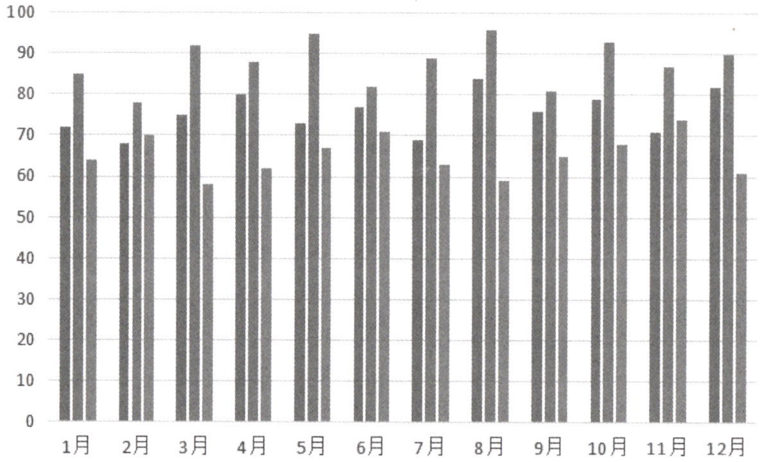

图 11-20　设置图例项和轴标签后的柱状图

（5）单击“添加元素”按钮，选择“图表标题”→“图表上方”，如图 11-21 所示。将图表标题修改为“2023 年各区域月度销售额对比”，在下方添加图例以区分区域，如图 11-22 所示。

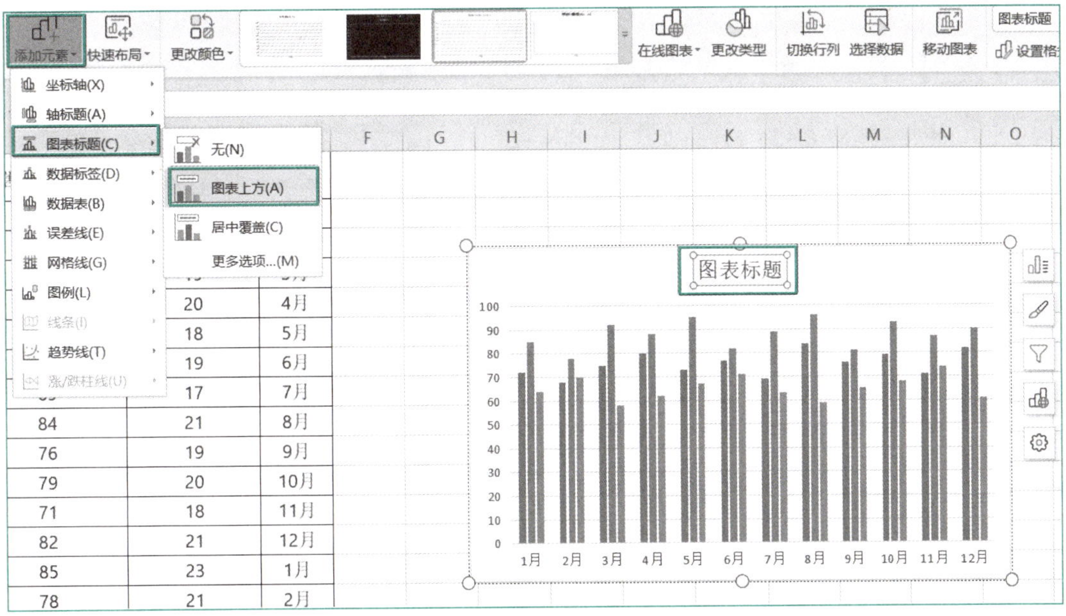

图 11-21　添加“图表标题”元素

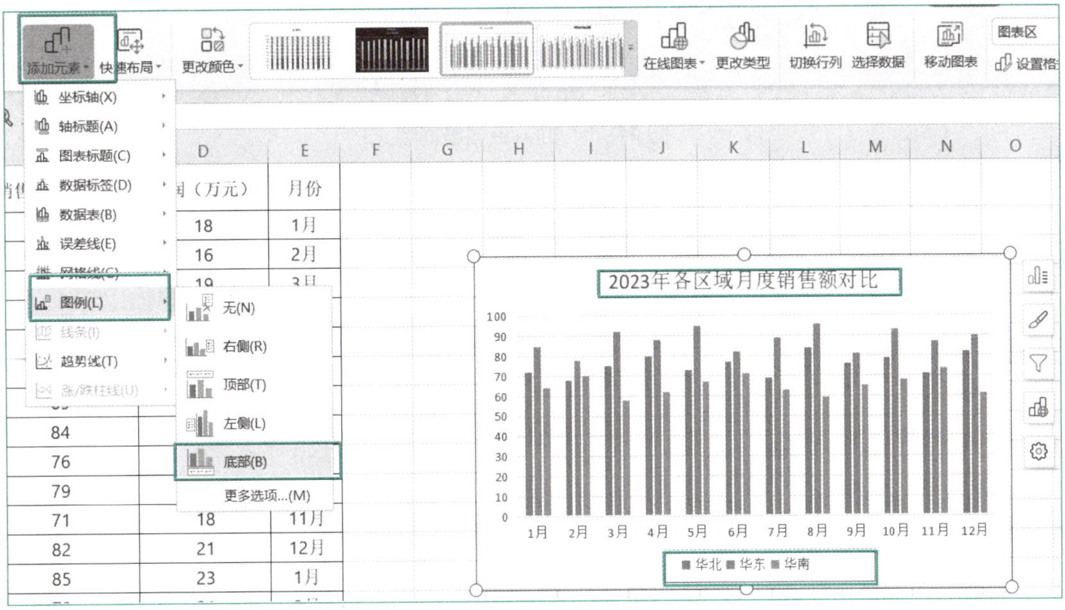

图 11-22　修改标题并添加图例

2. 制作数据透视图

（1）插入数据透视图。选中原始数据区域 A1:E37。单击“插入”→“数据透视图”按钮，弹出“创建数据透视图”对话框，选择“新工作表”放置透视图，如图 11-23 所示。

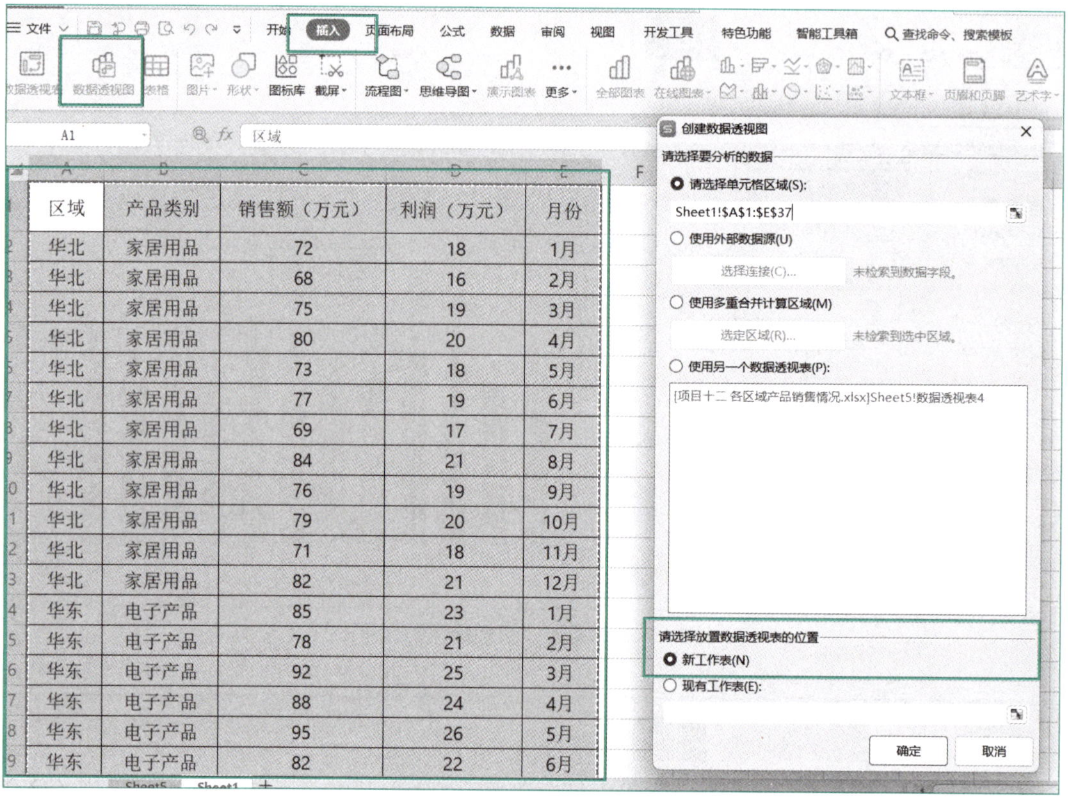

图 11-23　插入数据透视图

（2）配置字段。在字段列表（右侧面板），将“产品类别”拖至“行”区域；将“利润”拖至“值”区域（确保计算方式为“求和”）；将“区域”拖至“筛选器”区域，如图 11-24 所示。

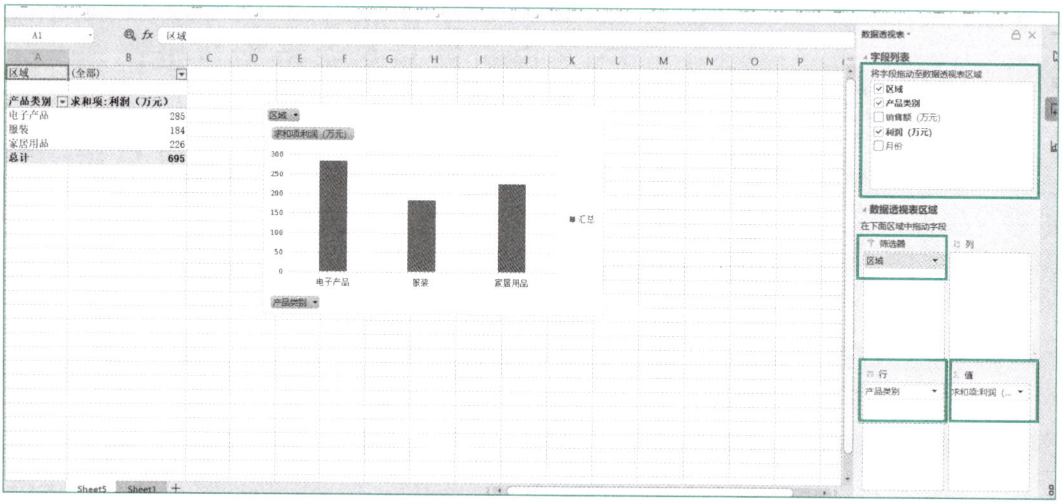

图 11-24　配置字段

（3）动态筛选分析。单击图表上方“区域”筛选下拉箭头，勾选“华东”“华北”“华南”中的任意一个（如“华东”），饼图会自动更新，显示华东地区各产品类别的利润占比，如图 11-25 所示。

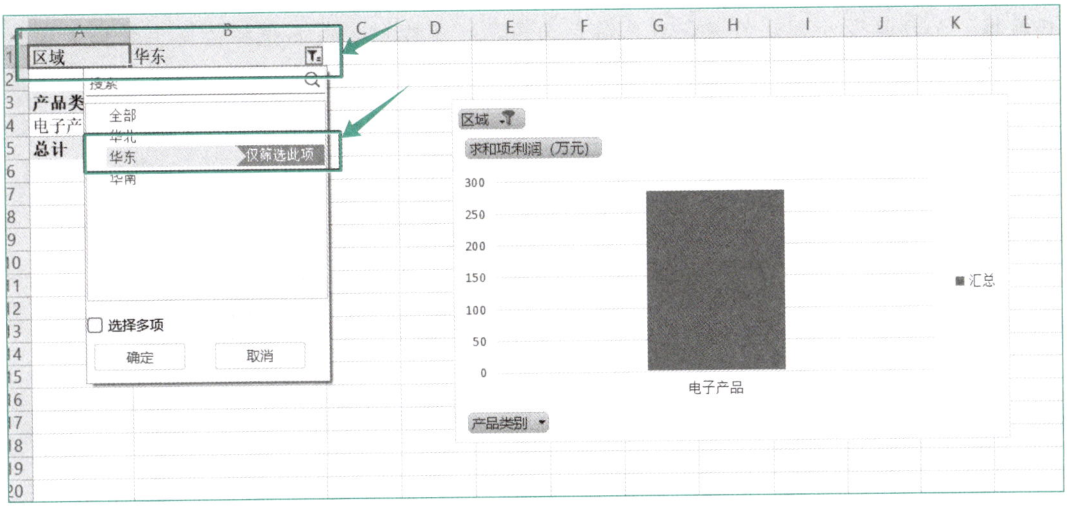

图 11-25　筛选数据

实训练习

使用同一组数据完成以下练习：

（1）用折线图展示“华南地区”各月销售额趋势。

（2）创建数据透视图，分析“家居用品”在不同区域的利润占比。

拓展延伸

Excel 超级表（也称结构化表格）是 Excel 中高效管理动态数据的核心工具，可将普通数据区域转换为智能数据库，显著提升数据处理的自动化程度与分析效率。创建与操作超级表的方法如下：

选中数据区域任意单元格，按【Ctrl+T】组合键或在单击“插入”选项卡下的“表格”按钮，勾选“包含标题”后确认，即可生成带斑马纹和筛选按钮的超级表。创建后，可通过“表格工具”设计选项卡进行功能扩展：

（1）自动填充公式——在任意列输入公式（如“利润 = 销售额 – 成本”），系统自动填充整列。

（2）切片器交互——插入切片器并选择字段（如“区域”），单击按钮即可联动筛选表格及关联图表。

（3）快速汇总——勾选“汇总行”自动生成平均值、求和等统计值。

小课堂

数据可视化不仅是技术工具，更是信息时代的“语言艺术”。在掌握图表制作技能的同时，同学们应深刻认识到数据真实性是可视化分析的根基。课程案例中使用的企业销售数据，必须来源于合法经营记录，避免为追求“美观结论”而选择性使用数据或篡改坐标轴刻度，这种行为如同地图错误标注国界，将导致决策偏差甚至法律风险。可视化成果的传播更需秉持社会责任意识。这要求同学们在设计图表时坚守职业道德，主动标注数据来源、样本量及统计方法，避免“用视觉冲击替代事实真相”。当代青年当以“数”为镜、以“图”为鉴，让数据可视化成为传递科学精神与社会价值的桥梁。

项目十二
多人在线文档编辑

在线办公与共享协作是数字化时代的核心能力，WPS 作为国产办公软件的领军者，深度融合云服务与协作工具，支持文档、表格、演示文稿等多类型文件的实时编辑、多端同步及权限管理，助力团队高效完成跨地域协作。本项目以实际工作场景为例，系统讲解 WPS 在线办公的核心功能与协作技巧，帮助学生掌握云端协同办公的完整流程。

学习目标

◎掌握 WPS 云文档的创建、存储与多端同步方法。

◎熟练使用共享协作功能，实现多人实时编辑与批注互动。

◎理解权限分级管理，灵活控制文档安全。

◎学会处理协作冲突与版本回溯，保障数据完整性。

◎强化数据安全意识与团队协作伦理。

项目描述

某市场团队需通过 WPS 协作完成《年度营销方案》，具体要求如下：

（1）创建在线文档并设置多级权限（编辑者、查看者、评论者）。

（2）团队成员分工编辑文案、数据表格及演示文稿，实时同步进度。

（3）使用批注功能讨论修改意见，解决编辑冲突并恢复误删内容。

项目分析

通过 WPS 云文档实现文件集中管理，利用“分享”功能分配权限确保信息安全。实时协作过程需关注多成员操作同步性，结合批注与 @ 功能提高沟通效率。冲突解决依赖版本历史对比与手动调整，需培养文档备份意识。过程中需遵循数据合规原则，避免敏感信息泄露。

相关知识

1. WPS 在线办公特性

1）云端一体化

云端一体化是指文档自动保存至 WPS 云，支持 PC、手机、平板多端实时同步。离线编辑内容联网后自动更新，确保数据连续性。

2）全格式支持

支持文字、表格、演示、PDF 等多类型文件在线协作编辑。支持 Office 格式无缝兼容，避免文件转换损失。

3）协作角色划分

所有者：管理成员权限，删除或转移文档。

编辑者：修改内容，插入图表与批注。

评论者：仅添加批注，不可直接编辑。

查看者：仅能阅读，无权更改内容。

2. 功能介绍

1）“分享”功能

（1）通过单击 WPS“首页”→“文档”→“我的云文档”按钮访问云端文件，如图 12-1 所示。

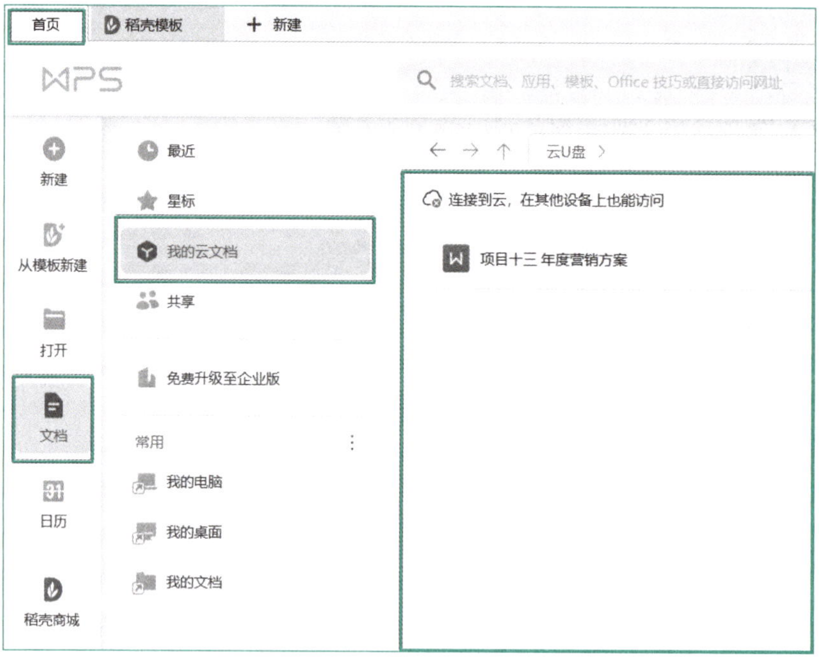

图 12-1　云文档面板

（2）“分享”按钮生成权限链接。

选中需要分享的文档，即在文档右侧显示“分享”按钮，单击“分享”按钮，在弹出的“分享”对话框中开启“与他人一起查看 / 编辑”开关，单击“复制链接”按钮，对文档生成权限链接，如图 12-2 所示。

图 12-2　分享在线文档并设置权限

（3）在“分享”对话框的“协作”区域显示在线成员头像与编辑状态，查看在线成员头像，单击头像后可更改权限状态，如图 12-3 所示。

图 12-3　“协作”区域

2）查看历史版本

通过“分享”进入文档的成员，可以单击“文件”菜单→“历史版本及记录”查看“历史版本”和“协作记录”，并进行文档恢复，如图 12-4 所示。

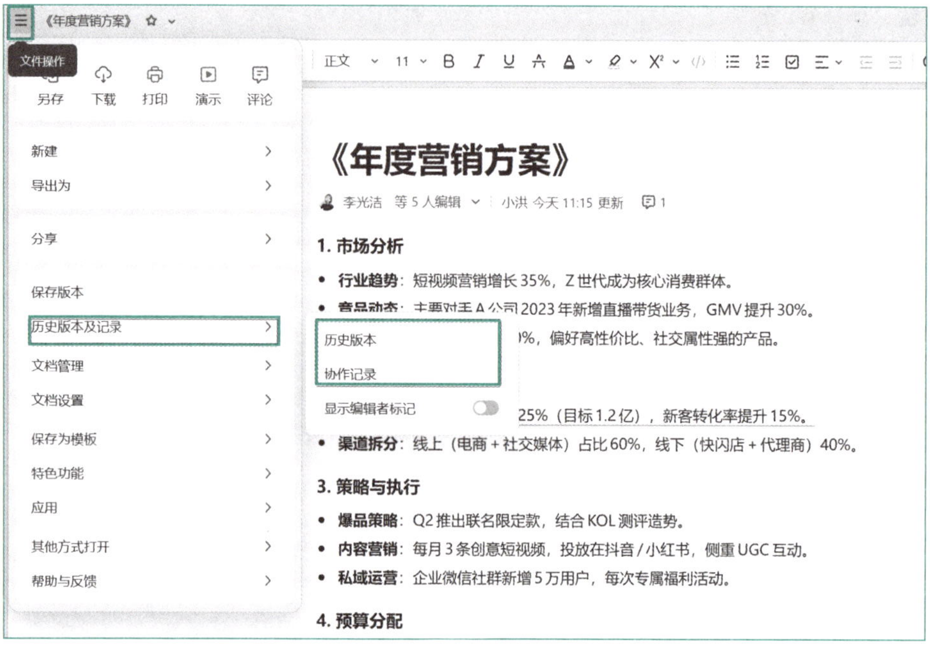

图 12-4　文件历史版本查看

项目操作

1. 创建云端文档并分配权限

1）新建在线文档

登录 WPS 账号，单击“首页”→“新建”→“新建在线文档”，选择文档类型（文字 / 表格 / 演示 /PDF），如图 12-5 所示。输入标题“年度营销方案”，内容自动保存至云空间。

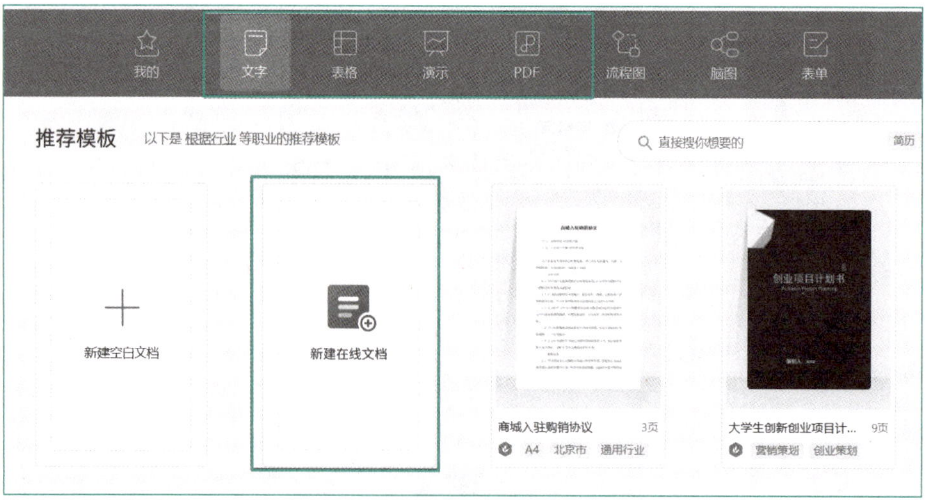

图 12-5　新建在线文档

2）设置协作权限

单击文档界面右上角的“分享”按钮，在打开的界面中设置“链接权限”，勾选“任何人”，允许“可编辑”、“可评论”还是“可查看”。单击“管理协作者”，可为不同角色分配权限，也可从通讯录添加协作成员，如图 12-6 所示。

图 12-6　设置协作权限

2. 多人实时协作与批注互动

1）分工编辑内容

成员 A 编辑文案部分，成员 B 在表格中录入销售数据，成员 C 设计演示文稿模板。所有修改实时同步，光标位置显示协作者姓名，避免内容覆盖，如图 12-7 所示。

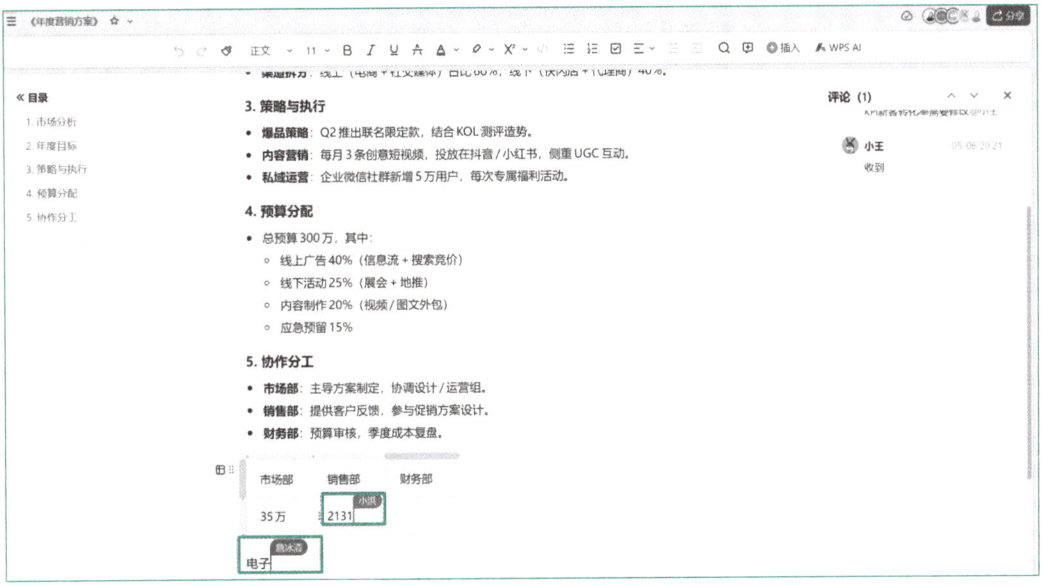

图 12-7　团队成员分工编辑内容

2）批注讨论与 @ 提醒

选中争议段落，单击“添加评论”输入意见（如“KPI 新客转换率需要修改”），并 @ 相关成员（见图 12-8）。被 @ 的成员收到通知，可回复批注或直接修改，如图 12-9 所示。

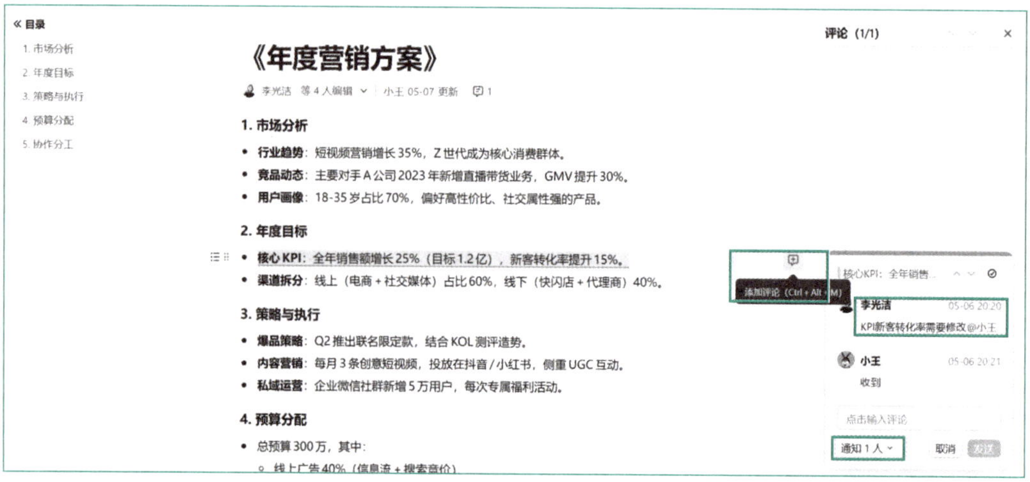

图 12-8　批注修改意见并 @ 成员

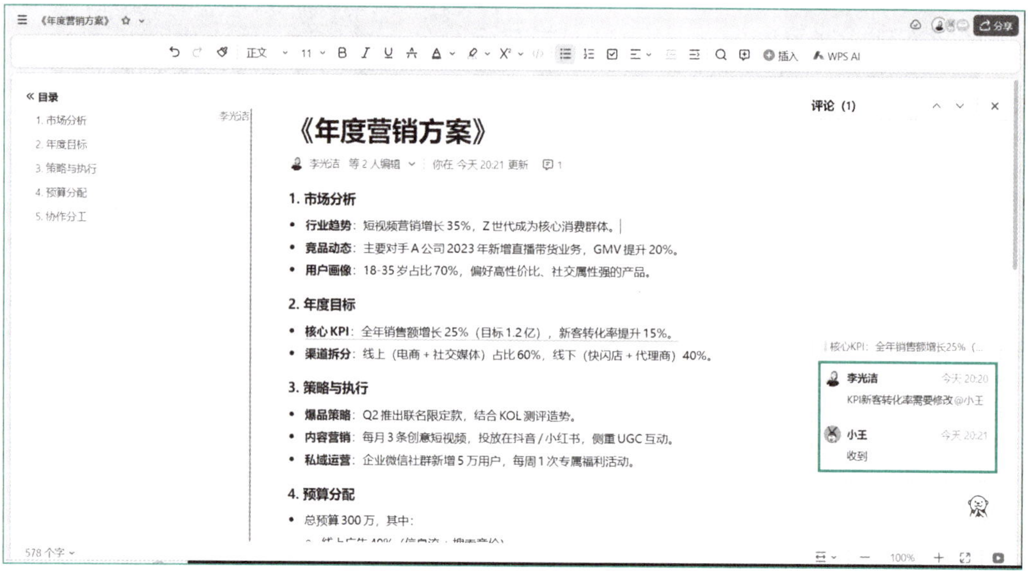

图 12-9　回复批注意见

3. 查看协作记录与版本回溯

1）查看协作记录

若多人同时修改同一单元格或段落，WPS 对比差异后选择保留内容正确且修改合理版本，如图 12-10 所示。

2）恢复历史版本

单击“文件”菜单→“历史版本及记录”→“历史版本”，在右侧的“历史版本”窗格中选择时间节点预览内容。确认无误后单击“恢复文档”按钮，覆盖当前版本，如图 12-11 所示。

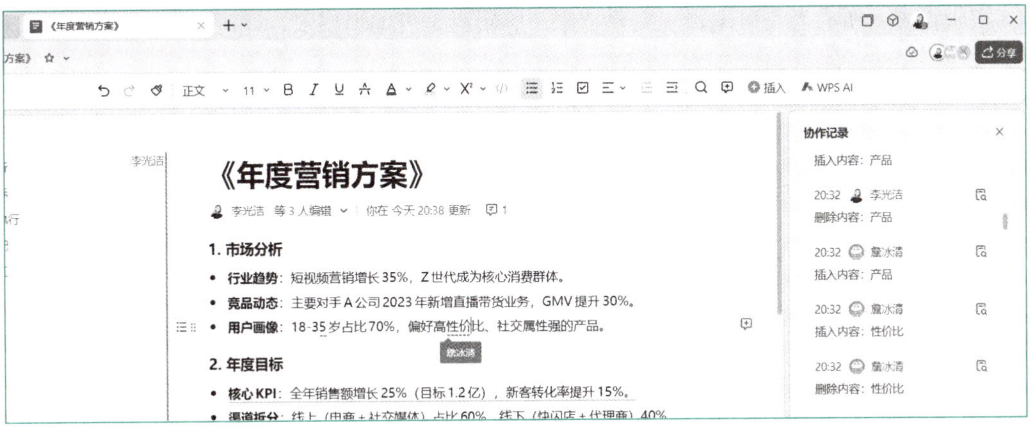

图 12-10 协作记录版本

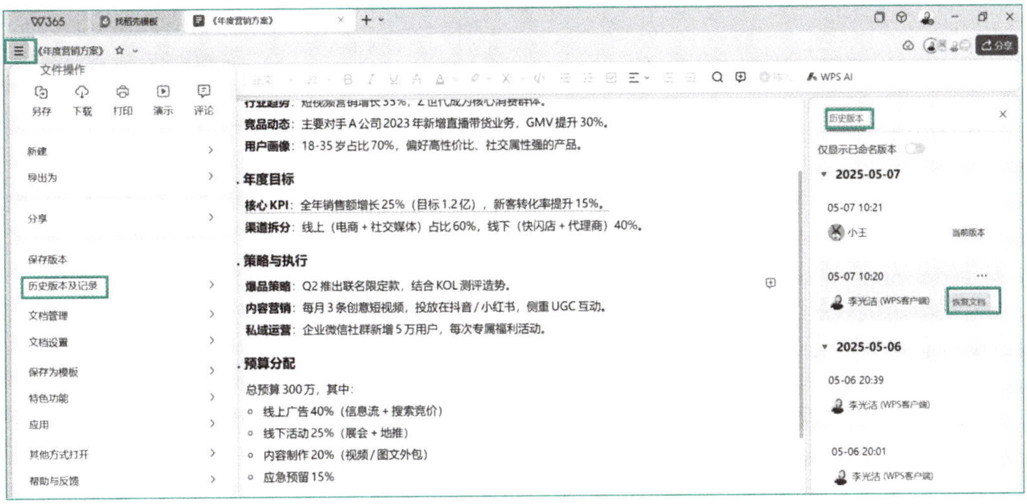

图 12-11 恢复历史版本

实训练习

（1）使用 WPS 协作平台，三人一组分别担任不同角色：所有者、编辑者和评论者，协作完成《会议纪要》文档（需包含标题、日期、参会人员、讨论内容、决议事项），提交权限设置截图（见图 12-12）及最终文档截图（见图 12-13）。

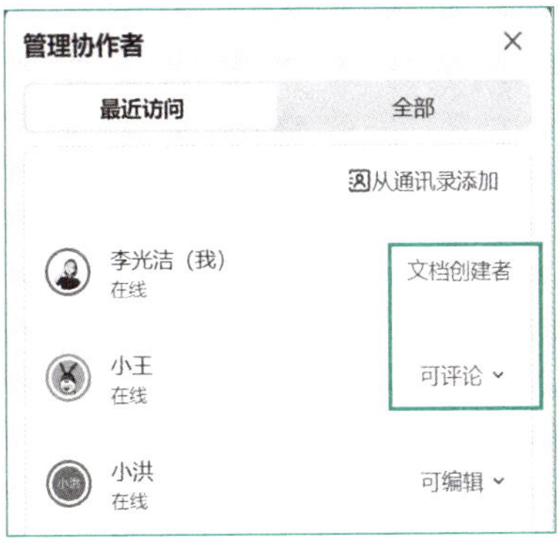

图 12-12 权限设置

权限设置：所有者是可编辑 + 共享权限，编辑者是可编辑权限，评论者是可评论权限。

图 12-13 最终文档

（2）使用 WPS 协作平台，两人同时编辑同一单元格，提交协作版本截图（见图 12-14）和恢复版本截图（见图 12-15）。

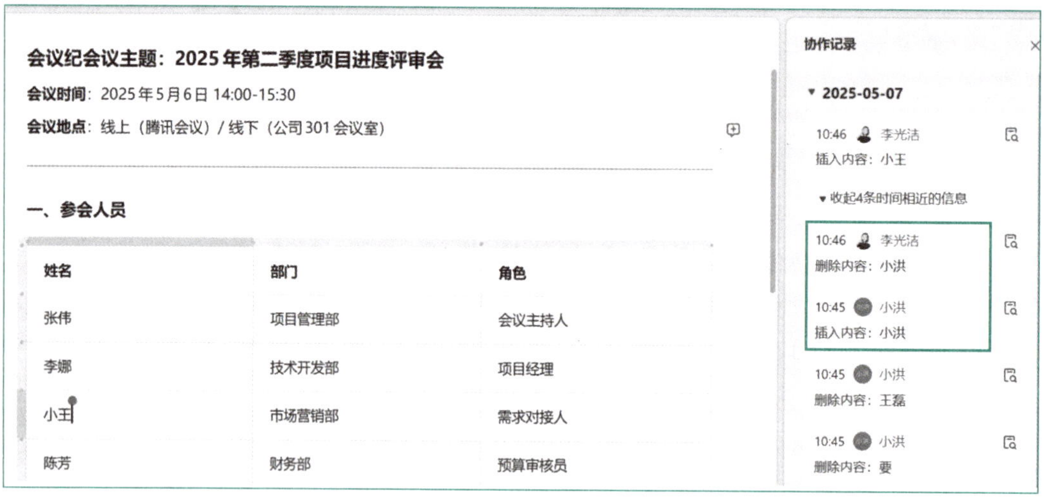

图 12-14 协作版本记录

权限设置：所有者是可编辑 + 共享权限，编辑者是可编辑权限，两人同时修改单元格 A1 的内容。

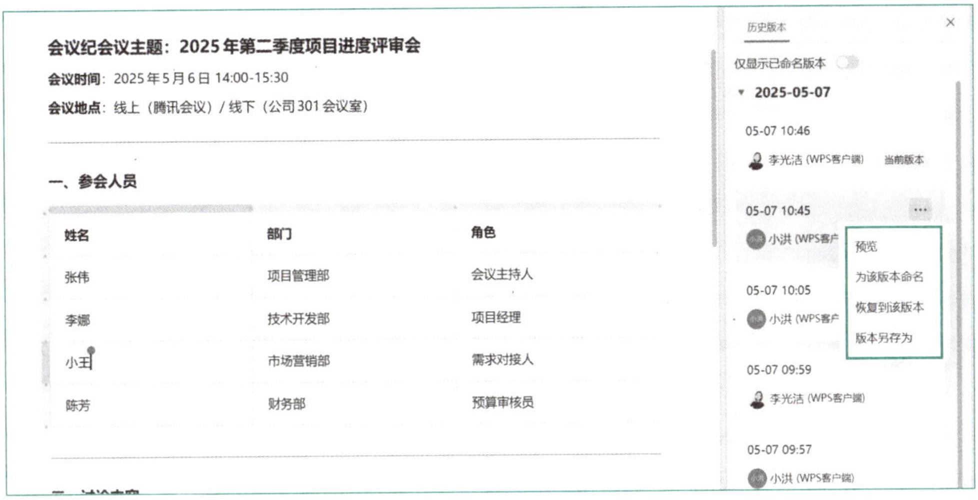

图 12-15　恢复版本

拓展延伸

跨平台协作和模板库的应用

跨平台协作和模板库的应用在共享协作中使用频率较高。跨平台协作是指将 WPS 云文档链接嵌入企业微信或钉钉，实现办公软件联动，使用手机端 WAPP 扫描文档二维码，快速参与协作。模板库应用是通过 WPS 模板中心下载“项目计划表”“会议记录”等模板，快速启动团队任务。

跨平台协作的操作方法：打开 WPS 云文档，编辑好需要协作的文档后，单击右上角的“分享”按钮，选择“复制链接”并设置权限为“任何人”“可编辑”（见图 12-16）。复制链接后，登录企业微信或钉钉，找到合适的群聊或工作台位置，粘贴链接并发送。选中文档内容单击“添加评论”并单击“通知相关人员”，在文档中添加协作成员的备注信息，如“请团队成员在文档中添加相关内容”（见图 12-17），方便成员了解协作要求。

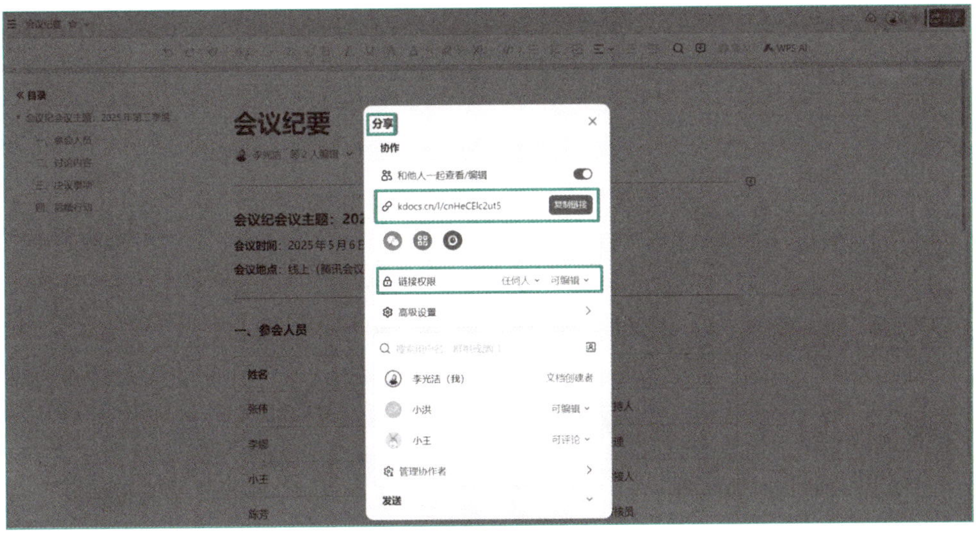

图 12-16　跨平台协作

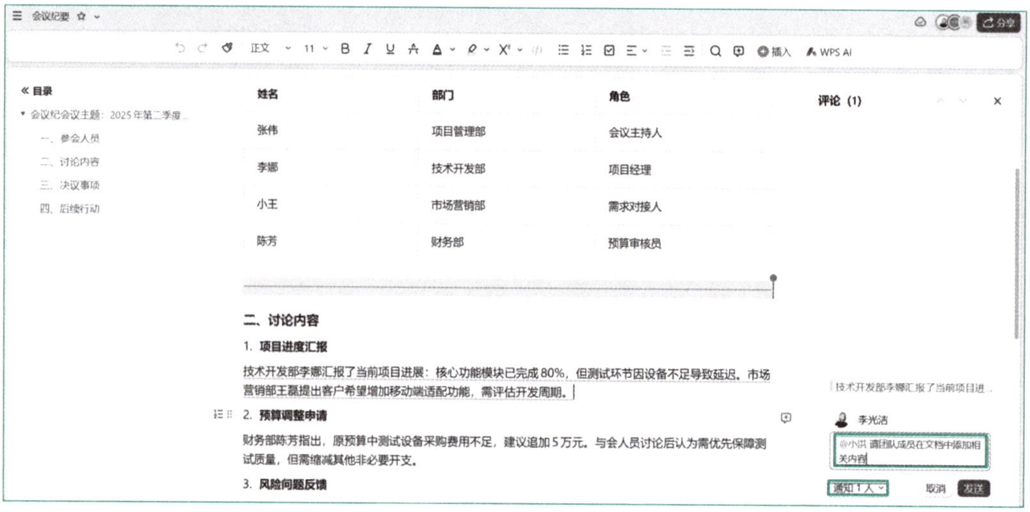

图 12-17　通知协作者

模板库应用的方法：打开 WPS 软件，单击“我的模板”选项卡，进入模板页面。在我的模板中查看模板，找到“会议记录”模板（见图 12-18）。单击模板图片，进入模板详情页，查看模板的预览和简介，确认无误后单击“下载”按钮。下载完成后，打开模板文件，根据团队任务需求进行内容修改和编辑。

图 12-18　模板图

小课堂

在掌握计算机操作技能、享受共享协作便利的同时，同学们更需深刻认识到随之而来的责任与伦理要求。信息技术不仅是工具，其规范、安全、合乎道德的使用更是现代公民素养与未来职业发展的基石。本项目强调以下关键行为准则，旨在引导大家成为负责任、有操守的数字社会参与者：

（1）信息安全责任：敏感文件设置“加密链接”与“有效期”，定期清理无效权限。禁止共享未脱敏的客户数据或内部文件，按需分配编辑/查看权限，离职人员及时移出协作组，避免信息外泄。云端协作仍需定期本地备份，防止平台故障导致数据丢失。

（2）尊重知识产权：引用外部数据需标明来源，使用正版素材库避免侵权风险。

（3）协作伦理规范：理性表达批注意见，避免人身攻击或恶意篡改他人内容。重要文档启用历史版本功能，误删或争议时可快速回溯。

项目十三
WPS 演示文稿制作

WPS是一款功能强大的办公软件套装，提供了多种实用的工具，其中演示文稿功能是其重要的组成部分之一。本项目将详细介绍WPS的演示文稿功能，包括其特点、使用方法和相关技巧。

学习目标

◎了解幻灯片母版的背景设置。

◎了解如何在幻灯片中插入图形。

◎了解如何在幻灯片中插入图片。

◎掌握新建幻灯片及修改版式的方法。

◎掌握幻灯片母版的使用。

◎熟悉常规属性的调整。

项目描述

一年一度的毕业季又快到了，小李要制作一个毕业设计答辩演示文稿，要能够很好地展现自己的个人信息、设计思路、设计内容等。

项目分析

演示文稿需图文并茂，且能够形象生动地展示毕业设计的内容：

（1）通过母版的设计来为毕业设计演示文稿统一背景。

（2）为毕业设计母版插入图形，并进行设置。

（3）为毕业设计母版插入图片，并进行设置。

（4）应用母版创建对应的毕业设计幻灯片。

（5）输入对应内容，设置字体、颜色等。

相关知识

1. 制作演示文稿的技巧与注意事项

WPS 的演示文稿是一种创建、编辑和展示幻灯片的工具，可以帮助用户将自己的想法和信息以更生动、直观的形式呈现出来。WPS 拥有丰富的模板和主题，可以满足不同场景下的演讲需求。制作演示文稿的技巧与注意事项如下：

（1）简洁明了：演示文稿是为了更好地传达信息，因此应尽量避免内容冗长和复杂。选择简明扼要的文字和清晰的图表，以便观众能够快速理解和记住信息。

（2）主题一致：在整个演示文稿中保持主题的一致性，包括字体、颜色和布局等方面，可以使幻灯片更加和谐统一，给人视觉上的美感。

（3）注意字体大小：为了确保观众能够清晰地看到幻灯片上的文字内容，应选择合适的字体大小。一般建议标题字体为 28~36 号，正文字体为 20~24 号。

（4）引用和注释：在演示文稿中引用他人的观点或数据时，应及时注明来源。同时，对于一些重要的图表或数据，可以在底部或旁边添加一些注释，以帮助观众更好地理解。

（5）流畅过渡：在演示过程中，幻灯片之间的过渡效果要流畅自然，不要过于花哨或繁杂，以免分散观众的注意力。

（6）注意时间控制：在演示过程中，应当控制好时间，确保每一页幻灯片的展示时间合理。长时间停留在某一页幻灯片上可能导致观众的失去兴趣，而过快切换则可能造成信息消化不良。

2. 幻灯片母版

幻灯片母版是 PowerPoint 中一个关键的功能，它允许用户对幻灯片的布局和设计进行统一的管理。在 PowerPoint 中，母版的类型主要分为以下几种：

（1）幻灯片母版：这是最常用的母版类型，它定义了幻灯片中标题、文本、图片、图表等元素的位置和格式。通过编辑幻灯片母版，可以快速地统一所有幻灯片的外观。

（2）标题母版：专门用于控制标题幻灯片的布局和格式，包括标题和副标题的字体、大小、颜色及位置等。

（3）讲义母版：用于设置讲义页面的格式，包括页眉、页脚、日期、幻灯片编号及每页显示的幻灯片数量等。

（4）备注母版：它决定了备注页面的布局和样式，用户可以在备注页面上添加演讲者笔记，这些笔记不会出现在幻灯片上。

掌握这四种母版的类型和使用方法，可以大大提高制作和编辑 PowerPoint 幻灯片的效率。在使用母版时，任何对母版的更改都会自动应用到所有使用该母版的幻灯片上，从而确保整个演示的一致性和专业性。

3. WPS 演示文稿的工作界面

WPS 演示文稿界面采用经典的功能区设计，如图 13-1 所示，与 Microsoft PowerPoint 高度相似，但融入本土化功能。主界面各区域及功能见表 13-1。

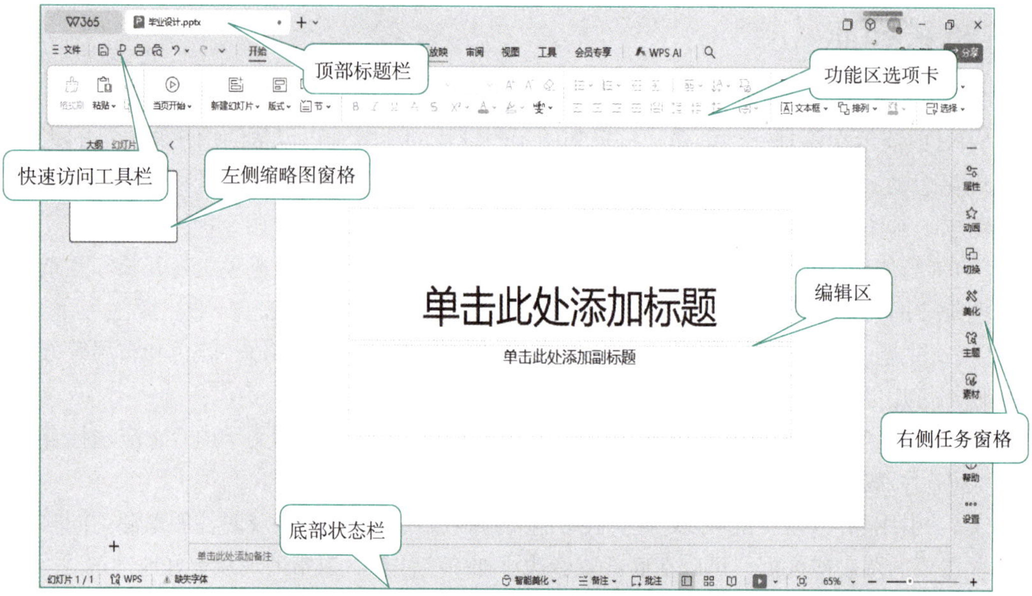

图 13-1　WPS 演示文稿主界面

表 13-1　功能表

区　　域	功能说明
顶部标题栏	显示文件名、云同步状态（自动保存至 WPS 云文档）、协作按钮（多人实时编辑）等
快速访问工具栏	默认包含保存、撤销 / 重做、打印等按钮，可自定义添加常用功能（如格式刷）
功能区选项卡	包含开始、插入、设计、动画、幻灯片放映等核心操作模块
编辑区	主画布区，显示当前幻灯片内容，支持直接拖拽调整元素位置
左侧缩略图窗格	显示所有幻灯片的缩略图，支持拖动调整顺序或批量删除 / 复制
右侧任务窗格	根据当前操作动态显示属性设置（如形状格式、动画效果、母版编辑等）
底部状态栏	显示页码、视图切换（普通 / 大纲 / 幻灯片浏览）、缩放比例、主题模式（夜间 / 日间）等

4. 核心功能区

1）“开始”选项卡

（1）基础操作：其中包含新建幻灯片、复制 / 粘贴、格式刷、查找替换。

（2）文本格式：通过其中的字体、字号、颜色、段落对齐、项目符号等选项来对演示文稿中的文本进行设置。

（3）形状与绘图工具：通过插入基础形状、排列对齐、组合 / 取消组合等选项，可以在演示文稿中插入各式各样的形状，以及组合图形。

2）“插入”选项卡

（1）多媒体元素：通过插入图片、视频、音频、截图、在线素材库（图标、插画）等元素，让演示文稿更加形象生动。

（2）数据可视化：通过插入图表（柱状图、饼图等）、SmartArt 图形（流程图、组织结构图）、表格等，可以让演示文稿的元素更加丰富。

（3）交互功能：使用超链接、动作按钮、书签（PDF 导出兼容）等，让演示文稿的交互性更强。

3）“设计”选项卡

（1）主题模板：一键应用内置设计主题（配色 + 字体 + 背景），可以为用户节约大量的时间，可以快速地制作出一个对应母版的 PPT。

（2）母版编辑：进入“幻灯片母版”调整全局布局、占位符、页眉页脚，通过母版编辑，可以制定符合自己需求的幻灯片主题。

（3）背景设置：通过自定义纯色、渐变、图片或纹理背景等选项，可以对演示文稿的背景进行设置。

4）“切换”选项卡

该选项卡可以设置幻灯片切换效果，设置切换时间、切换声音、切换方式等。

5）“动画”选项卡

该选项卡可以设置幻灯片内的文字、图形、图片等对象的进入动画、效果动画、退出动画、路径动画等，可以进行动画属性设置、动画窗格设置等，让幻灯片更加形象生动。

6）“放映”选项卡

（1）放映设置：通过“从头开始”“从当前页开始”“自定义放映顺序”选项可以选择幻灯片的放映方式。

（2）录制功能：可以通过录制旁白与激光笔轨迹把演示文稿录制成一个带有配音的视频，并导出为相应的视频格式。

（3）投影优化：可以通过启用演讲者视图（含备注与计时器）、设置分辨率让投影演示达到更好的效果。

7）“视图”选项卡

（1）视图模式：通过选择“普通视图”“幻灯片浏览视图”“备注页视图”“阅读视图”，来更好地对幻灯片进行查看和编辑。

（2）母版设计：通过编辑“幻灯片母版”“讲义母版”“备注母版”，设计统一格式和统一风格的幻灯片。

（3）显示设置：通过“网格”和“参考线”等对幻灯片进行编辑。

通过设置显示比例、窗口的编排等来更好地对幻灯片进行设计。

8）“会员专享”选项卡

（1）格式转换：可以把现有的文稿转换成对应的文件格式，以应对不同的格式需求。

（2）智能模板：选择智能模板和更多精选主题。

9）“WPS AI”选项卡

WPS AI 功能可以通过选择“主题生成”“文档生成”“大纲生成”等选项来智能生成演示文稿。

5. 快捷操作技巧

（1）右键快捷菜单：选中元素后右击，快速访问常用操作（如叠放次序、对齐分布）。

（2）快捷键：【Ctrl+S】为保存、【Ctrl+Z】为撤销、【F5】为从头放映、【Shift+F5】为从当前页放映、【Ctrl+ 鼠标滚轮】为缩放编辑区、【Ctrl+D】为快速复制元素。

（3）拖动插入：直接从文件夹中拖动图片或视频到幻灯片中，实现自动插入。

6. 界面自定义

（1）主题切换：底部状态栏切换日间或夜间模式（护眼黑底）。

（2）功能区折叠：双击选项卡名称，折叠或展开功能区，扩大编辑区域。

（3）个性化布局：通过“文件”→“选项”命令，打开“选项”对话框，在“自定义功能区”调整按钮，显示优先级。

7. 基础操作

1）新建演示文稿

（1）创建空白演示文稿。单击左上角的图标，选择“新建”→“演示”，如图 13-2 所示，在打开的界面中选择“空白演示文稿”，如图 13-3 所示。

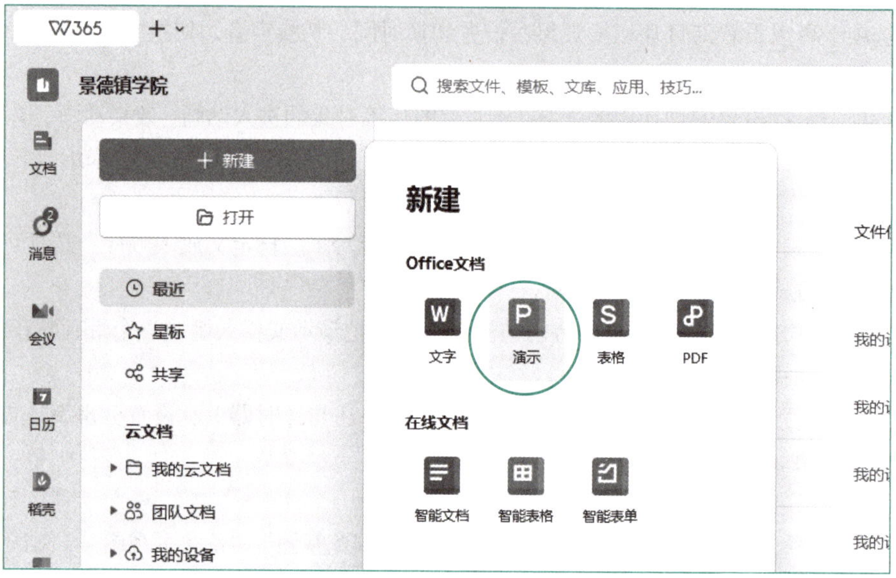

图 13-2 新建演示文稿

图 13-3 新建空白演示文稿

（2）模板应用。

在“设计”选项卡或模板库中选择主题模板（商务、教育等分类），如图 13-4 所示。

图 13-4　应用模板

2）添加与编辑幻灯片

（1）插入新页：单击“开始”→“新建幻灯片”→“从版式新建”命令，在弹出的“新建单页幻灯片”界面中选择版式（标题幻灯片、标题和内容等），如图 13-5 所示。

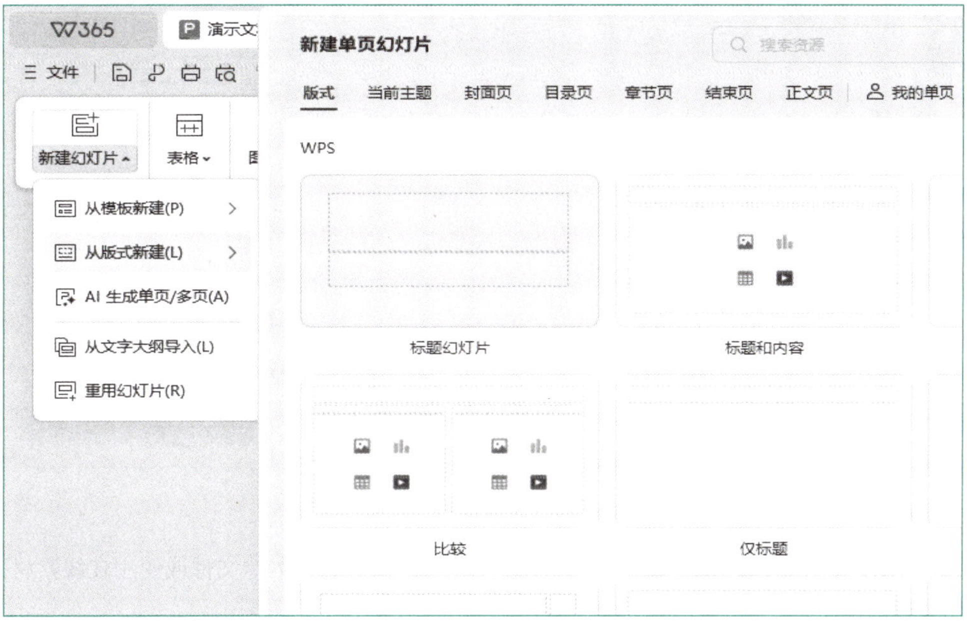

图 13-5　新建幻灯片

（2）编辑内容：双击文本框输入文字，调整字体、颜色及对齐方式，如图 13-6 所示。

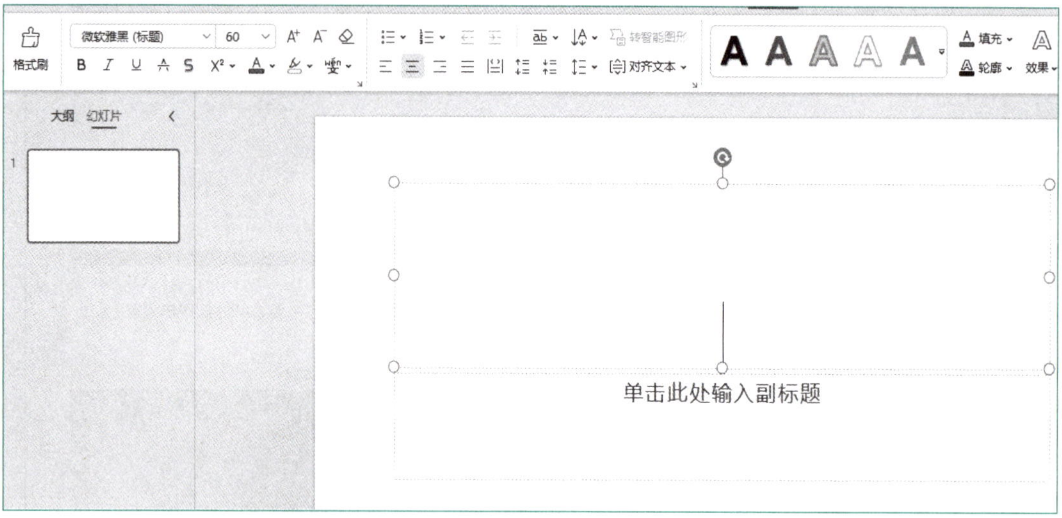

图 13-6　编辑文本

3）插入文本与图片

（1）文本：单击“插入”→“文本框”按钮，拖动绘制文本框并输入内容，如图 13-7 所示。

图 13-7　插入文本框

（2）图片 / 图标：单击“插入”→“图片”按钮，选择上传本地文件或使用在线素材库，如图 13-8 所示。

图 13-8　插入图片

4）保存与演示准备

（1）保存与导出。单击“文件”→“保存”或“另存为”命令，支持格式包括 .dps、.pptx 及视频文件等，如图 13-9 所示。

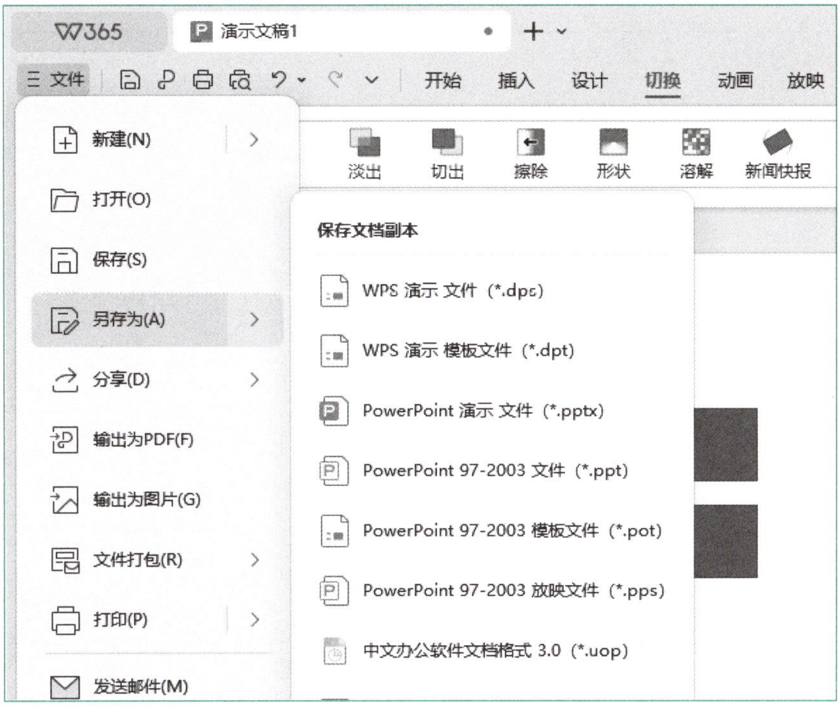

图 13-9　保存或另存为

（2）云存储：启用“WPS 云文档”自动同步，便于多设备访问，单击“文件”→“另存为”命令，如图 13-10 所示，在“另存为”对话框中选择“我的云文档”选项，如图 13-11 所示。

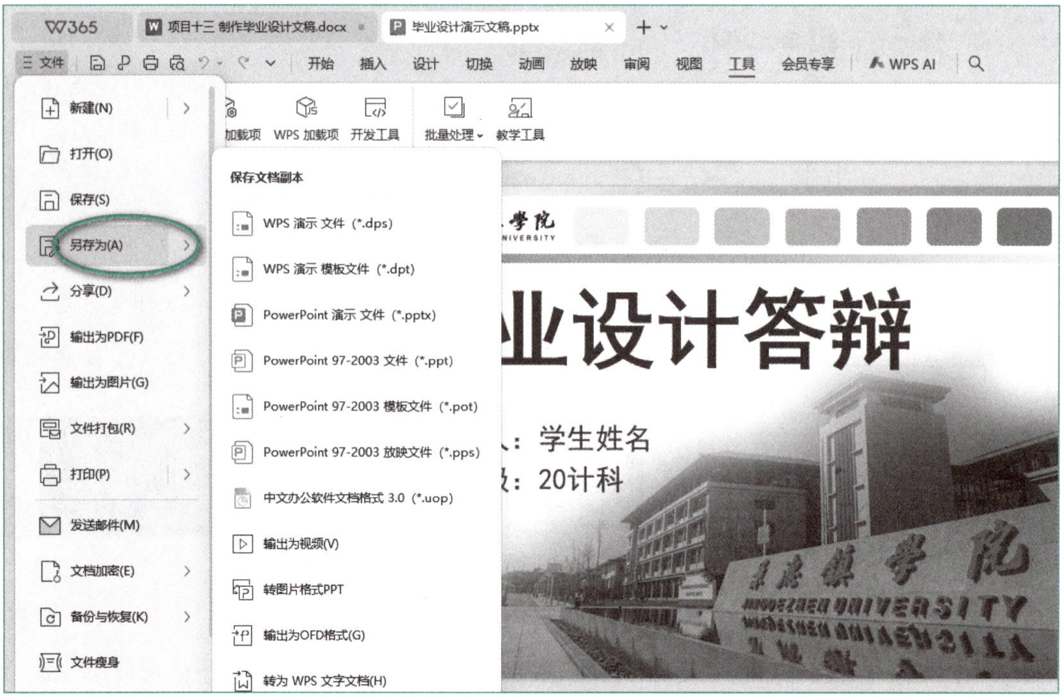

图 13-10　另存为操作

图 13-11　另存为我的云文档

5）放映设置

演讲者视图：连接投影后，能够使用备注提示功能，让演讲者可以一边演示一边看到幻灯片的备注。

计时器功能可以根据自己的需求去设置每张幻灯片的播放时间，设置选项如图 13-12 所示，预演过程如图 13-13 所示。

图 13-12　设置排练计时

图 13-13　排练计时预演

备注设置可以对幻灯片进行备注，让演讲者在讲解幻灯片的过程中参考备注里面的内容。单击”放映“→”演讲备注“按钮，弹出”演讲者备注“对话框，然后输入备注内容，设置方法如图 13-14 所示。

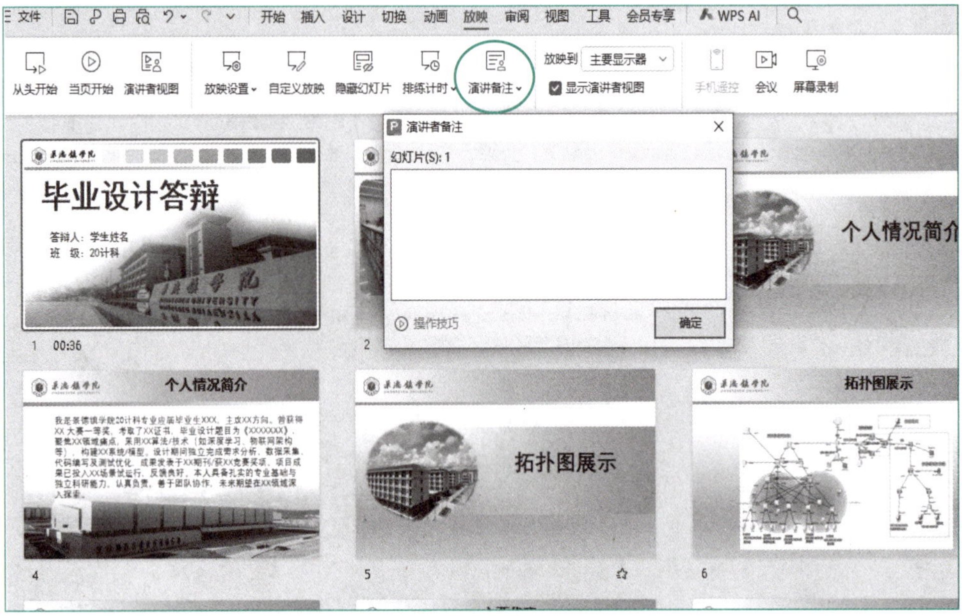

图 13-14　演讲备注设置

项目操作

1. 新建演示文稿，命名演示文稿为“毕业设计演示文稿”

（1）单击“文件”菜单→“新建”→“空白演示文稿”命令，新建一个空白工作簿文件，如图 13-13 所示。

（2）单击“文件”→“保存”命令，在弹出的“另存为”对话框中，将演示文稿另存为“毕业设计演示文稿 .pptx”，如图 13-15 所示。

图 13-15　另存为“毕业设计演示文稿 .pptx”

2. 母版编辑，统一整体风格

（1）单击“视图”→“幻灯片母版”按钮，打开母版编辑视图，如图 13-16 所示。

图 13-16　幻灯片母版

（2）在右侧的“对象属性”任务窗格中设置母版整体背景为“渐变填充”，如图 13-17 所示。

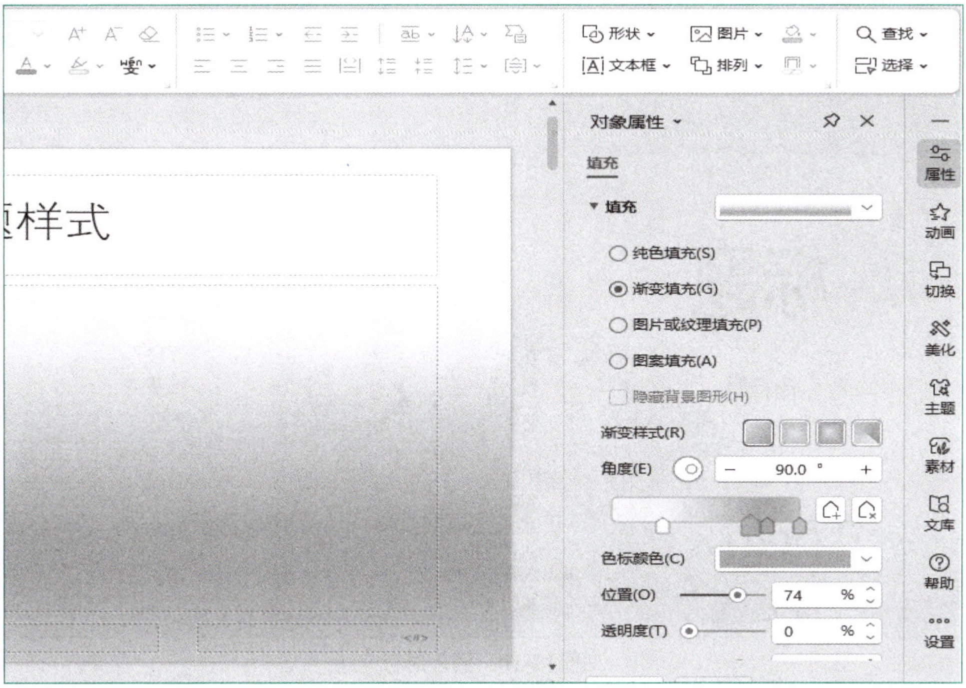

图 13-17　设置背景

（3）选择标题幻灯片，背景填充为“图片或纹理填充”，选择图片“背景 01.png”作为背景。调整主标题和副标题的位置，主标题字体为黑体、96 磅、加粗，副标题字体为黑体、32 磅，如图 13-18 所示。

图 13-18 设置标题

（4）单击“插入”→“形状”→“矩形”选项，并设置矩形的属性，选择无边框，渐变填充，如图 13-19 所示。

图 13-19 插入形状

（5）复制一个刚设置好的矩形，旋转 180° 并调整位置，效果如图 13-20 所示。

图 13-20　复制图形

（6）单击“插入”→“形状”→“圆角矩形”选项，设置属性为无边框、纯色填充，如图 13-21 所示。

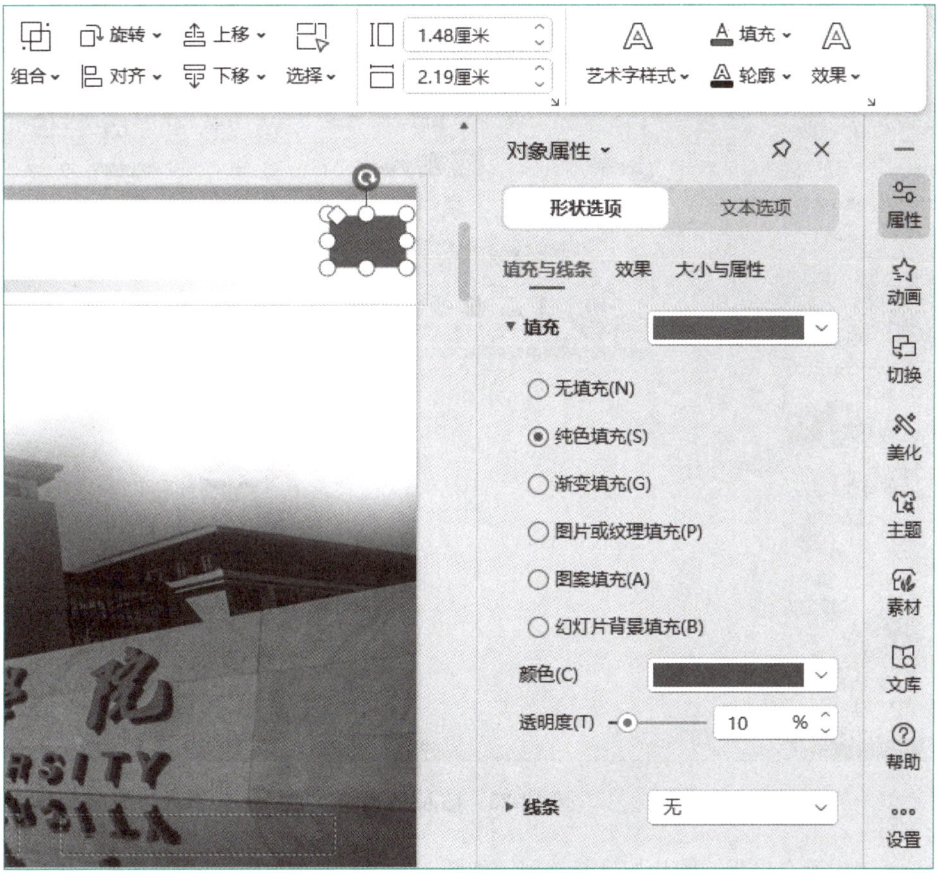

图 13-21　插入圆角矩形

（7）依次复制圆角矩形，透明度每次增加 10%，效果如图 13-22 所示。

图 13-22　复制圆角矩形并调透明度

（8）插入图片“景德镇学院 LOGO1.png”，并调整图片大小参数，如图 13-23 所示。

图 13-23　插入 logo

（9）编辑所有母版，图片按形状裁剪，如图 13-24 所示。

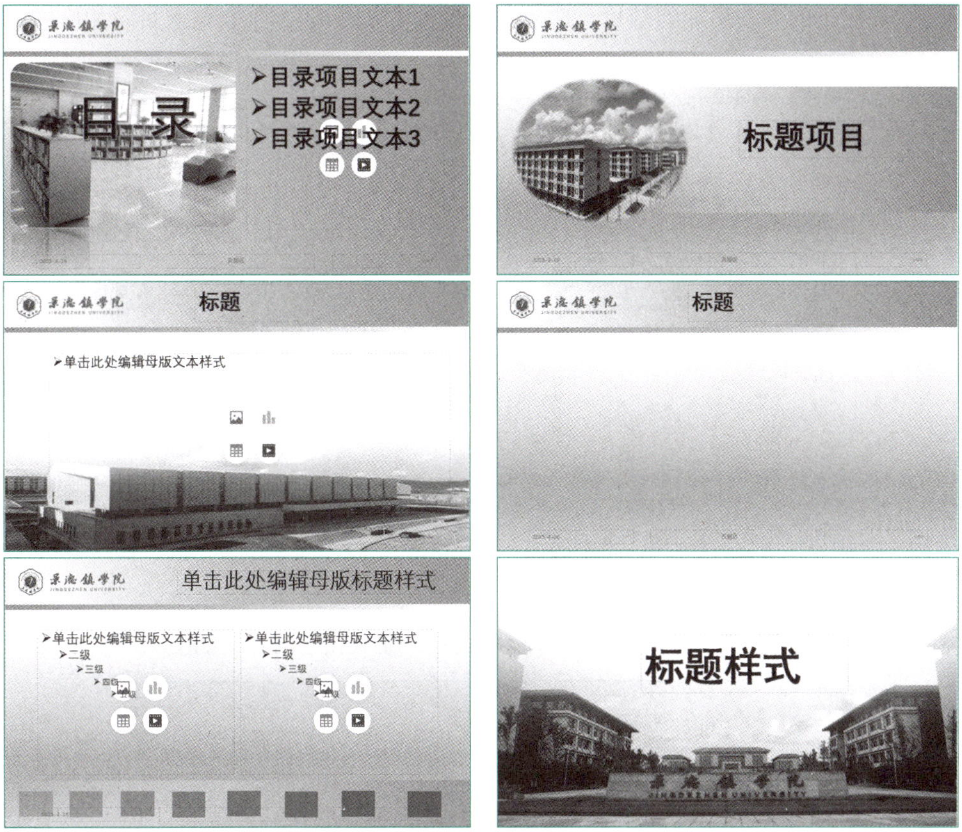

图 13-24　母版编辑效果

3. 关闭母版，开始编辑毕业设计演示文稿

（1）单击“开始”→“新建幻灯片”→“从版式新建”→“标题幻灯片”选项，新建标题幻灯片，输入标题、姓名、班级，如图 13-25 所示。

图 13-25　输入文字信息

（2）按照①的方法添加幻灯片，选择目录版式（见图 13-24），输入目录相应内容，如图 13-26 所示。

图 13-26 输入目录信息

（3）按照①的方法添加幻灯片，选择标题版式，输入相应内容，如图 13-27 所示。

图 13-27 输入标题信息

（4）添加幻灯片，选择“标题和内容”版式，输入相应内容，如图 13-28 所示。

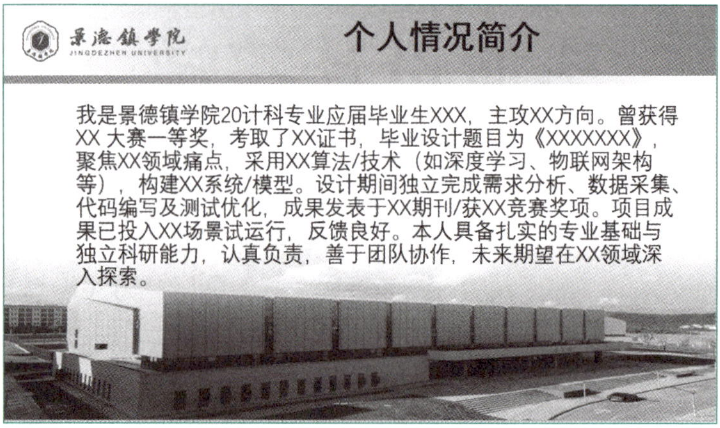

图 13-28 个人情况简介

（5）依次添加幻灯片，插入“拓扑图 .png”图片，如图 13-29 所示。

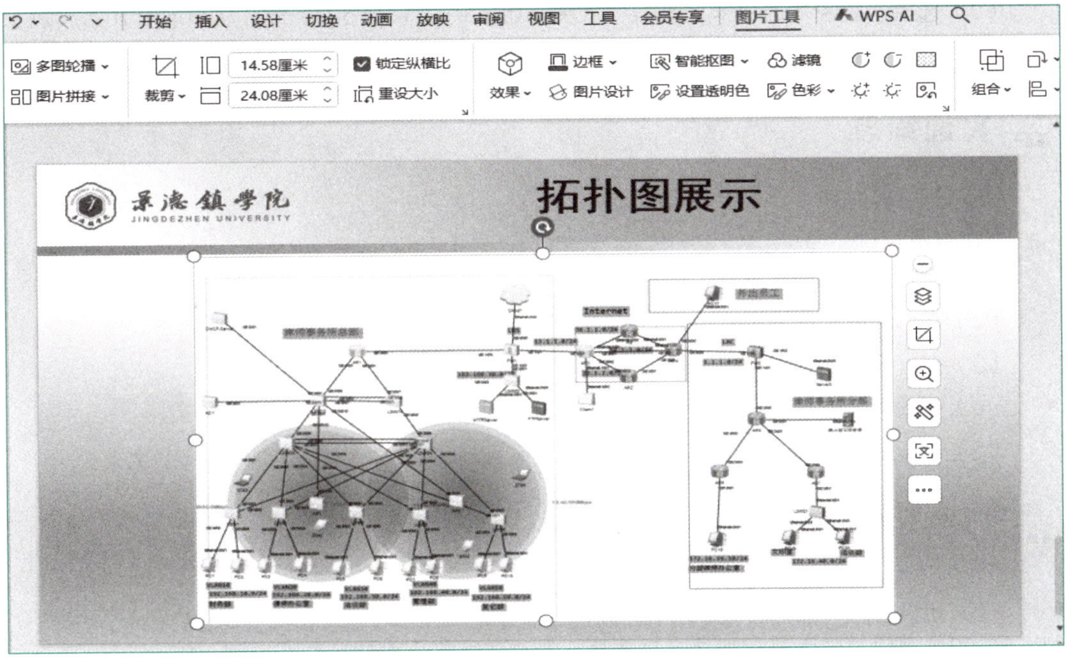

图 13-29　插入拓扑图

最终效果如图 13-30 所示。

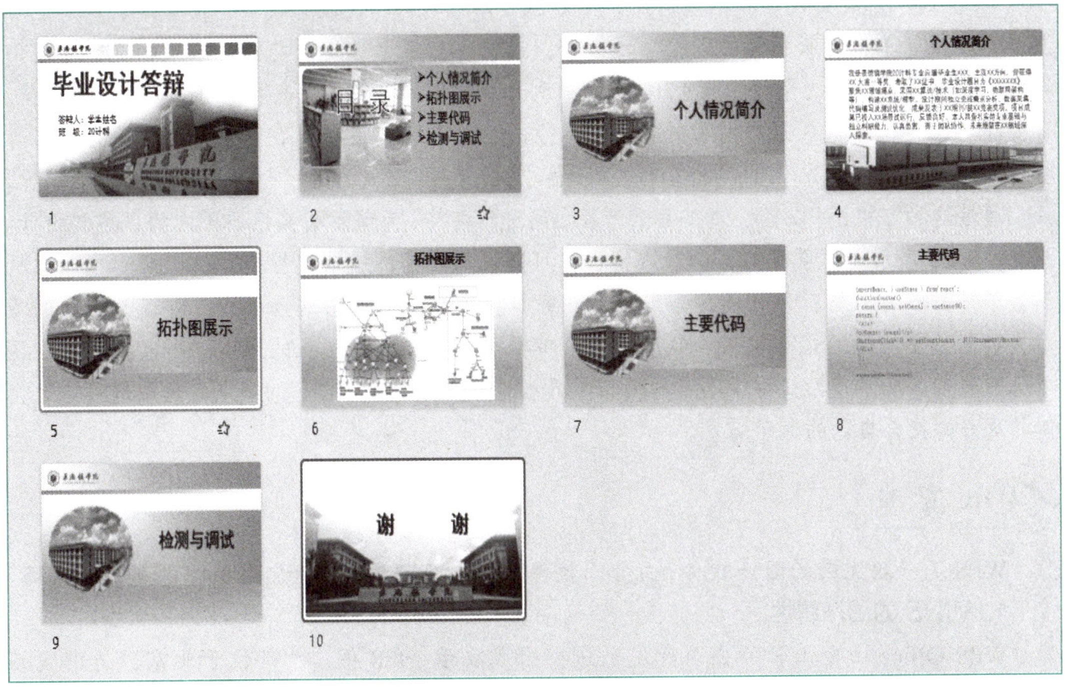

图 13-30　最终效果图

4. 保存和播放演示文稿

（1）选择“文件”菜单下的“保存”选项或按【Ctrl+S】组合键，可以对毕业设计演示文

稿 .pptx 进行保存。

（2）选择“放映”选项卡，单击“从头开始放映”（【F5】）或“从当前页开始放映”（【Shift+F5】）按钮，就可以展示毕业设计演示文稿了。

实训练习

请为自己制作一个自我介绍的演示文稿。

操作要求：

（1）设计母版为渐变背景。

（2）在母版内插入图形。

（3）在母版内插入图片。

（4）完成所需的母版后，新建对应的母版版式，进而制作自我介绍演示文稿。

（5）色彩搭配合理，画面协调，内容合理。

拓展延伸

WPS 如何切换多个母版？

在 WPS 演示中，如果想切换多个母版，可以按照以下步骤操作：

（1）单击顶部菜单栏的“设计”选项卡中的“设计模板”按钮，将弹出“幻灯片设计 - 设计模板”窗格，里面列出了各种可用的母版。

（2）选中想要更改母版的幻灯片，然后在“幻灯片设计 - 设计模板”窗格中，找到想要使用的母版。单击母版右侧的下拉三角按钮，选择“应用于选定幻灯片”选项，这样当前幻灯片就会切换到所选的母版。此时，如果切换到母版视图，就会发现多个不同的母版可供选择。需要注意的是，母版视图提供了更多关于母版的信息和编辑选项。在这个视图中，可以对母版进行各种编辑和调整，以满足用户的演示需求。

通过这种方式，可以轻松地在多个母版之间进行切换，为演示文稿增添不同的风格和设计。此外，WPS 演示还提供了丰富的母版模板，可以根据自己的需要选择合适的母版。这些模板涵盖了多种设计风格，包括简约、现代、商务等。通过灵活运用这些母版，可以为用户的演示文稿创造出独特的视觉效果。最后，如果希望对母版进行更深入的定制，可以在母版视图中进行调整。WPS 演示提供了丰富的编辑工具和选项，可以根据自己的需求对母版进行修改，使其更好地符合自己的演示需求。

小课堂

WPS 是一款优秀的国产软件，由金山软件公司自主研发，广泛应用于国内及全球市场。

1. WPS 的国产属性

WPS Office 由金山软件公司开发，该公司成立于 1988 年，总部位于北京，是中国领先的办公软件和服务提供商。其核心产品 WPS Office、金山文档等均为自主研发，拥有多项专利和著作权。

2025 新年首日，金山办公（688111.SH）喜迎“开门红”——WPS Office 的 PC 端国内日活设备数突破 1 亿。在公司成立 37 周年之际，再度验证一款国民级办公软件的强大生命力。

教育部考试中心、北京冬奥会等国家级单位、项目均采用 WPS 作为官方办公软件，进一步印证其国产身份和技术可靠性。

. 据 2024 第三季度财报，金山办公营收 12.14 亿元，同比增长 11%；归属于母公司所有者净利润 3.18 亿元，同比增长 8%；归属于母公司所有者扣除非经常性损益净利润 3.03 亿元，同比增长 7%，业绩继续保持稳健增长。

2. 与国外同类产品的对比

（1）开发主体：微软 Office 由美国微软开发，而 WPS 由中国金山开发，两者分属不同国家的企业产品。

（2）核心技术：WPS 的文档引擎、云协作等关键技术均自主可控，截至 2025 年，金山办公（WPS）在中国境内的专利和著作权数量如下：

专利数量：截至 2025 年，金山办公在中国境内登记的专利总数为 296 项。

著作权数量：截至 2025 年，金山办公在中国境内登记的软件著作权总数为 630 项。

项目十四

WPS 演示文稿高级编辑

WPS 演示文稿的高级编辑可以使演示文稿更加形象生动，本项目内容包括制作出形象生动的按钮图标；添加各式各样的动画效果；改变页面的切换效果；插入各类 SmartArt 图形、图表等。

学习目标

◎掌握按钮图标的制作。
◎熟练动画效果的添加。
◎熟练 SmartArt 图形的应用。
◎掌握插入表格和图表的方法。
◎熟练页面切换效果的添加。
◎掌握主题的使用方法。

项目描述

小李需要把自己的演示文稿做得更加生动美观，让演示文稿的交互更加流畅，页面的切换不那么生硬，能够更好地展示出关系图，以及对应的数据关系。

项目分析

为了完成以上任务，可以使用 WPS 自带的免费主题，制作一个较为精美的演示文稿，具体如下：

（1）在演示文稿中加入相应的图标，用图标进行交互。

（2）为演示文稿中的元素加上动画效果，可以让演示文稿更加生动。

（3）加入 SmartArt 图，让文稿的知识点之间的关系更加清晰。

（4）为了让数据关系更加清晰明了，可以插入表格和图表。

相关知识

1. 动画

演示文稿中的动画类型主要包括以下四类：

1）进入动画

用于控制对象首次出现在幻灯片上的效果，例如，淡入、飞入、弹跳等，适合逐步展示内容。

2）强调动画

用于突出已显示的对象，通过放大、变色、闪烁等效果吸引观众注意力，常见于关键信息提示。

3）退出动画

与进入动画对应，控制对象离开幻灯片的动态效果（如淡出、飞出），常用于内容切换或阶段性信息隐藏。

4）路径动画

通过预设的动作路径使对象沿特定轨迹移动（如直线、曲线），适合展示流程或动态关系。

2. 常见幻灯片切换效果

（1）淡入淡出：当前幻灯片逐渐消失，下一幻灯片逐渐显现。

（2）滑动：当前幻灯片向左或向右滑动，下一幻灯片从相反方向滑入。

（3）缩放：当前幻灯片逐渐缩小，下一幻灯片从中心逐渐放大。

（4）旋转：当前幻灯片以中心为轴旋转并消失，下一幻灯片以中心为轴旋转并显现。

（5）溶解：当前幻灯片像溶解一样逐渐消失，下一幻灯片逐渐显现。

（6）切换：当前幻灯片瞬间消失，下一幻灯片瞬间显现。

3. 主题

在 WPS 演示文稿中设置主题，主要通过“设计”选项卡选择内置主题或自定义主题，可调整颜色、字体、背景等元素，并支持保存和重命名个性化主题。

1）设置主题的步骤

打开 WPS 演示文稿后，单击“设计”选项卡，在“内置主题”中选择合适的主题样式，单击即可应用到全部幻灯片。如需更多主题，单击“更多设计”进入模板库浏览并应用。

2）自定义主题样式

（1）调整颜色方案：在“设计”选项卡中单击“配色器”，选择预设配色方案或自定义颜色组合，确保幻灯片整体色调统一。

（2）更改字体样式：在“设计”选项卡中选择“字体”，为标题和正文选择匹配的字体组合，提升可读性。

（3）修改背景样式：单击“格式背景”设置纯色、渐变、图片或纹理背景，可单独应用于当前幻灯片或全部幻灯片。

3）保存与管理主题

（1）保存自定义主题：完成个性化设置后，单击“设计”选项卡中的“保存当前主题”，输入名称保存以便重复使用。

（2）重命名主题：进入“视图”→“幻灯片母版”，选中主题母版后单击“重命名”，修改名称以方便识别。

4）应用主题时的注意事项

（1）若需应用主题到特定幻灯片中，需在母版视图中单独调整布局，避免全局修改影响其他页面。

（2）使用图片背景时，建议选择高分辨率图片，防止拉伸模糊影响视觉效果。

4. 基础操作

1）制作按钮图标

演示文稿按钮图标是指用于演示文稿中的按钮，通常用于触发特定的动作或导航到不同的幻灯片。这些按钮图标可以是简单的形状，如矩形、圆形或三角形，也可以是更复杂的图形，如带有图片的图标。通过使用按钮图标，可以增加演示文稿的互动性和用户体验。制作按钮图标的步骤如下：

（1）插入形状。单击“插入”选项卡中的“形状”按钮，可以选择各种基本形状，如矩形、圆形等。

（2）设置形状属性。选择一个形状后，可以通过“绘图工具”选项卡中的相关工具或者右键菜单进行填充颜色、边框设置等操作。例如，可以将矩形填充为深蓝色，并设置为无轮廓线，如图 14-1 所示。

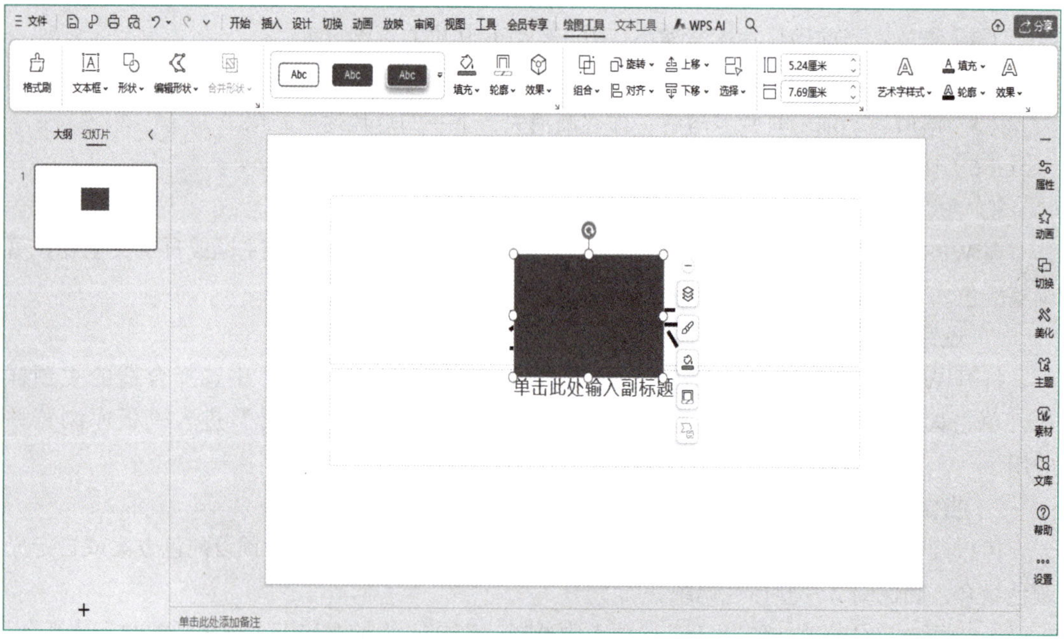

图 14-1　插入矩形

（3）组合图形。可以绘制多个形状并组合在一起，形成复杂的图标。例如，绘制一个矩形作为背景，上面放置一个等腰三角形作为按钮，如图 14-2 所示。

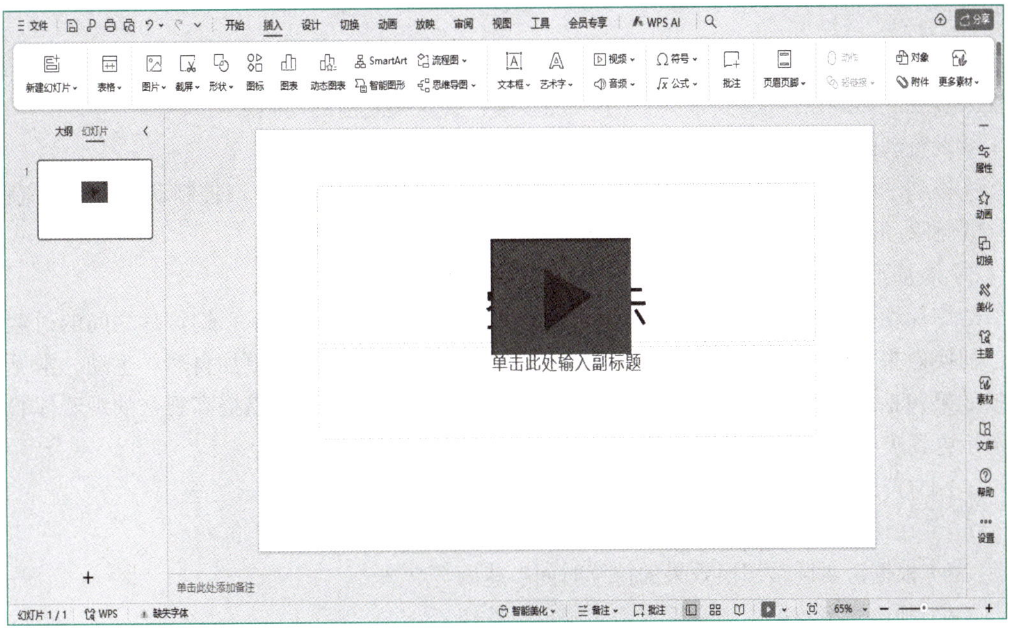

图 14-2　插入三角形

2）添加动画效果

幻灯片内动画设计是为了让幻灯片中的对象的动画效果丰富、自然，可以对其添加多个动画效果。

（1）选中要添加动画的对象，在“动画”选项卡中选择一种要添加的动画，如图 14-3 所示。

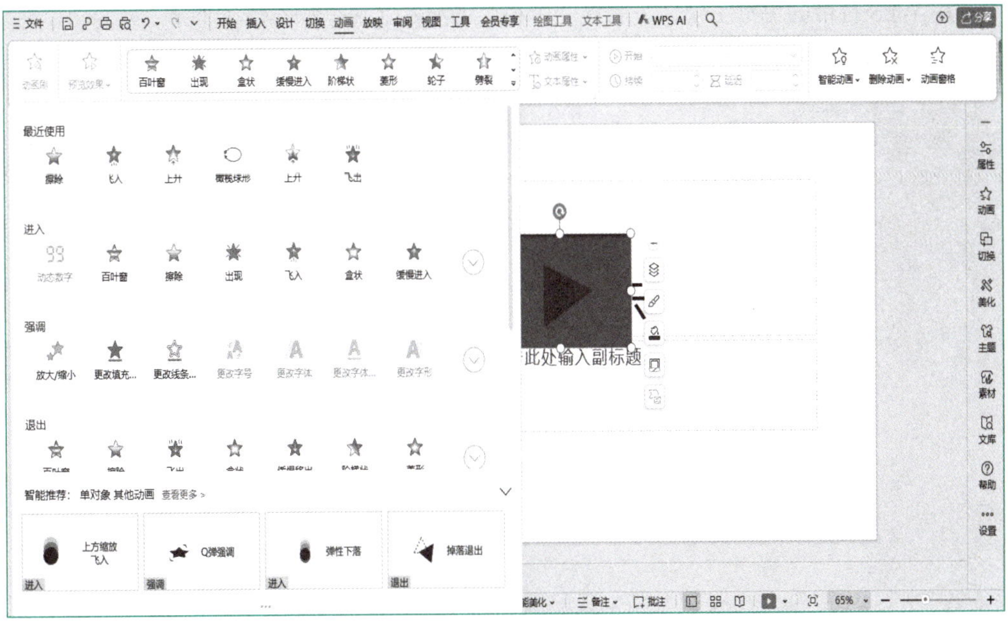

图 14-3　设置动画

（2）进行动画设置，单击“动画窗格”按钮，在弹出的“动画窗格”中设置：

①更改动画：在“动画窗格”选中一个对象，单击“修改”按钮，可以修改当前对象的

动画效果。

②添加效果：若要为同一个对象添加多个动画效果，需要使用“动画窗格”中的“添加效果”功能来实现。如果在“动画”选项卡中添加动画，会替换之前的动画。

③设置动画效果：可以设置“开始方式”“路径”“速度”等。

④排列动画顺序：通过拖动动画效果，可以改变它们的播放顺序，以控制动画的播放流程。

⑤删除动画效果：选择不想使用的动画，单击“删除”按钮。

3）添加页面切换效果

幻灯片切换效果指的是在演示文稿演示过程中，当前幻灯片与下一幻灯片之间的过渡效果。切换效果可以根据具体需求进行设置，使得幻灯片之间的过渡更加自然、生动。常见的切换效果包括淡入淡出、滑动、缩放、旋转等。合理的切换效果可以提高观众的观看体验，使演示更具吸引力。

（1）打开演示文稿，单击“切换”选项卡。

（2）在切换效果中选择“幻灯片切换效果”选项。

（3）根据需要调整切换效果的持续时间、速度等参数。

（4）预览切换效果，满意后单击“确定”按钮。

（5）应用切换效果至所有幻灯片或特定幻灯片。

在 WPS 演示文稿中插入 SmartArt 图形、表格和图表的方式与前面学习过的 WPS 文字和 WPS 表格中的操作方式基本相同，这里不做赘述。

项目操作

利用 WPS 自带的免费主题，来制作一个精美的演示文稿。操作步骤如下：

（1）新建演示文稿，并另存为“演示文稿高级编辑 .pptx”，如图 14-4 所示。

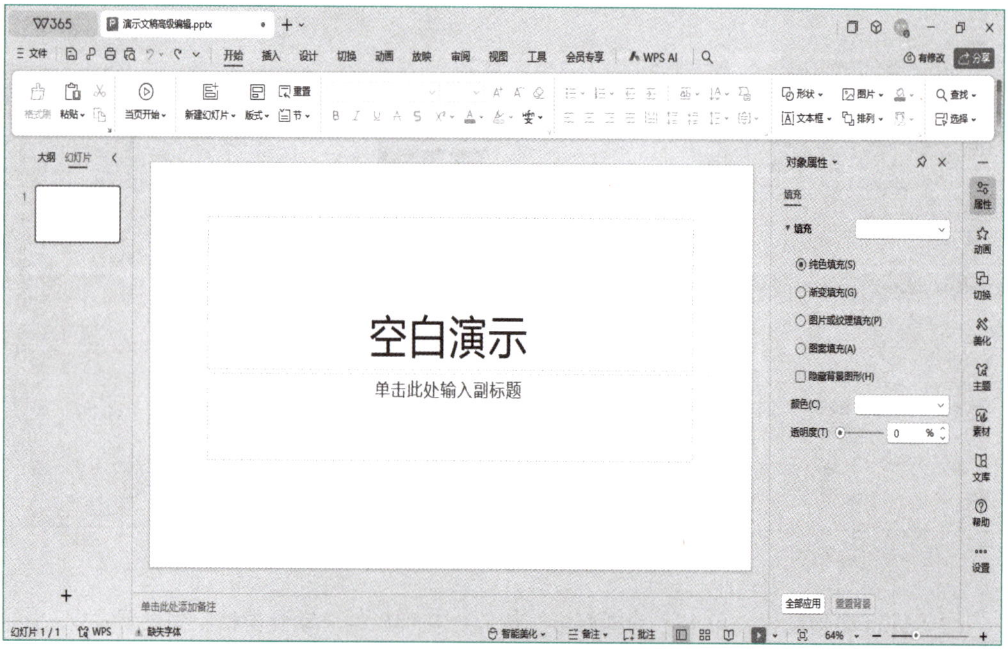

图 14-4　空白演示文稿高级编辑 .pptx

（2）应用主题，单击“设计”→“更多主题”→“免费”选项，选择自己喜欢的主题，如图 14-5 所示。

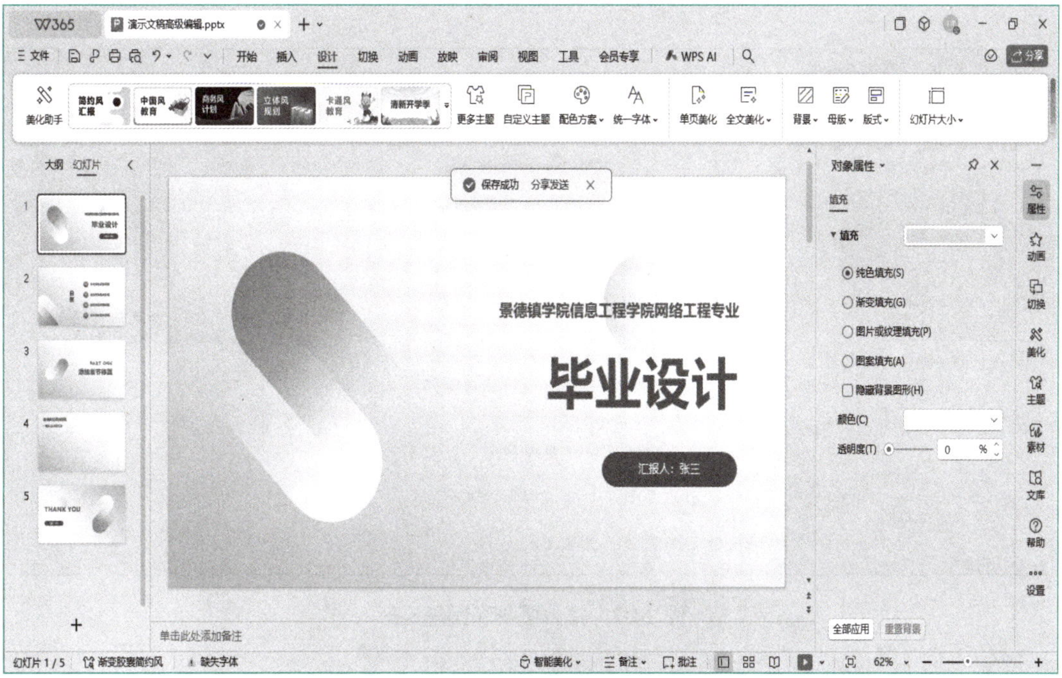

图 14-5 免费主题

（3）修改标题文字后，选择第 2 页，删除目录选项，如图 14-6 所示。

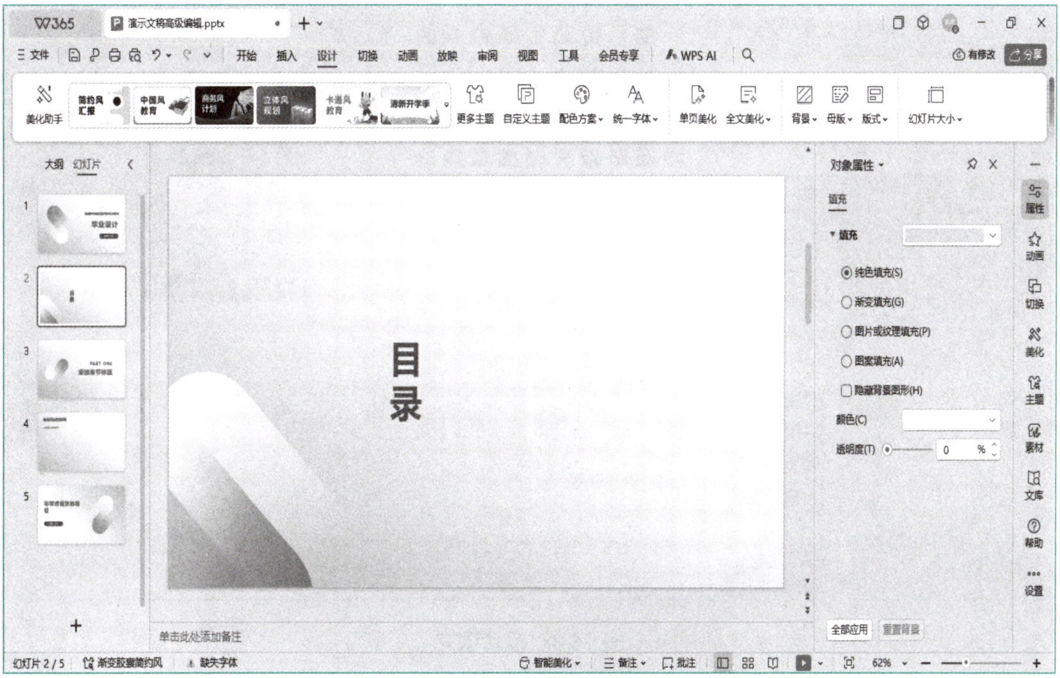

图 14-6 删除目录选项

（4）修改目录字体大小为 100 磅，并移动到合适的位置。

（5）插入按钮图标，单击“插入”→“形状”→“圆形”/“圆角矩形”按钮，如图 14-7 所示。

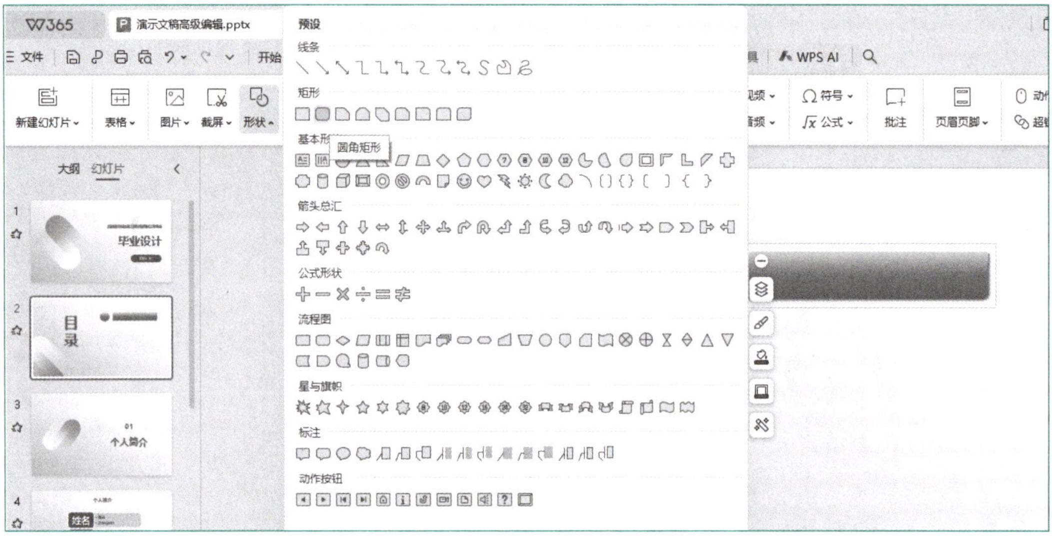

图 14-7　插入圆形和圆角矩形

（6）选择“填充”为“着色 4”，如图 14-8 所示。选择“轮廓”为“无边框颜色”，如图 14-9 所示。

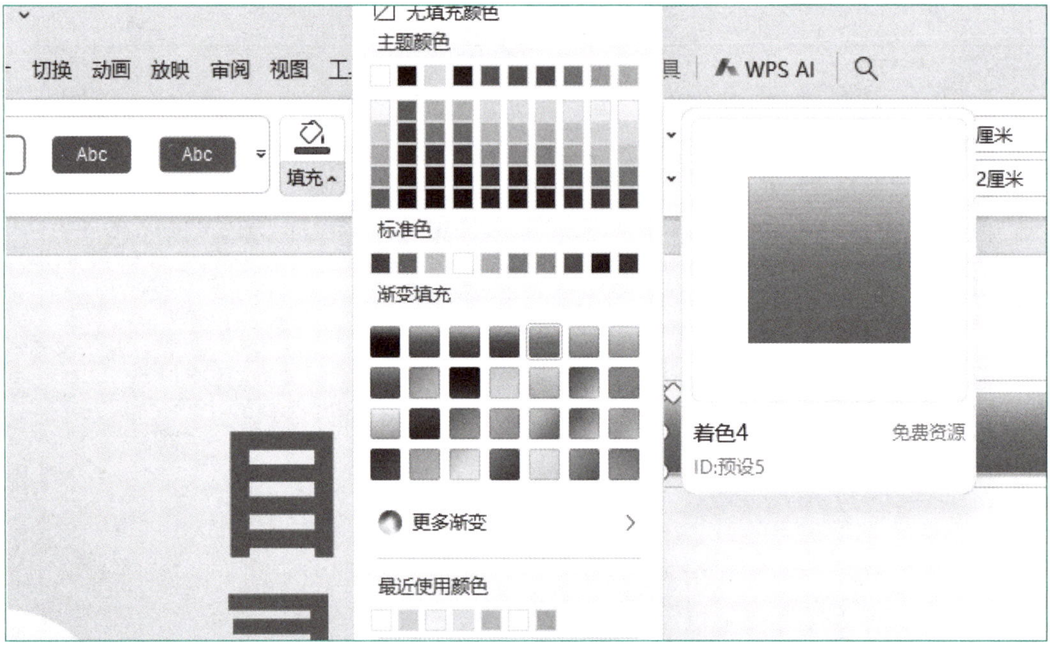

图 14-8　设置填充

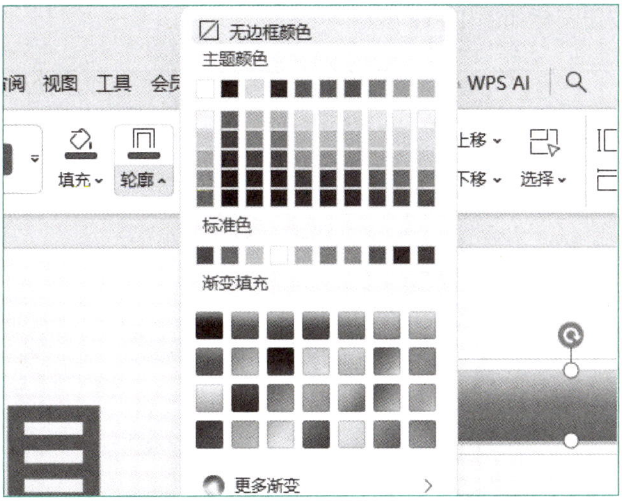

图 14-9　设置轮廓

（7）选择“效果”→“阴影”→“外部”→“右下斜偏移”按钮，如图 14-10 所示。

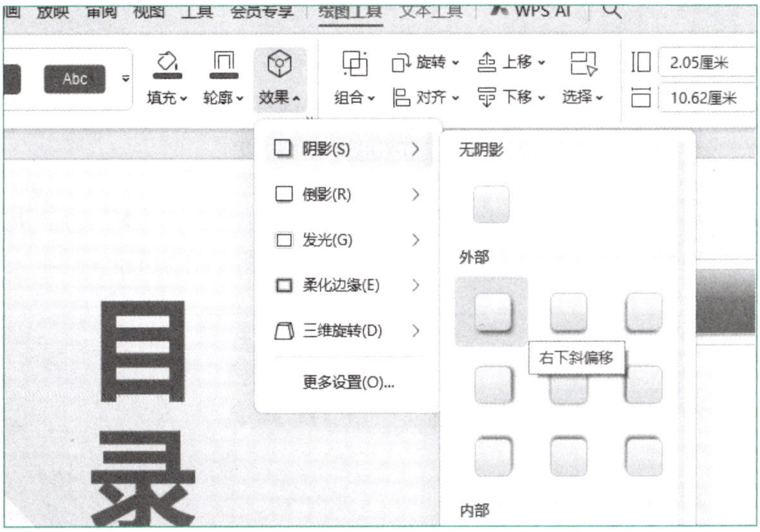

图 14-10　设置阴影

（8）按住【Ctrl】键分别单击选中圆形和矩形，右击选择“组合”命令，如图 14-11 所示。

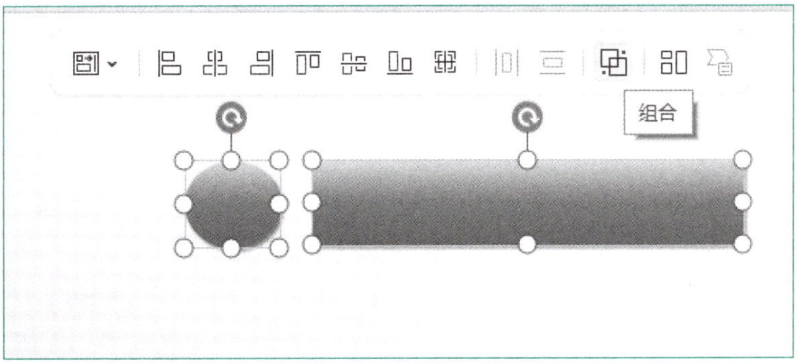

图 14-11　组合

复制合成好的按钮图标如图 14-12 所示。

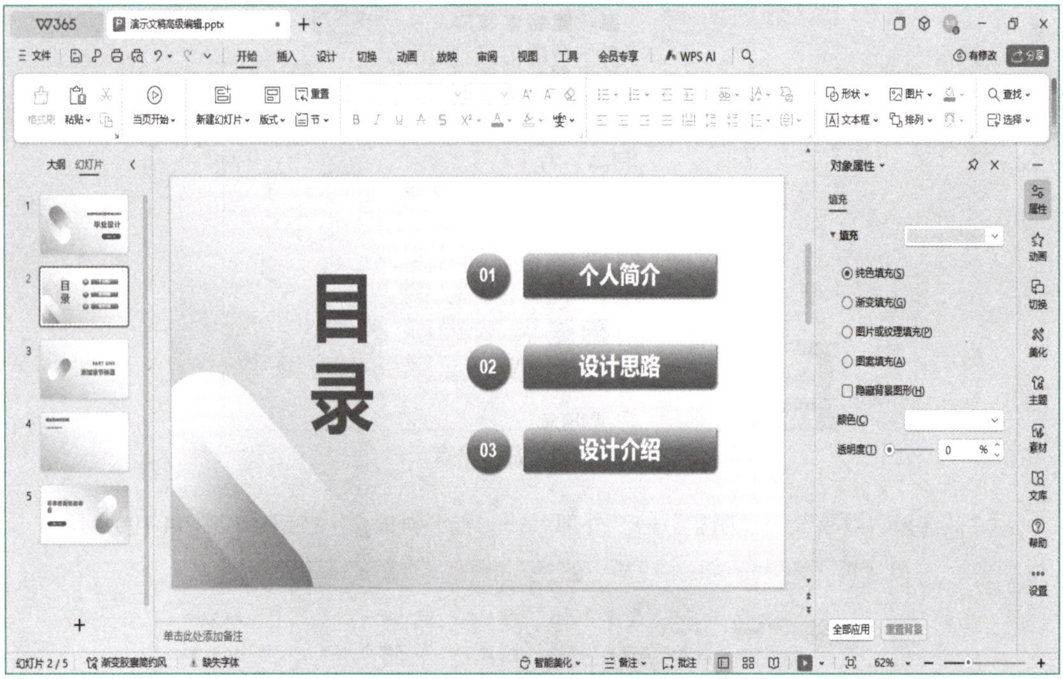

图 14-12　按钮图标最终效果

（9）动画设置。依次选择“个人简介”等图标模块，单击“动画”→“上升”，在“动画窗格”中，将“开始”设置为“在上一动画之后”，如图 14-13 所示。

图 14-13　设置按钮图标动画

（10）其他元素如果要添加动画，可参考以上操作。

（11）插入 SmartArt 图形，单击“插入”→SmartArt 选项，如图 14-14 所示。选择“列表”→“垂直块列表”选项，如图 14-15 所示。输入对应文字，如图 14-16 所示。

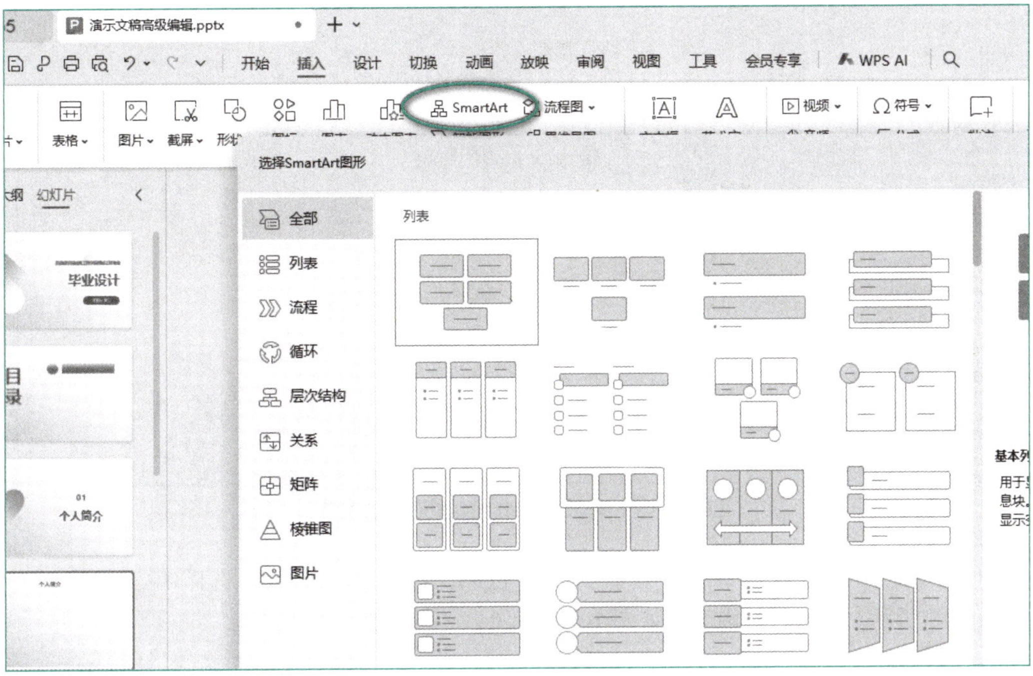

图 14-14　插入 SmartArt

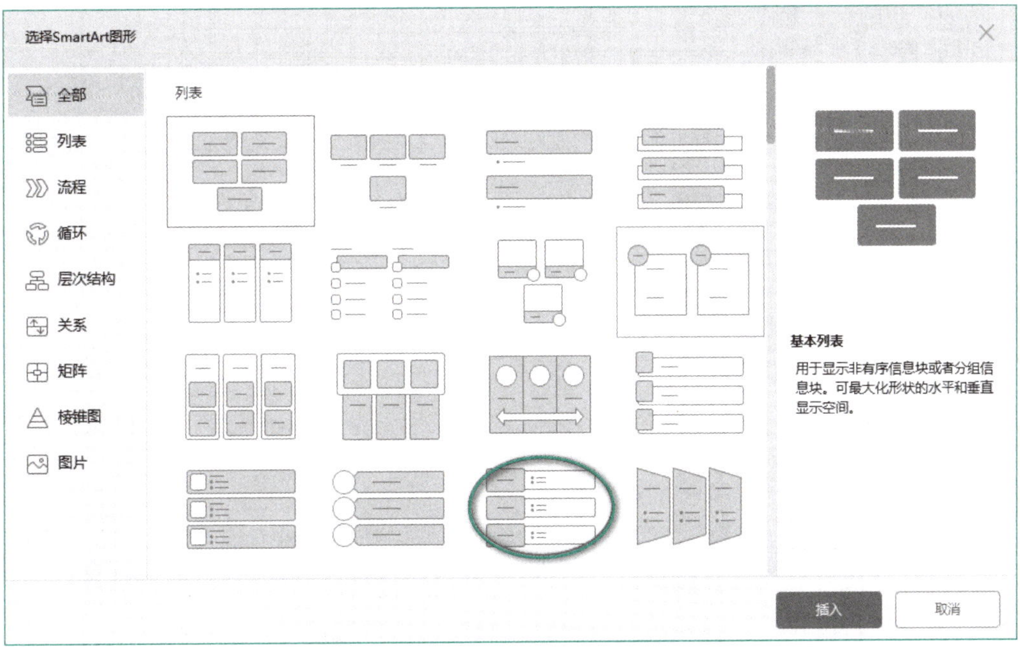

图 14-15　选择“垂直块列表”

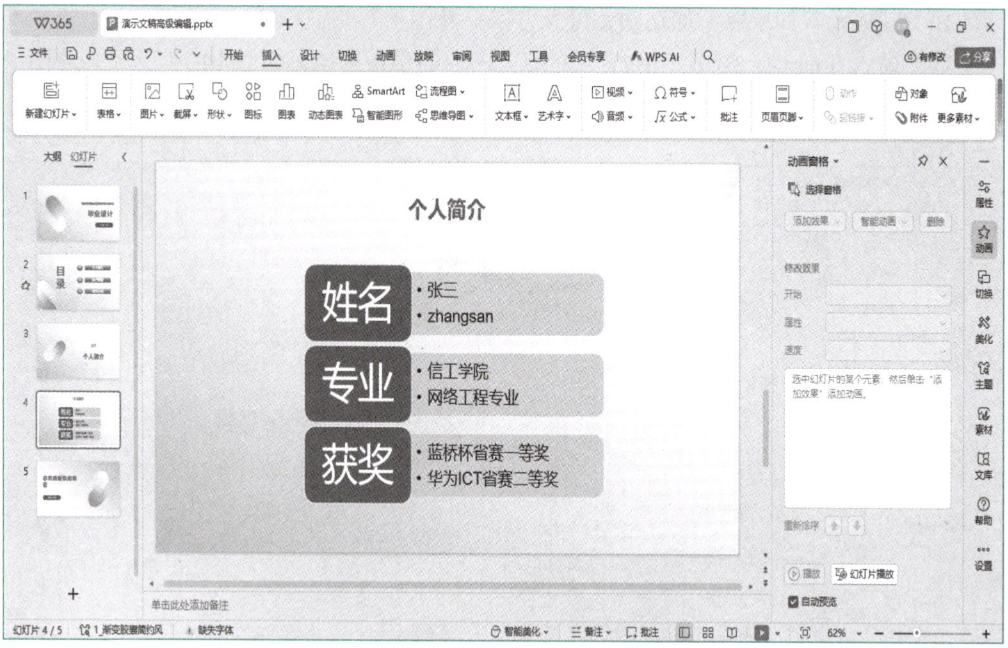

图 14-16　编辑 SmartArt 图形中的文字

（12）插入表格，单击“插入”→“表格”选项，如图 14-17 所示。选择 4 行 3 列的表格，如图 14-18 所示。输入相应内容，如图 14-19 所示。

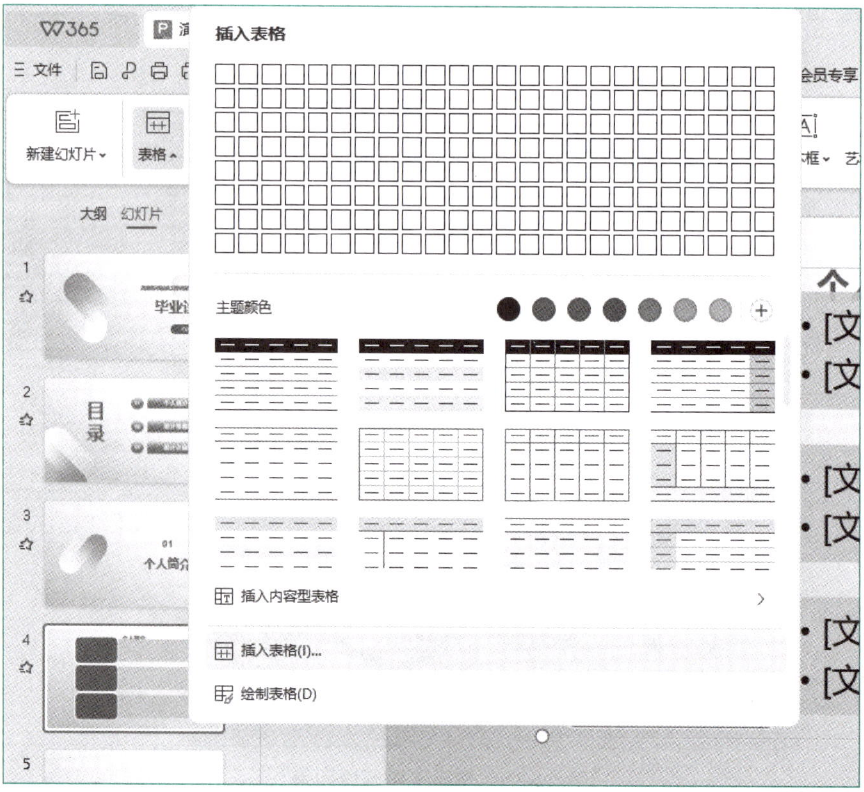

图 14-17　插入表格

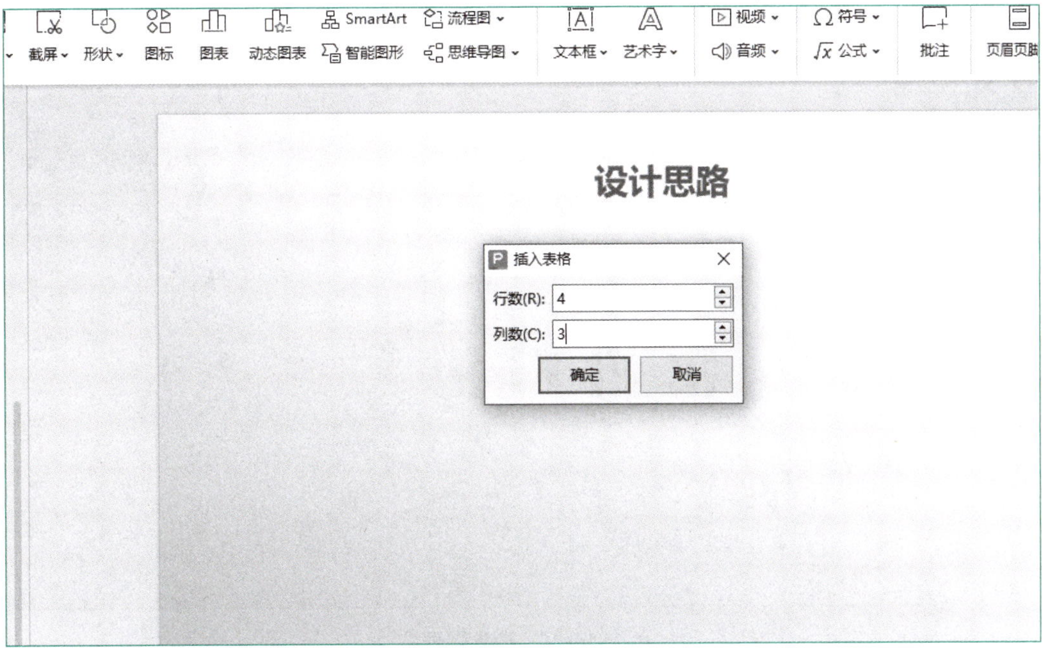

图 14-18　表格设置

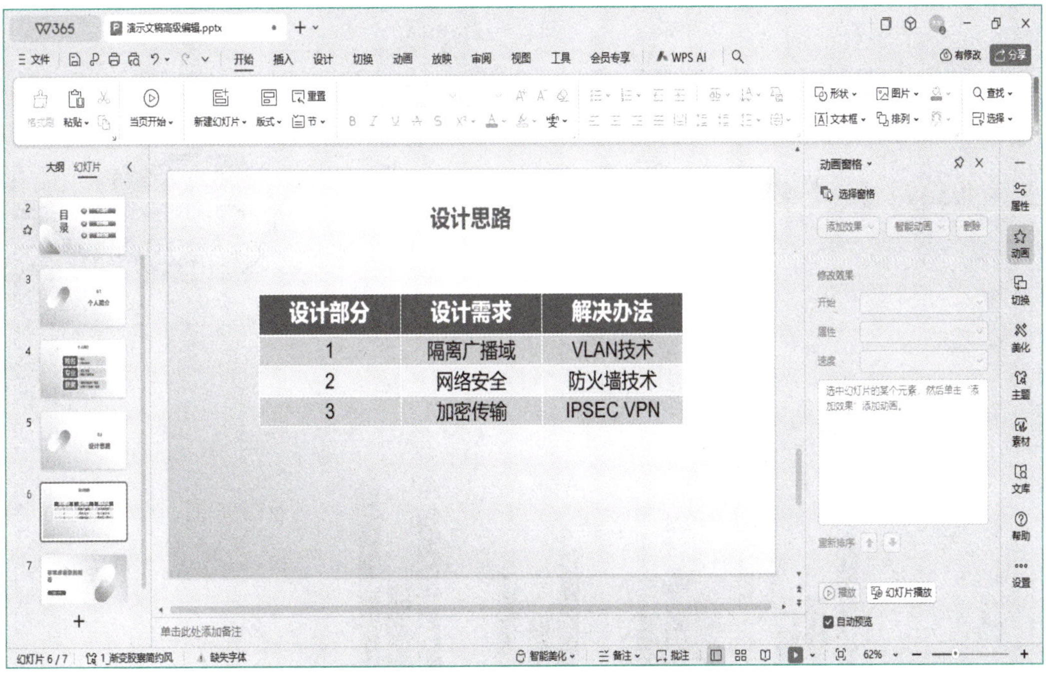

图 14-19　插入表格最终效果

（13）插入图表，单击“插入”→“图表”→“柱形图”选项，结果如图 14-20 所示。

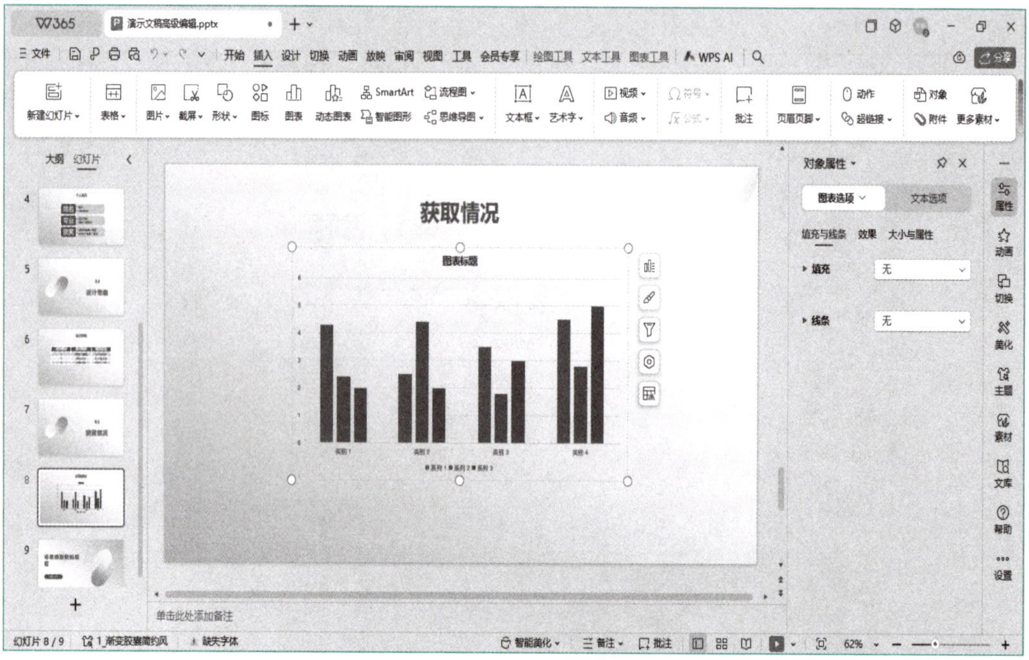

图 14-20　插入图表

（14）单击“编辑数据”选项，如图 14-21 所示，可以编辑图表的对应数据表，如图 14-22 所示。

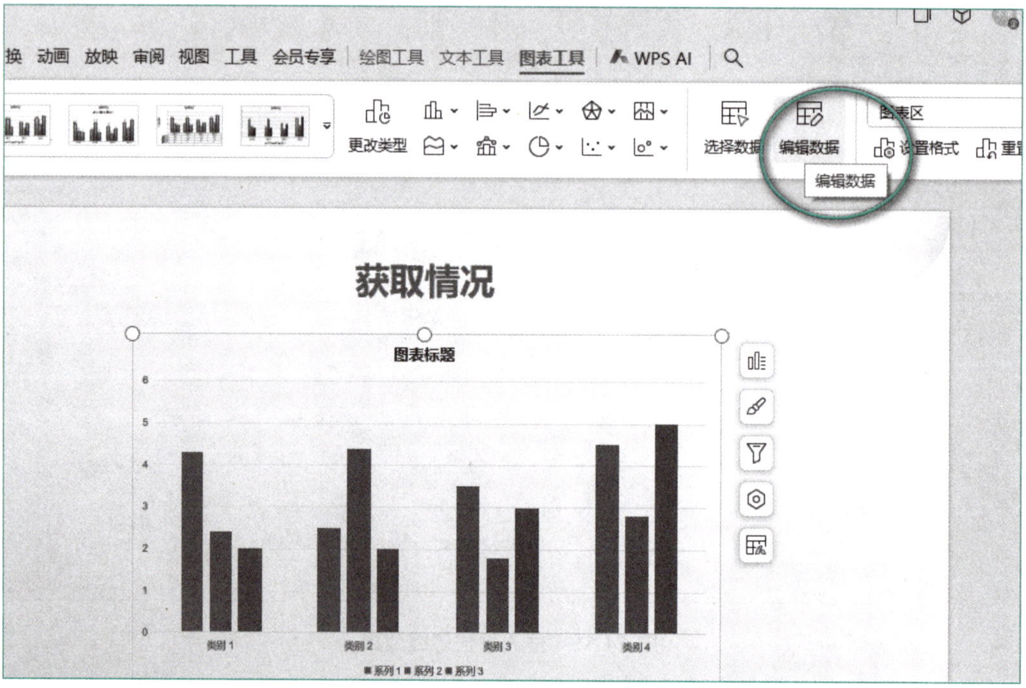

图 14-21　编辑数据选项

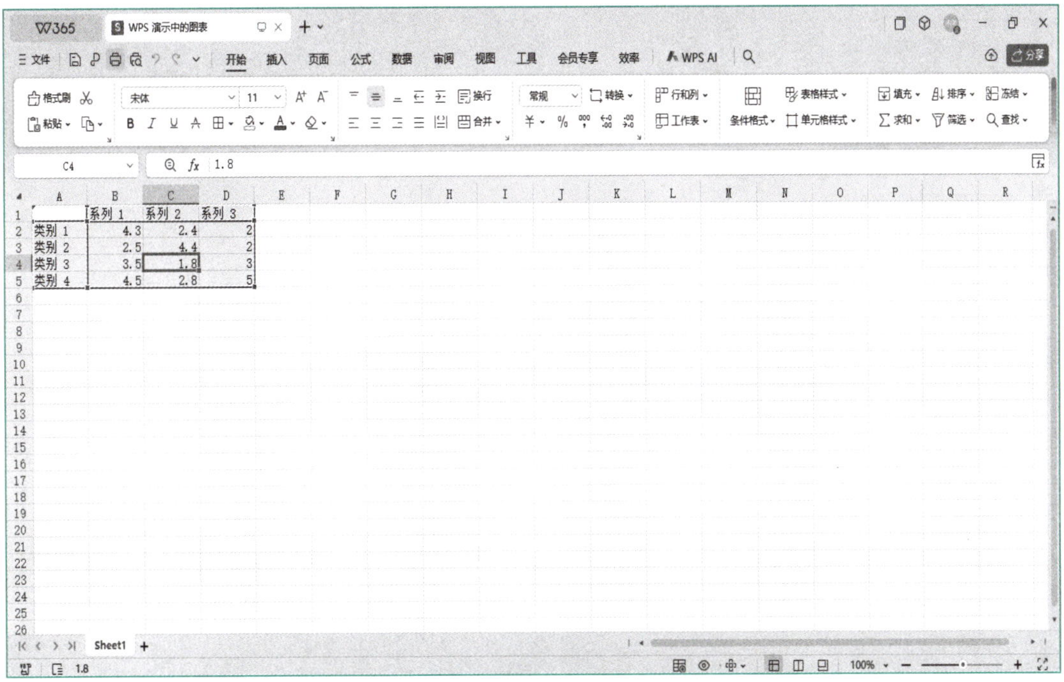

图 14-22　图表数据

（15）添加页面切换效果。单击“切换”→“平滑”选项，在右侧属性任务窗格中单击“应用全部”按钮，如图 14-23 所示。

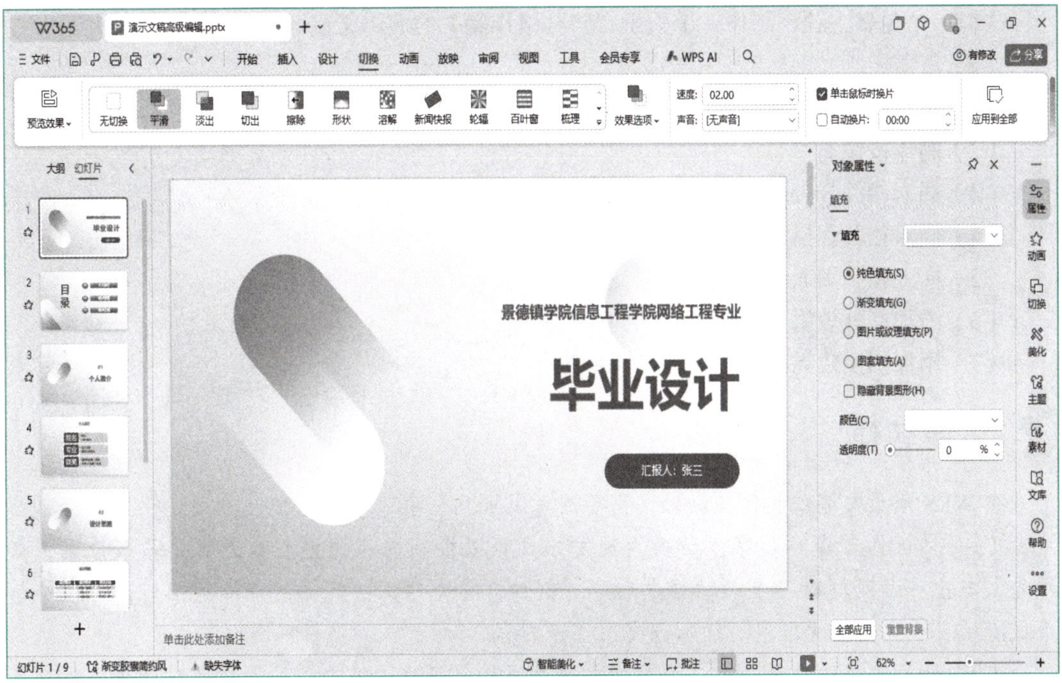

图 14-23　页面切换效果

最终效果如图 14-24 所示。

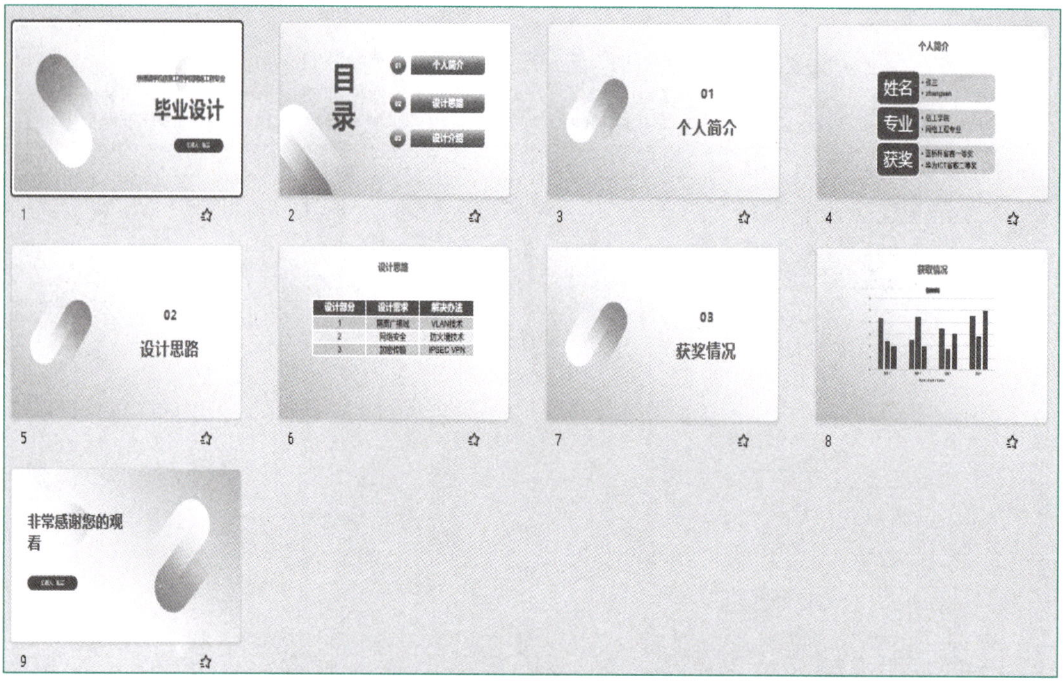

图 14-24　最终效果

实训练习

选择一个免费主题，制作一个关于“防网络诈骗”的演示文稿。

要求：

（1）选择和应用免费主题。

（2）制作按钮。

（3）插入相关 SmartArt 图形。

（4）插入相关表格。

（5）插入相关图表。

（6）添加动画效果。

（7）添加切换效果。

拓展延伸

在 WPS 演示文稿中制作动画时，需要注意以下几个事项：

（1）动画的节奏和顺序：动画的触发方式可以根据内容的重点和逻辑关系来设置，如单击、与上一动画同时、上一动画之后等。例如，在介绍保险产品的保障范围时，可以将每个保障项目设置为依次出现的动画，突出重点内容。

（2）动画效果的数量：在一个页面内，动画效果不应太多，一般不要超过两个。过多不同的动画效果会让页面杂乱，影响观众的注意力。

（3）动画的触发方式：可以通过“自定义动画”任务窗格来设置动画的触发方式。例如，可以设置单击一次出一个图形，或者让动画按照特定的轨迹运动，增加动画的趣味性和专业性。

（4）动画的强调原则：如果一页内容较多，可以单独对某个元素添加动画，其他元素保持静止，以达到强调的效果。

（5）动画的顺序原则：让内容根据逻辑顺序出现，观感更为舒适。例如，并列关系的内容可以同时出现，层级关系的内容可以按照从左到右或从下到上的顺序出现。

小课堂

国产的 WPS 软件功能非常强大，不但打破了国外软件的桎梏，而且还可以实现在线共享功能，为学习者的操作提供了一个很好的协作平台。团队成员收到链接后，单击链接即可进入共享编辑模式。此时，多人可以同时对同一份演示文稿进行编辑和修改。

项目十五 AI辅助演示文稿制作

在现代教学与办公场景中，演示文稿作为信息表达和可视化呈现的重要工具，承担着内容传递、逻辑构建和美观展示的多重功能。然而，传统演示文稿制作往往耗时耗力，尤其是在资料收集、内容结构化、页面设计及文案润色等环节，常令使用者感到疲惫。

随着人工智能技术的飞速发展，以DeepSeek与Kimi为代表的新一代AI工具在内容生成与智能写作领域展现出强大的能力。DeepSeek擅长从提示词中自动生成逻辑严密、层次清晰的文本结构，可辅助教师、学生或职场人员快速搭建演示文稿大纲、提炼核心要点。而Kimi则在知识检索、文本润色、页面优化等方面拥有丰富的功能，能够将普通文字转化为更具表达力与视觉冲击力的内容，提升整体展示效果。

通过将AI工具与演示文稿制作流程深度融合，不仅可以显著提高演示文稿的制作效率和表达质量，也能够帮助使用者逐步培养逻辑构建、内容策划与信息整合的能力，实现"人机协同"的智慧办公新模式。在本项目中，学生将学习如何借助DeepSeek生成演示文稿提纲与讲解内容，使用Kimi辅助图文匹配与美化润色，最终完成一份结构合理、内容丰富、视觉美观的演示文稿课件。

无论是用于教学展示、专题汇报还是项目答辩，AI辅助的演示文稿制作能力都将成为新时代信息素养的核心技能之一，也是走向高效学习与智慧办公的有力起点。

学习目标

◎理解AI工具（如DeepSeek、Kimi）在演示文稿内容策划与制作中的作用。
◎能够使用DeepSeek生成演示文稿提纲、文字内容及讲解稿。
◎能够使用Kimi进行内容润色、美化建议、图文辅助等操作。
◎具备AI辅助下的演示文稿整体规划与内容逻辑整合能力。
◎提升内容表达与信息设计能力，增强教学展示与项目汇报的表达效果。

项目描述

小李需要为"人工智能与教育融合"这一主题制作一份课堂演示文稿。但由于时间紧迫、资料分散，他希望借助 AI 工具来协助内容生成、结构搭建和文案润色。通过使用 DeepSeek 撰写演示文稿框架与核心内容，再借助 Kimi 对页面文案进行优化，并根据建议调整页面结构与风格，成功高效完成一份条理清晰、内容翔实、图文并茂的演示文稿。

项目分析

本项目聚焦如何将 AI 智能写作与演示文稿制作流程融合，具体要求包括：

（1）明确演示文稿主题与内容结构需求。

（2）使用 DeepSeek 根据提示词生成提纲、分章节内容、演示用语等。

（3）使用 Kimi 优化文字表达、补充例证、增强逻辑。

（4）应用演示文稿软件完成页面排版、美化与内容整合。

（5）实现从“灵感生成”到“成品输出”的 AI 辅助内容全流程。

相关知识

在完成本项目过程中，需综合学习人工智能辅助内容生成的基本原理与方法、提示词设计技巧、DeepSeek 与 Kimi 工具操作要领，以及演示文稿制作的基本规范与表达逻辑。

1. 人工智能辅助内容生成的基本原理

以 DeepSeek 和 Kimi 等工具为代表的智能助手，均基于自然语言处理（natural language processing, NLP）技术，尤其是采用了 Transformer 模型结构。通过对海量语料的深度学习，这些工具具备了强大的语言理解与生成能力，能够辅助用户高效完成各类文本任务。

那么，这类人工智能语言模型究竟是如何工作的呢？可以从以下三个方面加以认识：

（1）语言模型原理：学习大语言模型通过概率预测生成句子中下一个词的机制，理解其“拟人化写作”的能力来源。

（2）AI 生成内容的特征：包括语言流畅性强、结构完整、语义连贯等。

（3）AI 的优势与局限：如高效输出与逻辑合理性兼顾，但可能存在语义空洞或事实性错误，需配合人工审核。

2. 提示词（prompt）的设计原理与技巧

提示词是引导 AI 生成高质量内容的关键。大家需掌握以下技能以提升与 AI 的交互效率：

1）提示词的构成要素

一个高效的提示词通常包括以下四个基本要素：

（1）角色设定：如“假设你是一名产品经理”。

（2）任务明确：如“撰写一个介绍人工智能的演示文稿大纲”。

（3）内容要求：指定输出格式（如列点、分段、限字数）。

（4）受众导向：明确目标观众是谁（如“面向高中生讲解”）。

2）提示词设计技巧

（1）明确任务目标，避免含糊。

（2）加入背景信息，有助于增强上下文准确性。

（3）尝试多轮对话，逐步细化输出结果。

（4）合理运用“补充型提示词”，如“请进一步丰富第 3 页内容”。

通过提示词训练，能够更加精准地引导 AI 输出符合设计思路的结构化内容。

3. DeepSeek 的操作方法与场景应用

DeepSeek 是一款面向中文用户的高性能大模型平台，专为中文信息处理优化，具备强大的语言理解与生成能力。该平台集成了当前先进的自然语言处理技术，能够实现文本摘要、内容撰写、语言翻译、代码辅助生成等多种功能，尤其适用于中文语境下的智能办公与学习场景。与国际通用的英文大模型相比，DeepSeek 在中文语料的理解深度、上下文连贯性、语义准确性方面有明显优势，更贴近中文母语用户的表达习惯和使用需求。

DeepSeek 不仅是一个强大的写作与学习辅助工具，也是了解人工智能语言模型工作原理、提升数字素养的理想入口。借助这一平台，可以高效完成论文写作、资料整理、演示文稿内容生成等任务，从而培养信息处理能力，提升学习效率。

1）DeepSeek 基础操作

作为一款中文优化的大语言模型平台，DeepSeek 在操作界面和使用流程上非常友好，初学者可以轻松上手并应用于学习与创作。以下是使用 DeepSeek 的基础操作步骤：

（1）登录与输入界面使用。通过网页登录 DeepSeek 平台，使用手机号或微信登录，进入主界面后可看到输入框与多个模型版本选项。

（2）选择合适的语言模型版本。根据任务需求选择不同的模型类型，如“通用写作”“办公助手”“学术助手”等，系统会自动加载匹配的处理能力。

（3）输入提示词并分析输出内容。在输入框中输入结构清晰的提示词（如“你是一名地理老师，请写一段简明的地理科普开场白”），单击“生成”按钮，即可获得 AI 输出的文本内容。

（4）利用辅助功能优化结果。平台提供“继续生成”“重写”“换风格”等功能，帮助用户对生成内容进行进一步优化，提升文本质量和适配度。

2）DeepSeek 在演示文稿制作中的应用场景

DeepSeek 在演示文稿内容创作中具备显著优势，特别适合用于信息梳理、主题提炼、语言润色等环节。以下是几个典型的应用情境：

（1）生成整份演示文稿的结构提纲。例如，以“低碳生活”为主题，输入提示词：“请以‘低碳生活’为主题生成一个包含背景介绍、实践措施和未来展望的演示文稿结构大纲”，可快速获得逻辑清晰的页面规划。

（2）撰写每一页的初始内容草案。针对某一页内容，如“实施措施”，输入提示词：“请用简明语言写一段‘低碳生活的具体实施措施’，适合放在演示文稿第二页”，系统会输出约 100 字以内的内容草案，直接贴入幻灯片。

（3）扩展补全已有文本。如果已有部分内容但不完整，可让 AI 继续生成或补充，如：“请续写以下段落，使内容更完整……”。

（4）润色导语、总结与观点提炼段落。针对演示文稿的开头或结尾部分，可输入提示词：“请将以下内容优化为演示文稿的总结页内容，语言精炼有力”，提升表达张力与专业性。

（5）语言风格调整与格式建议。DeepSeek 还可以根据提示，生成正式、口语、宣传风格等不同表达方式，并提供标题建议、关键词提炼等服务，增强演示文稿内容的表现力。

4. Kimi 的润色优化与表达调整技巧

Kimi 是一款智能文本处理工具，具备语义理解、语言风格转换、逻辑结构调整等功能，适用于对 AI 初稿内容进行进一步润色与优化。在演示文稿制作中，Kimi 可以作为 DeepSeek 的协同工具，帮助人们生成更符合演示文稿语言风格的文本，提高内容的表达质量和逻辑清晰度。

1）Kimi 基本操作流程

要充分发挥 Kimi 的润色与优化能力，可以按照以下步骤进行操作：

（1）访问平台：打开 Kimi 官方网站或下载安装移动端 App，完成登录。

（2）复制文本：将 DeepSeek 生成的初稿内容或自拟文本粘贴至 Kimi 的输入框中。

（3）选择任务类型：根据需求选择相应的处理方式，如“润色”、“压缩”、“扩写”或“改写”。

（4）设置语言风格：可设定文本呈现的风格方向，如“学术化”、“口语化”或“商业简报风”等。

（5）获取优化版本：生成后的文本可直接用于演示文稿制作，也可结合实际需要进行进一步人工编辑和比对修改。

2）Kimi 的辅助效果

Kimi 在文稿内容优化中可发挥以下几方面的重要作用：

（1）提升语言表达质量：优化语句结构，使表达更流畅、专业，减少重复、啰唆的内容。

（2）增强逻辑与条理：有效修复逻辑断裂、句意不清等问题，使文本更具层次感和逻辑连贯性。

（3）强化语言风格意识：通过提供多个优化版本，帮助学生比较、选择，逐步建立清晰的表达风格与语感认知。

5. 演示文稿内容构建与页面设计的基本规范

在借助 DeepSeek 和 Kimi 完成初步内容生成后，需将 AI 输出内容进一步加工整理，转化为结构清晰、视觉美观的演示文稿。下面介绍演示文稿内容构建与页面设计的基本规范。

1）内容构建规范

演示文稿内容的组织应符合演讲逻辑，突出重点，便于观众快速获取核心信息：

（1）结构逻辑性强：围绕“主题—分论点—细节支持”框架，确保内容递进清晰。

（2）层次清晰：通过标题、副标题、编号和缩进，呈现内容之间的层级关系。

（3）语言简明凝练：尽量使用关键词或短语代替长句，以提高阅读效率和视觉冲击力。

（4）页面控制信息量：每页应聚焦一个要点，避免信息堆砌或话题混乱。

2）页面设计原则

良好的视觉设计不仅提升美感，也有助于观众专注内容、形成记忆：

（1）视觉均衡：合理安排文字与图片的位置与比例，避免页面过度拥挤或留白过多。

（2）统一配色风格：选择 1~2 种主色调，贯穿全稿，保持风格一致，避免频繁变换色彩造成视觉疲劳。

（3）字体使用规范：推荐标题使用 28 号以上大字体，正文使用 20~24 号中字号，确保阅读清晰。

（4）动画与过渡适度：可使用淡入、推进等简洁动画效果增强动态表现，但应避免过多花哨干扰观感。

（5）排版整洁：确保页面间距适中，文本左右对齐，图表边界统一，增强整体专业感。

遵循这些原则，可将 AI 生成内容高效转化为结构合理、表达清晰、美观易读的演示文稿作品。

6. 人工优化

AI 工具在内容生成上提供便利，但最终的成果展示仍需依赖人工进行优化。

1）信息筛选与加工

（1）从 AI 生成的冗余文本中提取重点。

（2）有效整合不同段落中的观点，去重合并。

2）优化语言组织与表达

（1）运用适合受众的表达方式（口语化 / 正式化）。

（2）注重节奏与语义连贯，提升演示说服力。

7. AI 使用的伦理规范与学术责任

作为 AI 时代的学习者，同学们应增强对 AI 技术使用伦理的认识，避免不当依赖或滥用。

1）AI 使用的伦理规范

（1）不将 AI 产出内容直接作为学术作品提交。

（2）不传播 AI 可能生成的虚假或偏激信息。

（3）不泄露个人隐私或他人信息。

2）责任意识

（1）以 AI 为“辅助工具”，而非“唯一答案来源”。

（2）学会在 AI 生成与人类判断之间建立平衡。

项目操作

本项目要求利用人工智能工具 DeepSeek 与 Kimi，结合演示文稿制作流程，完成一份内容结构清晰、表达准确、设计合理的演示文稿。以下是任务的具体操作步骤：

1. 明确演示文稿主题与目标受众

（1）确定演示主题：如“人工智能在教育中的应用”“绿色能源发展趋势”等。

（2）界定目标受众：如“面向中学生讲解”“汇报给企业领导”“小组展示交流”等。

（3）设定演示目的：如“知识普及”“项目展示”“观点论证”等。

2. 设计有效提示词

编写提示词时应包含以下信息：

（1）演讲者角色（如“假设你是一位高校教师”）。

（2）内容主题（如“介绍人工智能在中小学教学中的作用”）。

（3）格式要求（如“生成一个 6 页的演示文稿提纲，每页列出要点”）。

（4）风格要求（如“适合学生理解，语言简洁生动”）。

提示词示例：

假设你是一名教育科技研究者，请帮助我撰写一份关于“AI 在课堂教学中的应用”的演示文稿内容大纲。演示文稿共 6 页，每页以标题加要点的形式列出，语言简洁，面向大学生讲解。

3. 使用 DeepSeek 生成演示文稿内容草稿

（1）登录 DeepSeek 平台（可使用浏览器访问），如图 15-1 所示。

图 15-1　DeepSeek 界面

（2）在输入框中粘贴步骤 2 中写好的提示词，如图 15-2 所示。可以选择勾选（深度思考 (R1)）和联网搜索，其中深度思考 (R1) 代表具备强逻辑推理能力的模型，能够更好地理解任务需求，输出结构清晰、逻辑严谨的内容，适用于演示文稿大纲设计、教学思路整理、项目汇报等需要条理性的场景。而联网搜索模块则使 DeepSeek 具备联网搜索功能，可实时获取互联网上的最新信息，如政策法规、行业动态、数据报告等，确保生成内容的时效性与真实性。勾选这两个功能后，用户不仅可以获得更具深度的分析与表达，还能结合实时资料，让演示文稿内容更加精准、丰富、贴近实际需求。若不勾选，则可能出现信息滞后或内容逻辑性不足的问题。因此，在需要完成结构完整、内容真实且具有信息价值的任务时，建议同时启用这两个功能，以全面发挥 AI 的辅助能力。最后单击“发送”按钮。

图 15-2　DeepSeek 提示词输入框

（3）等待输出结果，观察生成内容是否结构完整、条理清晰，如图 15-3 所示。

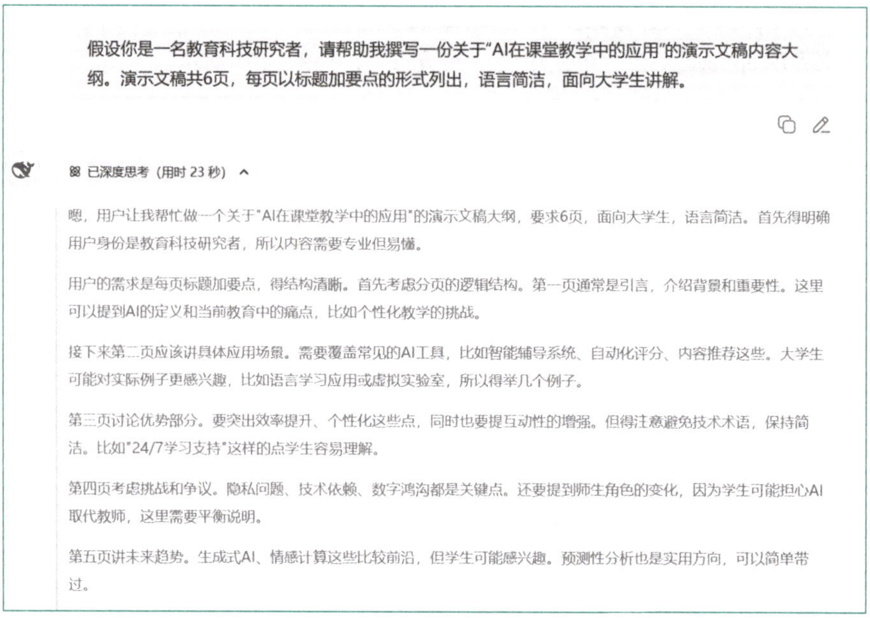

图 15-3　DeepSeek 输出结果

（4）如输出内容不满意，可单击“改写”“继续生成”按钮；修改提示词并重新生成。可使用“继续对话”与 AI 进行多轮交流，细化某一页内容。

4. 将 DeepSeek 生成的内容交由 Kimi 优化润色

（1）登录 Kimi 平台（可在浏览器中访问网页版），如图 15-4 所示。

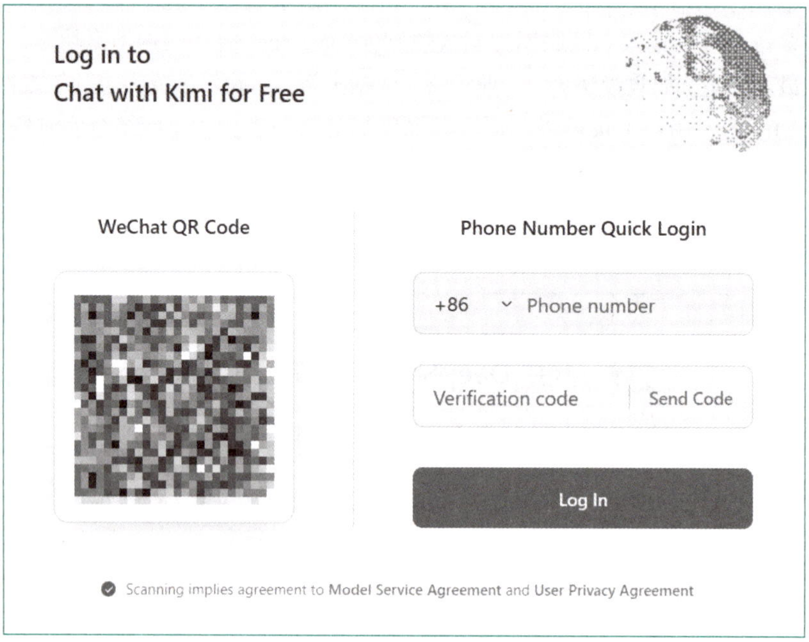

图 15-4　Kimi 登录界面

（2）复制 DeepSeek 生成的每一页文字，粘贴至 Kimi 中的“PPT 助手”界面中的输入框，最后单击“一键生成 PPT”按钮，如图 15-5 至图 15-7 所示。

图 15-5　Kimi 首页

图 15-6　Kimi 中的 PPT 助手

图 15-7　Kimi 生成演示文稿

（3）使用以下指令进行润色：

请润色以下文字，使其语言更加精炼正式；
请将以下段落压缩为简短要点，适用于演示文稿页面；
请将语言风格调整为适合大学生阅读。

（4）比较原始内容与优化后内容，选择合适的版本用于演示文稿制作。

（5）最后选择合适风格的演示文稿模板进行演示文稿的生成，如图 15-8 和图 15-9 所示。

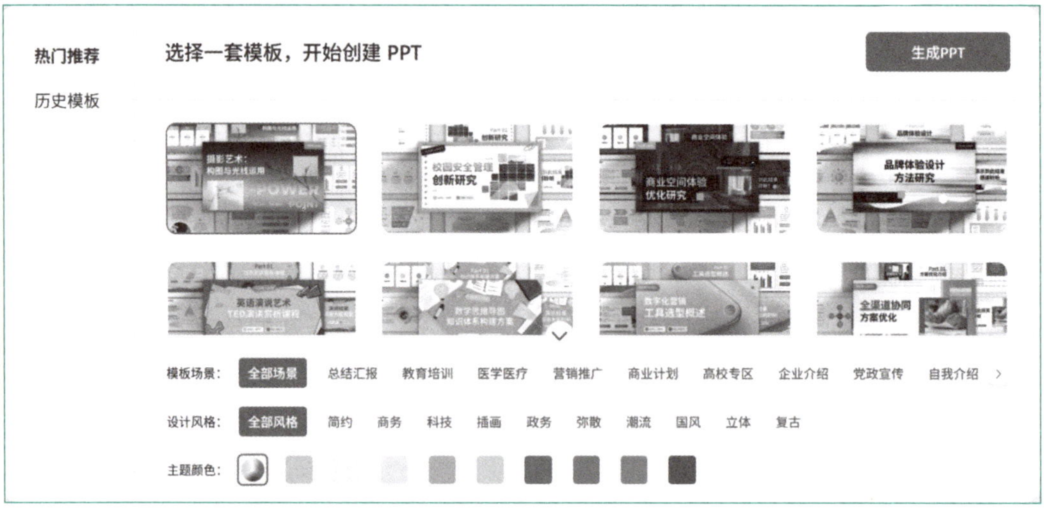

图 15-8　选择合适风格的演示文稿模板

图 15-9　演示文稿制作完成

5. 人工审校与逻辑优化

（1）阅读全篇内容，重点检查：

①内容逻辑是否连贯。

②是否存在事实错误、语言冗余。

③表达是否符合受众理解水平。

（2）适当精简文字，提升演示文稿视觉清晰度。

（3）在关键页面添加图表、案例或图示，增强表达效果。

6. 保存与导出作品

（1）完成演示文稿制作后，保存为 .ppt 格式。

（2）可另存为 .pdf 版本，便于展示或提交。

（3）可备份至 U 盘或网盘，准备课堂汇报或小组展示。

实训练习

以“数字生活与绿色未来”为主题，综合运用 DeepSeek 与 Kimi 两款 AI 工具，完成内容生成、语言润色优化、演示文稿设计与讲稿撰写的全过程操作。通过设计高质量提示词与交互生成文本，在 DeepSeek 中获取结构化内容，再借助 Kimi 实现语言风格调整与逻辑优化，最终整合为结构清晰、表达精准、视觉规范的多页演示文稿及配套讲解词。具体要求如下：

（1）设定主题“数字生活与绿色未来”，明确内容结构与展示目标。

（2）在 DeepSeek 中编写提示词，生成“背景介绍、实践举措、未来展望”等内容文本。

（3）使用 Kimi 对生成文本进行润色优化，使语言更符合演示文稿风格。

（4）根据优化后的内容设计演示文稿页面，完成版式排版与视觉美化。

（5）将每页演示文稿内容转化为简洁口语化的讲稿，用于课堂展示。

（6）整合成果，输出完整演示文稿文件与配套讲稿文本，形成可展示成果。

拓展延伸

1. 从演示文稿走向多模态创作

在完成“数字生活与绿色未来”演示文稿后，可以尝试将内容迁移到其他媒介中，例如：

（1）AI 辅助写作文章：将演示文稿内容拓展为一篇短文或公众号推文，借助 Kimi 进行文风调整、段落衔接。

（2）生成图文海报：使用如 Canva、墨刀或配合 DeepSeek 的图像生成功能，完成主题宣传海报设计。

（3）配音与视频生成：结合 AI 语音合成工具（如讯飞、微软 TTS），制作讲解视频或短科普动画。

2. 跨主题迁移：锻炼 Prompt 泛化能力

以“数字技术推动绿色转型”“AI 赋能教育”“智能交通管理”等主题重新构建提示词，观察 AI 生成风格是否匹配、内容是否合理，并鼓励读者：

（1）比较不同主题下的提示词写法差异。

（2）分析通用提示词与定制提示词的优劣。

（3）形成自己的“提示词语料库”，以便后续复用。

小课堂

拥抱国产人工智能技术，助力教育数字化发展

本项目借助国产人工智能工具 DeepSeek 与 Kimi 辅助完成演示文稿内容的生成与优化。这不仅是一次对前沿科技的探索实践，更是一次对我国自主创新成果的深入体验。随着人工智能技术的迅速发展，我国不断加快核心技术攻关，诞生了一批拥有自主知识产权的优秀 AI 产品，为教育、科研、办公等多个领域注入了新的活力。

通过使用 DeepSeek、Kimi 等国产大模型，人们看到了国产 AI 在语言理解、内容生成、文本润色等方面的强大能力，也体会到了“关键核心技术要牢牢掌握在自己手中”的深刻含义。在信息技术快速变革的时代背景下，人们不仅要做 AI技术的使用者，更应成为数字中国的建设者。

青年学生应增强科技报国的使命感，树立理性使用 AI、合理利用技术、积极参与创新的正确价值观，让科技真正服务于教育和社会发展。未来，无论是在学术科研，还是实际工作中，只有不断提升自身的数字素养与创新能力，才能在 AI 时代勇立潮头、不负韶华。

项目十六
AI 文生图

AI 文生图技术是人工智能领域的重要发展方向，它通过自然语言处理与计算机视觉技术的结合，能够将文本描述转化为视觉图像。这一技术依托于深度学习模型，特别是生成式对抗网络（generative adversarial networks，GAN）、扩散模型（diffusion models）和 Transformer 架构，使计算机能够“理解”文本描述并生成相应的图像内容。

AI 文生图技术具有多种应用场景，包括创意设计、内容创作、教育辅助和产品原型设计等。例如，设计师可以通过文字描述快速生成创意草图；作家可以将故事场景转化为视觉表现；教师可以生成教学插图提升课堂体验；产品经理可以通过文字描述直观呈现产品概念。随着模型规模的扩大和训练数据的丰富，AI 文生图技术的图像质量、文本理解准确性和创意表现力都在不断提升，正在成为辅助人类创作的重要工具，大大提高了内容生产效率，拓展了人类创造力的边界。

学习目标

◎了解 AI 文生图的基本概念。
◎掌握 AI 文生图工具的使用方法。
◎熟悉文本提示词的编写技巧。
◎熟悉图像参数的调整方法。

项目描述

小雅需要为学校活动设计海报素材，但缺乏专业的美术设计能力。她希望借助 AI 文生图工具，通过文字描述生成所需的图像素材。

项目分析

AI 文生图工具允许用户通过文本提示生成图像。使用恰当的提示词和参数设置，可以获得满足需求的高质量图像。为了更好地完成任务，小雅需要学习 AI 文生图工具的使用方法及提示词编写的技巧。

相关知识

1. AI 文生图的概念

AI 文生图（text-to-image generation）是指通过人工智能技术，将文本描述转换为对应的图像的过程。

AI 文生图的工作原理主要包括以下几点：

（1）文本理解：模型首先理解输入的文本描述，分析其中的关键词、主题和情感等。

（2）特征映射：将文本特征映射到图像潜在空间。

（3）图像生成：基于映射的特征，生成符合描述的图像。

（4）细节优化：根据提示词中的细节要求，进一步优化图像的具体表现。

2. 常见的 AI 文生图工具

目前上有多种 AI 文生图工具可供选择，各有特点和适用场景，见表 16-1。

表 16-1　AI 文生图工具

工具名称	特　点	适用场景
Midjourney	艺术感强，细节丰富	创意设计、艺术创作
DALL-E	概念理解强，多样性好	商业设计、复杂场景
Stable Diffusion	开源，可本地部署	个人使用、二次开发
Firefly	商业风格强，集成 Adobe 生态	专业设计、商业插图
即梦 AI	文字精准度高，快速生成	商业设计、自媒体创作

3. 提示词编写技巧

提示词是 AI 文生图过程中最关键的输入，好的提示词能够显著提升生成图像的质量。提示词编写主要遵循以下结构：

[主题内容]，[风格]，[构图]，[光照]，[渲染风格]，[参数设置]

（1）主题内容：描述图像中的主要对象、场景或人物，是提示词的核心部分。

（2）风格：指定艺术风格，如油画、水彩、像素艺术、赛博朋克等。

（3）构图：描述画面构图，如全景、特写、俯视角等。

（4）光照：描述光线效果，如“柔和日光”“戏剧性照明”“黄昏光线”等。

（5）渲染风格：指定技术风格，如“3D 渲染”“摄影风格”“插画风格”等。

（6）参数设置：一些特殊参数，如 --ar 16∶9(宽高比)、--v5(版本)等。

提示词编写示例：

“一座宁静的山村，点缀着传统中式建筑，薄雾缭绕的群山环抱，水彩画风格，金色时刻的光线（黄昏 / 黎明），通过引导线构图呈现戏剧性效果，高度细节刻画，8 K 分辨率 --ar 16∶9”

4. 图像参数的调整

除了文本提示词外，许多 AI 文生图工具还允许用户调整各种参数来控制生成过程，部分参数见表 16-2。

表 16-2　AI 文生图工具参数

参　数	作　用	调整建议
图像分辨率	控制输出图像的尺寸	根据使用需求选择，高分辨率需要更多算力
生成步数	控制扩散过程的迭代次数	步数增加会提高细节，但也增加生成时间
CFG Scale	控制生成图像对提示词的遵循程度	值越高越遵循提示词，但创意性可能降低
随机种子	控制生成的随机性	固定种子可重现特定结果，便于迭代优化
负面提示词	指定不希望出现在图像中的元素	避免常见缺陷如“模糊”“变形”等

5. 常见文生图风格关键词

表 16-3 中是一些常用的风格关键词，可以帮助定义生成图像的视觉风格。

表 16-3　风格关键词

类　别	关键词示例
艺术风格	Impressionism（印象派）、Surrealism（超现实主义）、Pop Art（波普艺术）
媒介风格	Oil painting（油画）、Watercolor（水彩）、Pencil sketch（铅笔素描）
技术风格	3D render（3D 渲染）、Photorealistic（照片真实）、Anime（动漫风格）
历史风格	Renaissance（文艺复兴）、Art Deco（装饰艺术）、Bauhaus（包豪斯）
光照效果	Golden hour（黄金时段）、Cinematic lighting（电影照明）、Dramatic shadows（戏剧性阴影）

项目操作

1. 选择 AI 文生图工具

选择一个合适的 AI 文生图工具。本项目将使用即梦 AI 工具，这是一个支持文生图与动态视频生成的 AI 创作工具，具有影视级 2K 高清输出、精准文字排版和多样化模板等优势。即梦 AI 首页如图 16-1 所示，单击左侧菜单栏的“图片生成”功能。

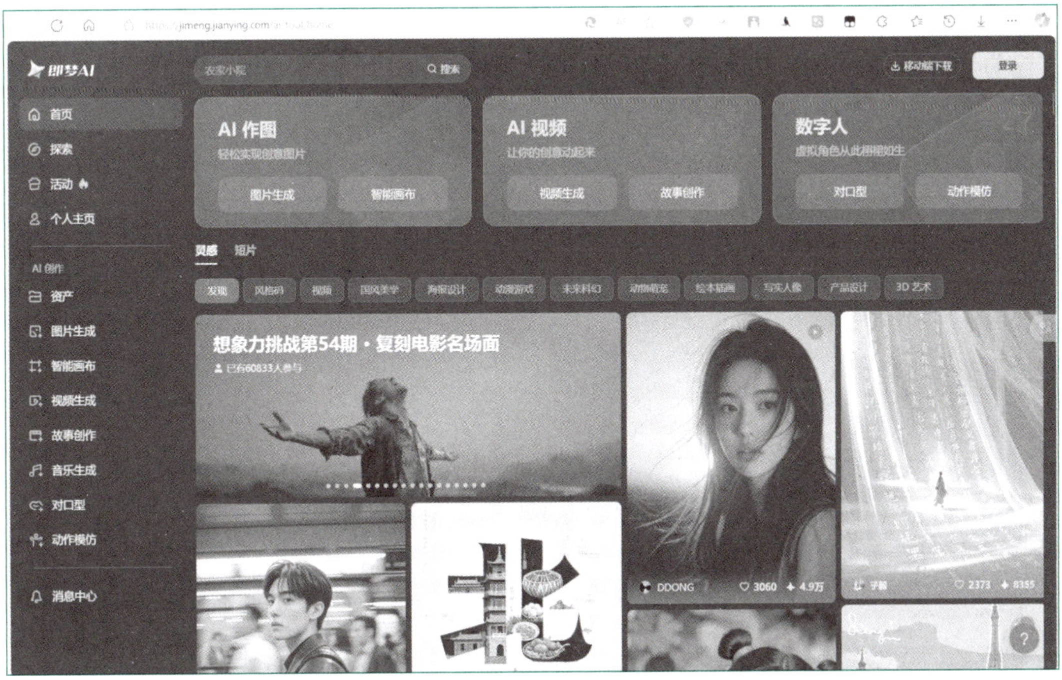

图 16-1　即梦 AI 界面

2. 准备提示词

根据项目需求，要为学校活动设计海报素材。假设是一个程序设计大赛，可以编写如下提示词：

极简主义宣传单页设计，白色背景上排列立体几何芯片造型，每个切面映射不同编程语言图标，底部放置“2025 校园编程马拉松”文字框，搭配微渐变阴影效果。

也可导入参考图，引导生成类似新图片。提示词输入界面如图 16-2 所示。

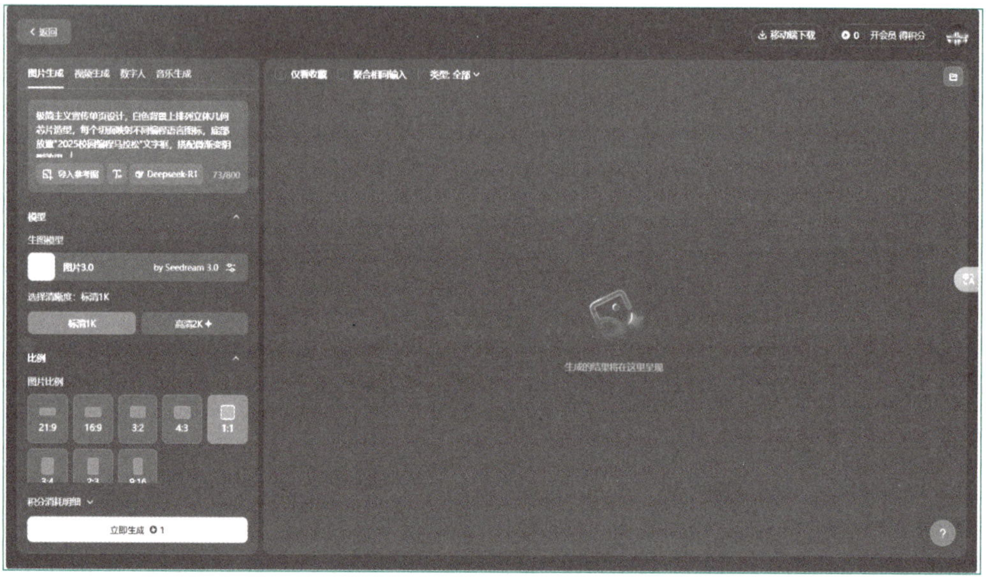

图 16-2　提示词输入界面

3. 调整生成参数

为了获得高质量的海报素材，可以调整以下参数，如图 16-3 所示。

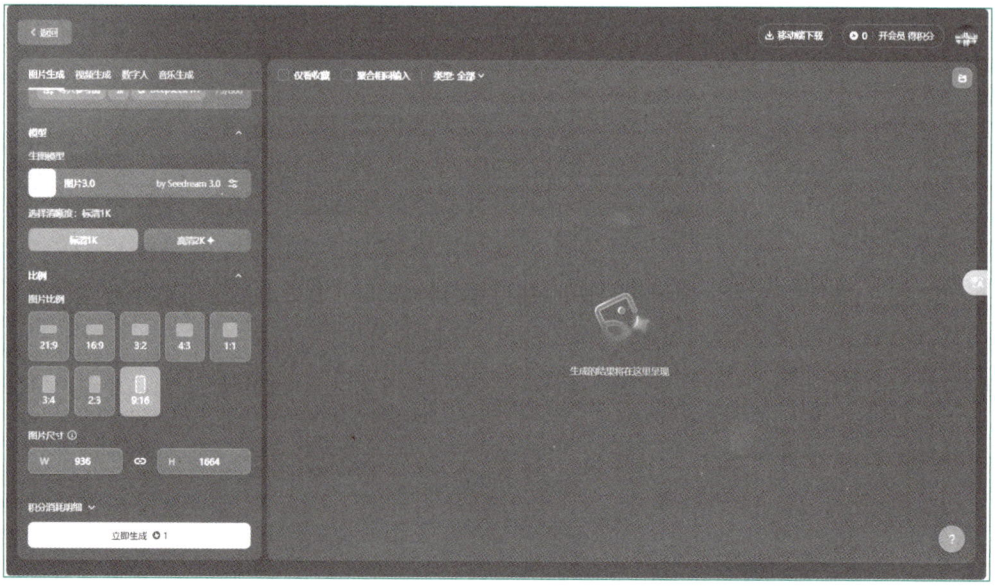

图 16-3　参数设置界面

（1）模型：该平台拥有图片 3.0（影视质感，文字更准，直出 2K 高清图）、图片 2.0 Pro（极具想象力，擅长写真摄影）、图片 2.0（文字遵循高，支持图片参考能力）、图片 XL Pro（支持图片基础控制）等模型，这里选用“图片 3.0”模型。

（2）清晰度：该平台可选标清 1K、高清 2K 两种清晰度，这里设置为“标清 1 K”的清晰度。

（3）比例：这里设置为 9∶16 的图片比例。

（4）图片尺寸：设置为 936*166 4，生成图片尺寸越大，图片质量越好，耗时越长。

4. 生成图像

单击“立即生成”按钮，系统将开始生成图像。生成过程可能需要几秒到几分钟，取决于所在计算机的硬件配置，如图 16-4 所示。

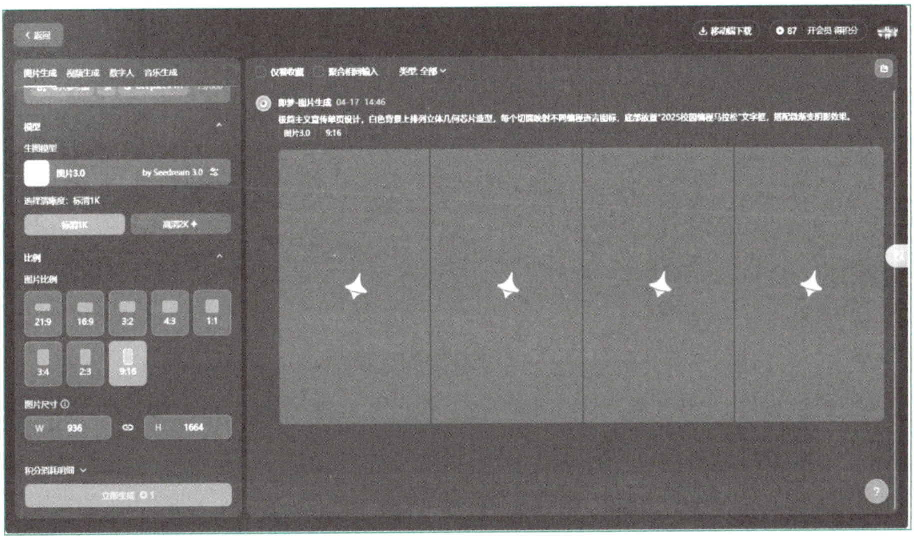

图 16-4　生成过程界面

5. 评估与迭代

生成完成后，将获得一张符合提示词描述的图像，如图 16-5 所示。评估图像是否满足需求：

图 16-5　生成结果及评估界面

（1）图像是否符合程序设计大赛主题。

（2）色彩是否协调美观。

（3）布局是否适合作为海报素材。

（4）是否有需要改进的细节。

6. 修改提示词

如果生成的图像不够理想，可以对提示词进行调整。例如，如果想要加上活动时间，可以选择输入框下的“与 DeepSeek 对话”，将用户的需求提交给它，如图 16-6 所示。

图 16-6 修改提示词界面

7. 最终结果

经过多次迭代和调整，得到了满意的海报素材图像，如图 16-7 所示，可以用于学校程序设计大赛的宣传。

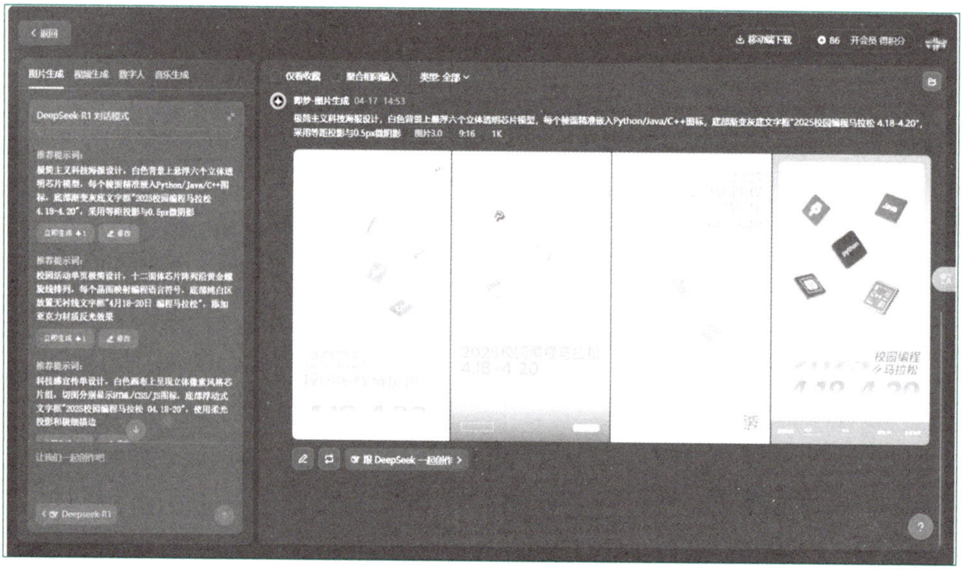

图 16-7 最终生成的海报素材

实训练习

请根据以下要求，完成 AI 文生图练习：

为学校欢庆“传统节日中秋节”设计一张海报素材，需实现中国传统文化元素与现代校园活动的结合。

具体要求如下：

1. 选择合适的 AI 文生图工具

（1）建议使用即梦 AI 或其他支持中文提示词的 AI 文生图工具。

（2）确保工具支持高分辨率输出和文字排版功能。

2. 编写提示词

（1）主体内容：描述海报的主要元素（中秋节元素和校园活动场景）。

（2）风格要求：明确指定设计风格（如现代插画风格、中国传统国风等）。

（3）构图指引：指定画面布局和关键元素位置。

（4）色彩要求：指定色调、配色方案（如中秋传统色彩）。

（5）文字要求：指定标题内容“中秋校园月 · 团圆共华章”等相关信息。

3. 参数设置

（1）模型选择：图片 3.0 模型（或支持中文内容的高质量模型）。

（2）清晰度：高清 2K（建议设置较高清晰度以保证海报质量）。

（3）比例：9∶16（适合手机竖屏展示）或 16∶9（适合横版展示）。

（4）图片尺寸：建议使用 1 080 * 1 920（竖版）或 1 920 * 1 080（横版）。

4. 提示词示例

中秋节校园海报设计，月亮湖边的现代化校园，远处古典亭台与桂花树，前景是学生们在举办灯谜活动和品尝月饼，湖面倒映圆月，天空悬挂一轮明亮的圆月与点点星光，画面上方醒目标题“中秋校园月 · 团圆共华章”，底部是活动时间“2025 年 10 月 6 日”，画面风格为中国水墨与现代插画结合，色调以蓝紫色与金黄色为主，细节丰富，明暗对比强烈，精致排版。

5. 生成与迭代

（1）生成首张图像后，分析图像是否符合需求。

（2）检查关键元素是否存在：月亮、校园、学生活动、中秋元素。

（3）评估排版是否合理、文字是否清晰可读。

（4）根据生成结果，调整提示词进行二次生成。

（5）尝试不同参数组合，生成 3~5 张备选图像。

6. 完成作业提交

（1）最终选择的海报图像文件。

（2）使用的完整提示词和参数设置。

（3）简要说明设计思路和迭代过程（300 字以内）。

拓展延伸

提示词工程

1. 高级提示词工程技巧

1）权重调整

在 AI 图片生成过程中，提示词的权重调整是一项关键技术。通过合理设置权重，可以精确控制图像生成的各个元素：

（1）权重增强：使用圆括号可以增加特定元素的权重，例如，“(红色)(+++)”表示极度强调红色元素在图像中的表现。

（2）权重降低：使用方括号可以降低某些元素的权重，例如，“[人物]”表示在图像中弱化人物的存在感，让其成为次要元素。

（3）精确控制：可通过具体数值精确控制权重，语法为：“(关键词 : 权重)”，如“(蓝色 :1.2)”表示将蓝色元素的权重提高到 1.2 倍。

2）多重风格

多重风格融合是另一种强大的技术，能够创造独特的视觉效果。可通过百分比明确指定不同风格的比重，语法为：

```
[风格A:70%, 风格B:30%]
```

例如：“[水彩画风格 :60%, 科幻风格 :40%]”可创造水彩与科幻元素完美结合的独特视觉效果。

3）区域控制技术

更高级的工具还支持区域控制技术，让用户能够对图像的不同区域分别指定内容和风格，语法示例：

```
[顶部：星空] [中部：城市剪影] [底部：反光湖面]
```

这种技术特别适合创建具有复杂层次结构的图像，如风景海报或概念艺术。

2. 技术优化小技巧

1）提升图像质量的关键词添加

（1）在提示词中加入质量描述词，例如，高清、8 K、超细节、锐利、精致、专业摄影等。

（2）指定专业相机品牌也能显著提高生成质量，例如：哈苏拍摄、徕卡镜头、索尼 A7R5 拍摄等。

2）针对常见问题的专项解决方案

（1）文字生成不准问题：添加清晰可读的文字、印刷体、完整文字、字体清晰等限定词。

（2）人物比例失调问题：使用解剖结构准确、正确比例、人体工程学正确等专业限定词。

（3）构图混乱问题：指定黄金分割构图、对称构图、中心构图、三分法构图等专业构图技巧。

小课堂

在使用 AI 文生图技术的过程中，用户应当关注技术伦理问题及对传统文化的正确传承。中国传统文化博大精深，通过文生图技术可以更好地发扬和创新中华优秀传统文化。在实践中需要注意：

（1）尊重知识产权：在使用AI生成的图像时，需要明确相关的版权和使用权限，避免侵犯他人知识产权。同时，应该认识到AI训练数据可能包含他人作品，因此使用生成结果时应保持谨慎与尊重原创。

（2）传统文化的准确表达：在生成涉及中国传统文化元素的图像时，应确保内容的准确性和尊重性，避免出现文化误读或不恰当的表达。例如，生成中国传统节日图像时，应注意符号和色彩的正确运用，如春节使用红色和金色，寓意喜庆和吉祥。

（3）技术赋能与人文精神：AI技术应服务于人文精神的传播与弘扬。当用户使用AI技术生成传统文化相关图像时，不应只关注技术的炫酷性，更应思考如何通过技术更好地传达传统文化的内涵和价值。

AI文生图技术为传统文化的创新表达提供了新的可能性，但人们也要保持理性认识，不盲目追求技术，而是将技术作为传承和创新传统文化的工具，使传统与现代、科技与人文有机融合，共同推动中华文化的创造性转化和创新性发展。

习近平总书记指出："中华优秀传统文化是中华民族的文化根脉"。在数智化时代，人们应当充分利用新技术，让传统文化以更加生动、直观的方式呈现给大众，特别是年轻一代，使其在感受科技魅力的同时，也能领略中华文化的博大精深，增强文化自信，传承和发扬中华民族的优秀传统。